水利工程设计与研究丛书

高悬水库防渗体系研究

本书编委会 编著

内 容 提 要

本书为《水利工程设计与研究丛书》之一，内容以论述工程区地质条件和库盆基础分类研究、允许渗漏量标准研究、库盆复杂基础防渗体系研究、防渗系统结构及结构细部研究等；研究关键路线为高悬水库基础特性分析和不同防渗材料间结合形式等；研究采用了资料收集对比、室内试验、现场原位试验、三维建模计算分析、后期跟踪观测等手段，针对软硬相间基础及刚性基础上的上水库防渗体系进行了系统的分析研究，提出了与之相适应的防渗体系设计形式、不同防渗材料间结合形式和细部构造尺寸。

本书可供从事坝工建设的勘测设计、施工、运行、科研、教学等科技人员阅读参考，也可作为相关领域大专院校师生的参考资料和工程案例读物。

图书在版编目（CIP）数据

高悬水库防渗体系研究 / 《高悬水库防渗体系研究》编委会编著. -- 北京 : 中国水利水电出版社, 2014.11
（水利工程设计与研究丛书）
ISBN 978-7-5170-2689-1

Ⅰ. ①高… Ⅱ. ①高… Ⅲ. ①水库－渗流控制－研究 Ⅳ. ①TV62

中国版本图书馆CIP数据核字(2014)第271960号

书　　名	水利工程设计与研究丛书 **高悬水库防渗体系研究**
作　　者	本书编委会　编著
出版发行	中国水利水电出版社 （北京市海淀区玉渊潭南路1号D座　100038） 网址：www.waterpub.com.cn E-mail：sales@waterpub.com.cn 电话：(010) 68367658（发行部）
经　　售	北京科水图书销售中心（零售） 电话：(010) 88383994、63202643、68545874 全国各地新华书店和相关出版物销售网点
排　　版	中国水利水电出版社微机排版中心
印　　刷	北京瑞斯通印务发展有限公司
规　　格	184mm×260mm　16开本　12印张　285千字
版　　次	2014年11月第1版　2014年11月第1次印刷
印　　数	0001—1000册
定　　价	**46.00**元

《高悬水库防渗体系研究》

编写委员会

邵　颖　刘　军　张瑞洵　赵　宁

陈向青　郭亚军　秦　云　姜苏阳

前　言

我国电力来源由水电、火电、核电、风电等几大板块组成，自20世纪80年代以来，我国电网规模不断扩大，广东、华北和华东等以火电为主的电网，由于受地区水力资源的限制，电网缺少经济的调峰手段，电网调峰矛盾日益突出，缺电局面由电量缺乏转变为调峰容量也缺乏。因此，修建抽水蓄能电站解决火电为主电网的调峰问题逐步达成共识。抽水蓄能电站作为我国电源结构中一种新型电源，以其调峰填谷的独特运行特性，在电力系统中发挥着调节负荷、促进电力系统节能和维护电网安全稳定运行的功能。

为加快我国能源结构调整和东部地区经济发展，国家正大力推进西电东送项目，即通过集约化开发、建设西部地区大煤电、大水电、大核电、大型可再生能源基地，将其所产电能通过1000kV交流和±800kV直流构成的特高压电网，送往电力需求缺口较大的东部地区。特高压交流输电系统的无功平衡和电压控制问题比超高压交流输电系统更为突出。利用大型抽水蓄能电站的有功功率、无功功率双向、平稳、快捷的调节特性，承担特高压电力网的无功平衡和改善无功调节特性，对电力系统可起到非常重要的无功/电压动态支撑作用，是一项比较安全又经济的技术措施。

在此大的背景下，1991年装机容量270MW的潘家口混合式抽水蓄能电站首先投入运行，目前，我国已建抽水蓄能电站26座，装机容量2034.5万kW，占电力总装机容量的1.8%。全国在建及核准抽水蓄能电站12座，装机容量1544万kW，迎来了抽水蓄能建设的高峰期。

抽水蓄能电站土建部分一般由上水库、下水库、引水发电系统三大部分组成，对于上水库、下水库的布置，一般希望两者之间在天然地形上存在较大的落差，这样可以在相同的抽水发电流量下，获得更高的削峰填谷效益。针对抽水蓄能电站的这种特点，工程选址大多选择在山区平原交界地带等地形变化剧烈的区域，在地势较高的区域，如山头建设上水库，在地势较低的区域建设下水库，也有工程利用已有水库作为下水库，在已有水库的地方寻找山头建设上水库。上水库用于蓄水，上水库、下水库间通过引（抽）水发电系统联系起来，以获得较大的水头差，从而得到更高的调峰容量效益。

一般来讲，良好的抽水蓄能电站站址的典型特征之一即为：上水库、下水库之间存在较大的水头落差，如国网河南宝泉抽水蓄能电站上水库、下水库水头差为531.9m，国网河南回龙抽水蓄能电站上水库、下水库水头差为400m。枢纽的布置特点决定了上水库、下水库的地形、地貌特点，因此，在抽水蓄能电站中上水库外侧多临深切河谷或平原。从工程地质和水文地质角度分析，由于工程区地形变化剧烈，多存在大的地质构造，断层、冲沟等地质缺陷较发育，库区周边多不能形成天然的隔水层，存在库水外渗的地形、地质条件。上述工程特点和自然条件决定了上水库作为高悬水库，其基础渗流场分析的复杂性，是其他常规工程中没有的。

抽水蓄能电站上水库的水自下库抽入，库盆有效蓄水量是影响电站正常运行和电站发挥其预期效益的重要因素，因此上水库防渗设计中对库水渗漏量较其他常规拦、蓄水库有较为明确、严格的要求，有其特殊性；另外，上水库蓄水和后期运行方式的不同对防渗结构的影响和常规抽水蓄能电站也不相同，因此，抽水蓄能电站上水库防渗处理研究一直是抽水蓄能电站研究的工作重点之一。

为研究不同自然条件下高悬水库防渗体系设计的多样性及技术关键点，积累相关类似自然环境和工作条件下，高悬水库防渗体系设计的研究方法和采用的技术措施，本项目主要以河南国网宝泉抽水蓄能电站（装机容量1200MW）上水库作为大型抽水蓄能电站、软硬相间基础上的高悬水库研究的典型样本；河南国网回龙抽水蓄能电站（装机容量120MW）上水库作为中型抽水蓄能电站、刚性基础上的高悬水库研究的典型样本，对高悬水库基础的渗流场进行研究，提出渗流控制标准和不同基础条件下的渗流控制措施。黄河勘测规划设计有限公司自主进行重点科技攻关，针对高悬水库防渗体系关键技术难题开展了联合攻关。围绕宝泉抽水蓄能电站长达20多年的研究中，国内众多专家提供了咨询意见。为了系统介绍这些研究成果，编写本书对一些技术难题的研究过程及主要研究成果进行系统的介绍，希望能对推动我国抽水蓄能电站技术的发展尽绵薄之力。自2008年8月30日上水库正式抽水、发电，至今宝泉抽水蓄能电站运行正常。

在本项目研究期间，正值《土石坝沥青混凝土面板和心墙设计规范》（DL/T 5411—2009）编制过程，课题组与规范编制小组成员密切联系，DL/T 5411—2009在渗控标准、沥青斜坡流淌值的测定方法等采用了宝泉抽水蓄能电站的经验，附录中不同防渗材料间接头结构布置将宝泉抽水蓄能电站接头设计体型作为成熟的、推荐结构的之一采用，该规范已于2009年由国家能源局发布实施。面板堆石混凝土技术，在国内采用大型工程中为首次采用，对该项技术的推广起到了重要的支撑作用，同时还参编了《胶凝砂砾石筑坝技术规范》，该规范审批稿已通过。

河南国网回龙抽水蓄能电站河上水库，采用“钢筋混凝上面板＋喷混凝土”库盆防渗新技术，该技术用于高水头、大变幅的抽水蓄能电站库盆防渗，在国内外属首例，工程获河南省优秀工程勘察设计一等奖。

邵颖编写了内容提要、前言、第1章、第2章、第4章、第7章中的7.1节和7.2节；刘军编写了第6章、第7章中的7.3节、第9章、第10章；张瑞洵编写了第5章、第8章中的8.1节、第12章；赵宁编写了第8章中的8.2～8.4节、第13章、第14章；陈向青编写了第7章中的7.4～7.8节、第11章、第15章、第16章；郭亚军编写了第3章、第17章；秦云编写了第8章中的8.5～8.8节；全书由姜苏阳统稿。本书在编写过程中得到了同行专家和同事的大力支持，在此表示深深感谢！

由于本书涉及专业众多，编写时间仓促，错误和不当之处，敬请同行专家和广大读者赐教指正。

作者

2014年7月

目　录

1 高悬水库防渗体系关键技术研究

1.1 技术背景

我国电力来源水电、火电、核电、风电等几大板块组成，自20世纪80年代，我国电网规模不断扩大，广东、华北和华东等以火电为主的电网，由于受地区水力资源的限制，电网缺少经济的调峰手段，电网调峰矛盾日益突出，缺电局面由电量缺乏转变为调峰容量也缺乏，因此修建抽水蓄能电站解决火电为主电网的调峰问题逐步形成共识。抽水蓄能电站作为我国电源结构中一种新型电源，以其调峰填谷的独特运行特性，在电力系统中发挥着调节负荷、促进电力系统节能和维护电网安全稳定运行的功能。

为加快我国能源结构调整和东部地区经济发展，国家正大力推进西电东送项目，即通过集约化开发、建设西部地区大煤电、大水电、大核电、大型可再生能源基地，将其所产电能通过1000kV交流和±800kV直流构成的特高压电网，送往电力需求缺口较大的东部地区。特高压交流输电系统的无功平衡和电压控制问题比超高压交流输电系统更为突出。利用大型抽水蓄能电站的有功功率、无功功率双向、平稳、快捷的调节特性，承担特高压电力网的无功平衡和改善无功调节特性，对电力系统可起到非常重要的无功/电压动态支撑作用，是一项比较安全又经济的技术措施。

1991年装机容量270MW的潘家口混合式抽水蓄能电站首先投入运行，目前我国已建抽水蓄能电站26座，装机容量2034.5万kW，占电力总装机容量的1.8%。全国在建及核准抽水蓄能电站12座，装机容量1544万kW，迎来了抽水蓄能建设的高峰期，近几年完建和在建的抽水蓄能电站工程及防渗型式见表1.1-1。

表1.1-1　　完建和在建的抽水蓄能电站工程及防渗型式

序号	工程名称	工程地点	类型	装机/MW	完建日期/(年.月)	挡水建筑物及防渗型式(上水库/下水库)
完建						
1	潘家口	河北迁西	混合式	3×90	1991.9	混凝土低宽缝重力坝/碾压混凝土重力坝
2	广州一期	广州从化	纯蓄能	4×300	1994.3	混凝土面板坝/碾压混凝土重力坝
3	十三陵	北京昌平	纯蓄能	4×200	1995.12	混凝土面板坝/土石坝
4	广州二期	广州从化	纯蓄能	4×300	1999.4	混凝土面板坝/碾压混凝土重力坝
5	天荒坪	浙江安吉	纯蓄能	6×300	1998.9	沥青混凝土/混凝土面板坝
6	响洪甸	安徽金寨	混合式	2×40	2000.1	混凝土重力坝/混凝土重力坝
7	沙河	江苏溧阳	纯蓄能	2×50	2002.6	混凝土面板坝/沙河均质土坝

续表

序号	工程名称	工程地点	类型	装机/MW	完建日期/（年．月）	挡水建筑物及防渗型式（上水库/下水库）
8	回龙	河南南阳	纯蓄能	2×60	2005.9	碾压混凝土坝/碾压混凝土坝
9	白山	吉林桦甸	纯蓄能	2×150	2005.11	白山重力拱坝/红石重力坝
10	泰安	山东泰安	纯蓄能	4×250	2006.7	混凝土＋土工膜/大河均质土坝
11	桐柏	浙江天台	纯蓄能	4×300	2005.12	均质土坝/混凝土面板坝
12	琅琊山	安徽滁州	纯蓄能	4×150	2006.9	混凝土面板坝＋混凝土重力坝/城西水库
13	宜兴	江苏宜兴	纯蓄能	4×250	2008.12	混凝土面板/黏土心墙坝
14	西龙池	山西五台	纯蓄能	4×300	2008.12	沥青混凝土/沥青混凝土＋混凝土
15	张河湾	河北井陉	纯蓄能	4×250	2008.12	沥青混凝土/浆砌石重力坝
16	惠州	广东惠州	纯蓄能	8×300	2009.5	碾压混凝土重力坝/碾压混凝土重力坝
17	宝泉	河南辉县	纯蓄能	4×300	2007.11	沥青混凝土＋黏土/浆砌石重力坝
18	黑麋峰	湖南望城	纯蓄能	4×300	2009.8	混凝土面板坝＋重力副坝/混凝土面板坝
19	白莲河	湖北罗田	纯蓄能	4×300	2011.1	混凝土面板坝＋土石心墙副坝/土石心墙坝
20	响水涧	安徽芜湖	纯蓄能	4×250	2011.7	混凝土面板坝/均质土围堤
21	蒲石河	辽宁宽甸	纯蓄能	4×300	2012.1	混凝土面板坝/混凝土重力坝
在建						
22	佛磨	安徽霍山	混合式	2×80	在建	磨子潭混凝土坝/佛子岭混凝土坝
23	呼和浩特	内蒙古呼和浩特	纯蓄能	4×300	2013.6	沥青混凝土/碾压混凝土重力坝
24	仙游	福建仙游	纯蓄能	4×300	2013.4	混凝土面板坝＋土石坝/混凝土面板坝
25	永泰白云	福建永泰	纯蓄能	4×300	2013.4	黏土心墙坝/混凝土面板坝
26	五岳	河南光山	纯蓄能	4×250	2015年发电	—/五岳黏土心墙坝
27	河南天池	河南南阳	纯蓄能	4×300	2015年发电	混凝土面板坝/混凝土面板坝
28	清远	广东清远	纯蓄能	4×320	2015年发电	黏土心墙坝/黏土心墙坝
29	仙居	浙江仙居	纯蓄能	1500	2015年发电	混凝土面板坝/混凝土拱坝
30	洪屏一期	江西靖安	纯蓄能	4×300	2016年发电	重力坝＋面板坝/碾压混凝土重力坝
31	溧阳	江苏溧阳	纯蓄能	6×250	2016.6	混凝土面板＋库底土工膜/均质土坝
32	深圳	广电深圳	纯蓄能	4×300	2017.9	混凝土重力坝＋黏土心墙堆石坝/石渣坝

抽水蓄能电站土建部分一般由上水库、下水库、引水发电系统三大部分组成，对于上、下水库的布置，一般希望两者之间在天然地形上存在较大的落差，这样可以在相同的抽水发电流量下，获得更高的削峰填谷效益。针对抽水蓄能电站的这种特点，工程选址大多选择在山区平原交界地带等地形变化剧烈的区域，在地势较高的区域，如山头建设上水库，在地势较低的区域建设下水库，也有工程利用已有水库作为下水库，在已有水库的地方寻找山头建设上水库。上水库用于蓄水，上、下水库间通过引（抽）水发电系统联系起来，以获得较大的水头差，从而得到更高的调峰容量效益。

一般来讲，良好的抽水蓄能电站站址的典型特征之一即为：上、下水库之间存在较大的水头落差，如河南宝泉抽水蓄能电站上、下水库水头差为531.9m，河南回龙抽水蓄能电站上、下水库水头差为400m。枢纽的布置特点决定了上、下水库的地形、地貌特点，因此，在蓄能电站中上水库外侧多临深切河谷或平原。从工程地质和水文地质角度分析，由于工程区地形变化剧烈，多存在大的地质构造，断层、冲沟等地质缺陷较发育，库区周边多不能形成天然的隔水层，存在库水外渗的地形、地质条件。上述工程特点和自然条件决定了上水库作为高悬水库，其基础渗流场分析的复杂性，是其他常规工程中没有的。

抽水蓄能电站上水库的水自下库抽入，库盆有效蓄水量是影响电站正常运行和电站发挥其预期效益的重要因素，因此，上水库防渗设计中对库水渗漏量较其他常规拦、蓄水库有较为明确、严格的要求，有其特殊性。

其次，较常规电站相比，抽水蓄能电站的运行水头变幅较大，如河南宝泉抽水蓄能电站上水库水位日最大变幅达到4.5m/h。抽水蓄能电站特殊的运行方式对上水库防渗结构设计研究也提出了较高的要求。

综上分析，抽水蓄能电站上水库基础渗流场分析有高水头、大落差、严格的渗控标准等特点，这些因素在常规的电站中是没有的，因此，需要开展专项研究，为类似工程的设计和建设提供相应的技术支撑。

1.2 研究样本的选择

目前抽水蓄能电站上水库全库盆防渗采用较多的形式有以下几种：全库盆钢筋混凝土防渗型式，代表工程为十三陵水库等；全沥青混凝土防渗型式，代表工程为天荒坪抽水蓄能电站上水库等；多种防渗材料综合防渗型式，代表工程为宝泉蓄能电站上水库、山西西龙池下水库、泰安抽水蓄能电站上水库、回龙蓄能电站上水库等。

从上水库防渗层基础组成分析，部分蓄能电站上水库防渗面板基础全部开挖至基岩，如十三陵水库和回龙蓄能电站；部分蓄能电站上水库防渗面板基础局部开挖至基岩、局部保留了基础全风化岩石、覆盖层或采用土夹石材料换填，如宝泉蓄能电站和洪屏蓄能电站。

从防渗材料的选用方面分析，沥青混凝土、钢筋混凝土、喷混凝土、土工织物（模布）防渗材料、土质防渗材料等均有采用，有的工程采用单一材料防渗，如西龙池上水库库盆采用沥青混凝土作为主要的防渗材料，十三陵库盆采用钢筋混凝土全防护型式；有的抽水蓄能工程采用多种材料综合防渗型式，如河南宝泉抽水蓄能电站上水库采用了沥青混凝土面板护岸＋黏土护底的综合防渗型式，河南回龙抽水蓄能电站上水库采用了钢筋混凝土面板局部处理＋喷混凝土相结合的防渗型式，从防渗材料的选择上看，采用多种防渗材料防渗的方法正越来越多的应用于实际工程中，不同材料之间的接头设计是防渗体系设计的关键部位。

从防渗整体结构方面分析，表面防渗、表面防渗＋帷幕防渗的型式均被采用，在防渗结构的设计中，防渗面板下部的反滤排水设计也是需要关切的部位，该部位不仅可以对防渗层起到有效的支撑、保护和修复的作用，同时还具备上拦下排，有效减小防渗面板反向水压，防止防渗面板破坏的作用。

从防渗材料的多样性和防渗基础面的典型性等方面综合分析，样本选择宝泉抽水蓄能电站（装机容量1200MW）上水库作为大型抽水蓄能电站、软硬相间基础上的高悬水库研究的典型样本；回龙抽水蓄能电站（装机容量120MW）上水库作为中型抽水蓄能电站、刚性基础上的高悬水库研究的典型样本，对高悬水库基础的渗流场进行研究，提出渗流控制标准和相应的渗流控制措施。

1.2.1 样本一：宝泉抽水蓄能电站上水库工程简介

宝泉抽水蓄能电站（以下简称宝泉电站）位于河南省新乡市薄壁镇大王庙以上的峪河上，枢纽工程为Ⅰ等大（1）型工程，枢纽主要建筑物由上水库、下水库、输水系统、地下厂房洞群和开关站等组成。

上水库由主坝、副坝、排水洞及进出水口等建筑物组成，有效库容620万m^3，库盆主要利用东沟开挖规整而成，采用黏土铺盖护底、沥青混凝土护岸与沥青混凝土面板坝相结合的全库盆联合防渗型式，库岸边坡1∶1.7，日运行变化水头31.60m。库盆岩层多为寒武系馒头组，属弱至中等透水，库区地下水位约在高程670.00m，较库内正常蓄水位低100m左右，存在库水外渗的条件。

上水库库盆表面面积约33万m^2，其中主坝坝坡、库岸沥青混凝土面板防渗面积约17.00万m^2，沥青混凝土面板结构为厚0.202m的简式断面，由厚10cm整平胶结层、厚10cm防渗层和厚2mm封闭层组成，面板与库底排水廊道搭接；库底黏土防渗面积约15.5万m^2，黏土铺盖厚4.5m，黏土与沥青混凝土面板、钢筋混凝土面板搭接；浆砌石重力副坝及上水库进出水口采用钢筋混凝土面板防渗，防渗面积约0.5万m^2，钢筋混凝土面板和库底黏土及库岸沥青混凝土连接。

库盆沿库岸底部周边环形布置有排水观测廊道，库底底部设有排水管网。库周高程791.90m设有宽6.0m环库公路，环库公路以上最大开挖高度约80m，每隔16.0m设一马道，全断面支护。

主坝为沥青混凝土面板堆石坝，坝顶高程791.90m，最大坝高94.80m，坝顶长600.37m，上游坝坡1∶1.7，下游坝坡高程768.00m以上为1∶1.5，以下为坝后堆渣场，分768.00m和740.00m两级堆渣平台，堆渣平台边坡1∶2.5。

工程位于太行山东南麓，山区与豫北平原的交接地带。上水库位于峪河左岸东沟内，东沟两岸地形不对称。右岸关山山体雄厚；正常蓄水位789.60m时，左岸狼山山体厚480～760m，相对右岸略显单薄，且外侧即临峪河深切河谷和豫北平原，与东沟高差达数百米，是东沟地下径流的排泄区。因此，本区的地貌格局使上水库具有向邻谷可能渗漏的条件。

东沟的总体走向从库尾由北向南至东沟村转为由东向西，沟长约2.5km，平均比降10%，谷底宽20～100m。左岸狼山山顶海拔1080.10m，走向为60°，坡度较陡，一般为30°～40°。高程800.00m以上多基岩裸露；高程800.00m以下，基岩多被坡积物、崩积物覆盖，厚8～25m，最大厚度可达41m。右岸关山山顶海拔1283.00m，山体雄厚，总体走向290°。自然坡度较缓，一般为20°～30°。高程750.00m以上的基岩多裸露，高程750.00m以下基岩被松散—半胶结的坡积物、崩积物覆盖，厚5～16m。沟谷基本对称，为U形谷，河床内有厚5～13m的洪积物及堆石，上水库古河床靠近左岸，最大覆盖层厚度达到40m，上水库库盆基础软硬相间。

地下水位基本上保持在高程 670.00m，$\in_1 m^2$ 地层中存在着一层至少连续两段厚 10m 以上透水率小于 3Lu 的岩组，构成相对不透水层。但由于东沟的切割、风化的影响，未构成上水库完整的隔水层。

宝泉抽水蓄能电站上水库防渗体系研究较目前国内、外全库盆防渗的工程有其明显的特殊性和先进性，这些特点表现如下。①综合防渗型式上，库盆采用黏土铺盖护底、沥青混凝土护岸与沥青混凝土面板坝相结合的全库盆联合防渗型式，该综合防渗型式从型式上分析目前在国内属首创，从型式和规模两个方面分析在国、内外没有工程超越宝泉上水库工程，有其鲜明的先进性和独特性。②防渗接头形式多且复杂，整个上水库采用了黏土与沥青混凝土面板搭接、黏土与钢筋混凝土面板搭接、沥青混凝土面板与钢筋混凝土面板搭接，目前各接头部位运行状况良好。③库盆基础条件复杂，库盆岩层多为寒武系馒头组，全库盆（岸）发育有 7 条冲沟，其中 1 号冲沟处理规模达到 10 万 m^3，4 号冲沟最大开口宽度为 118m，沟口上部汇流面积 0.25km^2，库盆底部基础软硬相间，最终采用了经济、多样技术手段进行了基础处理。④库区地下水位约在高程 670.00m，较库内水位低 100m 左右，存在库水外渗的条件，需要研究蓄水后对基础及建筑物的影响。

宝泉上水库工程自 2004 年 6 月正式投入建设，2007 年 12 月通过工程蓄水安全鉴定，2009 年 6 月第一台机组投入商业运营，多年来运行监测资料表明，上水库防渗体系可靠。

1.2.2 样本二：回龙抽水蓄能电站上水库工程简介

南阳回龙抽水蓄能电站位于河南省南阳市南召县城东北 16km 的岳庄附近，电站所在位置系回龙沟上游。电站装机 120MW，最大毛水头 416.00m，工程主要建筑物包括上水库、下水库、引水发电洞、地下厂房、地面开关站等。

上水库位于岳庄村东南直线距离约 1.2km 的山头上，为回龙沟左岸支沟石撞沟沟头洼地，接近分水岭部位，为一小型集水盆地，坝址位于库盆北西的峡谷出口，坝址以上流域面积 0.144km^2。上水库大坝为碾压混凝土重力坝，总库容 118 万 m^3（设计正常蓄水位以下），最大坝高 54.00m，坝长 208m，正常蓄水位 899.00m，正常低水位 885.00m，死水位 876.40m。

上水库主要建筑物有主坝、副坝、上水库进/出水口。由于坝址控制流域面积仅 0.144km^2，故上水库不设泄洪建筑物。上水库主坝为碾压混凝土重力坝，坝顶高程 900.00m，最大坝高 54.00m，坝长 208.00 m，共分 7 个坝段。从左至右 1～6 号各坝段长 30.00m，7 号坝段长 28.00m。上游坝面铅直，下游坝坡 1∶0.75，基本三角形顶点高程 900.00m。坝顶宽 5.0m（含上游防浪、下游防护墙），上游设防浪墙，下游设防护墙，墙高均为 1.0m。

上水库副坝为常态混凝土重力坝，坝顶高程 900.00m，最大坝高 14.00m，坝长 120.00m，共分 8 个坝段，每个坝段均长 15.00m。上游坝面铅直，下游坝坡 1∶0.7，基本三角形顶点高程 900.00m。坝顶宽 5.0m（含上游防浪、下游防护墙），上游设防浪墙，下游设防护墙，墙高均为 1.0m。

主坝右坝肩与上坝公路、环库公路相连接，左坝肩上游侧为引水发电系统进/出水口，主、副坝之间沿整个库区由一条宽 4.5m 的环库公路相连接。

从地形上来看，上水库库周山梁单薄，外侧有深切邻谷，局部因节理带的切割而形成的垭口高程还低于正常蓄水位，经引水隧洞的开挖证实，贯穿于库区的节理密集带向地下延伸较远且具有良好的透水性，是库水外渗的良好通道。库盆开挖和勘探钻孔所显示的地下水分布高程，除库盆东南侧和东北侧地下水位高于水库正常蓄水位，且山体宽厚，岩体完整，不可能渗漏外，其他地段均有渗漏的条件。

上水库库盆破碎，透水严重，库盆清除全风化坡积物，采用全包防渗处理。库盆防渗系统采用断层构造带及坝前死水位以下用钢筋混凝土面板封闭、其他部位用喷混凝土的库盆全封闭防渗方案，封闭层下布设无砂混凝土和软管排系统。

库盆节理带、节理密集带处采用 30cm 厚、C25 钢筋混凝土面板带状防渗，面板每 8m 设一道伸缩缝，紫铜片止水；基础挖除节理带内夹泥石和松散的破碎岩体，沿节理带埋置软式透水管。库盆其他部位为挂网喷 C20 混凝土面层，厚度 15cm。在面板和喷混凝土面层底部设置软式透水管网状排水系统，整个库盆范围内采用系统锚杆，锚杆型号为 $\phi 20$，长 2.5m，间排距根据库水位骤降时扬压力确定。

河南南阳回龙抽水蓄能电站上、下库落差达 400m，两库之间水平距离 1200m，距高比（L/H）为 3，站址优越。上水库采用“钢筋混凝土面板＋喷混凝土”库盆防渗新技术，该技术用于高水头、大变幅的抽水蓄能电站库盆防渗，在国内外属首例。

1.3 国内外研究概况及存在问题

1.3.1 水工沥青混凝土防渗材料研究

沥青混凝土作为防渗材料在水电工程中运用已有 60 多年，国内外抽水蓄能电站采用沥青混凝土防渗的工程实例很多，特别是国外已建的抽水蓄能电站大多采用沥青混凝土防渗。20 世纪 20 年代后期，在美国索推里坝和德国阿姆克尔坝开始应用于水工防渗结构，总体来说国外水工沥青混凝土材料研究、控制标准及施工设备较国内领先，其中经验较丰富的国家有德国、日本等。

常规电站沥青混凝土斜墙坝中最高的是奥地利的欧申立克坝，坝高 116m。国内最高的沥青混凝土心墙坝冶勒，坝高 125m。抽水蓄能电站采用沥青混凝土防渗的最大水库是日本的蛇尾川上水库，面板高 90.3m。我国天荒坪抽水蓄能电站上库沥青混凝土防渗面板高 47m，最大坝高 72m。

国内水工沥青混凝土 20 世纪 70 年代大规模应用于坝工建设中，如辽宁碧流河、浙江牛头山等水库，但由于当时沥青提炼工艺、施工工艺等因素，工程存在不同程度的问题。20 世纪 90 年代浙江天荒坪抽水蓄能电站上水库沥青混凝土防渗工程，21 世纪三峡茅坪溪沥青混凝土心墙、河南宝泉抽水蓄能电站上水库、河北张河湾抽水蓄能电站上水库、山西西龙池抽水蓄能电站工程等沥青混凝土防渗面板工程的设计，有力地推进了沥青混凝土设计水平和施工工艺的发展，但仍需对以下问题展开研究：

（1）沥青混凝土的温度敏感性高，对太阳辐射热的吸收力强。清华大学水利系 1981 年根据国内不同地区气温统计资料和太阳辐射条件，推算沥青混凝土表面最高温度，其极限最高气温在 70℃ 左右。

（2）沥青混凝土修建在最低月平均气温 －10℃ 以下地区的沥青混凝土面板应进行低温抗裂的分析研究。

（3）作为抽水蓄能电站上水库，其水位变幅和水位降落速度很大对库岸边坡稳定不利。据统计，国内外采用沥青混凝土面板防渗的抽水蓄能水库，水位变幅（日调节）通常在30～40m之间，超过40m的有日本的沼原上库，水位变幅值40m，水位降落速度达10m/h；我国天荒坪上库，水位变幅为42.2m。

（4）对沥青混凝土材料自身的误解，认为沥青混凝土是一种有毒性的材料，实际上国外采用沥青混凝土作为城市饮用水蓄水池的防渗材料是一件较常规的事。

（5）沥青混凝土具有蠕变性，工程中常使用E－μ模型计算，该模型未充分反应材料特有的性质。

（6）与其他建筑物接头设计方面。

1.3.2 黏土铺盖与沥青混凝土的联合运用研究

由于黏土适应地基变形能力强，国内外水利工程设计中采用黏土作为防渗材料的工程案例很多，积累了较为丰富的黏性土工程经验。但由于土自身颗粒分组成的多样性决定了土自身工程性质的复杂性，工程应用中需要大量的基础试验资料和相应的碾压试验来确定不同性质土的运用部位和施工方法。

目前针对黏土的工程应用较为普遍的观点是水平铺盖的防渗效果低于垂直防渗，因此黏土多用于坝体填筑和水闸等混凝土建筑物的上游辅助防渗，很少作为唯一一种防渗材料用在大面积的工程位置。

宝泉上水库库盆采用黏土铺盖护底、沥青混凝土护岸与沥青混凝土面板坝相结合的全库盆联合防渗型式，该综合防渗型式从型式上分析目前在国内属首创，从型式和规模两个方面分析在国、内外没有工程超越宝泉上水库工程，美国Ludington曾采用沥青混凝土和黏土联合防渗的形式，在后期运用中经历了几次修复。

1.3.3 钢筋混凝土面板与喷锚护面联合防渗研究

钢筋混凝土面板是一种比较常见的防渗材料，喷锚护面也曾在国内外许多工程上用于防渗，如陕西冯家山水库溢洪道进口处喷锚支护，运行20余年，未发现裂隙等异常现象。挪威Porsa水电站的引水隧洞在局部软弱岩层地段用厚8～10cm的钢筋网喷浆加固，其内压水头达200m，运行至今情况良好。

采用喷浆作为堆石坝防渗护面的亦不乏先例，如雷姆司坝就是喷混凝土斜墙堆石坝，浙江省百丈标二级堆石坝，采用迎水面砌0.6～0.8m的浆砌石作为垫层，然后在垫层面上喷两层厚3～4cm的混凝土浆，每层设置1cm×1cm的钢丝网，用$\phi 12$的插筋与浆砌石连接，该坝建成后10余年，未发现渗漏现象。加拿大的拉约伊面板堆石坝，坝高87m，亦采用喷混凝土面板防渗。

但是喷混凝土层与岩石，尤其是软岩的结合情况尚待试验研究，防渗层下的排水问题亦没有更好的解决办法，采用全面喷无砂混凝土排水层存在锚杆锈蚀问题。鉴于抽水蓄能电站上水库有效蓄水量非常宝贵，在河南回龙抽水蓄能电站之前国内外尚无一个抽水蓄能电站采用喷混凝土防渗的实例。

1.4 主要研究内容和关键线路

主要研究内容包括：

（1）工程区基本地质条件研究以及库盆主要地质问题研究。

（2）高悬水库防渗体系的比较和选择。

（3）库盆基础处理方案研究。

（4）防渗结构研究。

（5）不同防渗材料间接头结构体型和缝面材料研究。

（6）水库蓄水和后期运用对防渗结构及建筑物的影响。

（7）沥青混凝土、黏土材料研究及采用控制标准。

（8）沥青混凝土、黏土材料、散粒体材料的试验分析。

（9）不同防渗材料接头试验资料分析。

（10）库盆渗漏和沉降等观测资料的整理分析。

其中研究的关键线路为库盆复杂基础防渗型式的比较和选择及不同防渗材料间接触面材料选择、两种材料接头变形的适应性和接触面的渗透破坏。

2 宝泉工程概况

2.1 工程等别设计标准

2.1.1 工程等别及建筑物级别

宝泉抽水蓄能电站位于河南省辉县市薄壁镇大王庙以上2.5km的峪河上，距新乡市、焦作市和郑州市的直线距离分别为45km、30km和80km。枢纽主要建筑物由上水库、下水库、输水系统、地下厂房洞群和开关站等组成。工程利用已建宝泉水库加高、加固后作为其下水库，在东沟宝泉村上游新建上水库。发电厂房和输水系统均设在下水库左岸山体中，厂房内安装4台单机容量为300MW的立轴单级混流可逆式水泵水轮发电机组，总装机容量1200MW，年发电量20.10亿kW·h，年抽水耗电量26.42亿kW·h，属日调节纯抽水蓄能电站。

电站建成后，以500kV一级电压二回出线接入500kV新乡变电站，承担河南电力系统削峰填谷、事故备用、调频调相等任务。

在可行性研究阶段，根据《防洪标准》（GB 50201—94）和《水利水电枢纽工程等级划分及设计标准（山区、丘陵区部分）》（试行）（SDJ 12—78）及其补充规定，将本工程确定为Ⅰ等大（1）型工程。

《水电枢纽工程等级划分及设计安全标准》（DL 5180—2003）已于2003年6月开始实施。DL 5180—2003适用于新建的大、中、小型水电枢纽工程，包括抽水蓄能电站工程的设计，是水电枢纽工程确定工程等级和设计安全标准的强制性标准。

DL 5180—2003提高了装机容量分等指标，根据DL 5180—2003和GB 50201—94，宝泉工程装机容量1200MW，工程等别由装机规模决定，仍为Ⅰ等大（1）型工程。

引水发电系统、上/下水库进出水口和电站厂房的建筑物级别为1级；根据DL 5180—2003 5.0.7条，“当工程等别仅由装机容量决定时，挡水、泄水建筑物级别，经技术经济论证，可降低一级……”抽水蓄能电站因库容小、水库失事后对其工程效益影响和下游灾害损失相对较小，因此，上、下水库大坝的建筑物级别可为2级。

2.1.2 防洪标准

预可研阶段，根据SDJ 12—78及其《补充规定》第5条和GB 50201—94第62条，设计洪水和校核洪水标准分别采用100年一遇和1000年一遇。电力工业部《关于河南省宝泉抽水蓄能电站预可研可行性研究报告审查意见的批复》（电水规〔1995〕749号），同意预可研报告采用的防洪标准。1996年6月，电力工业部水电水利规划设计管理局会同河南省计委在新乡市主持召开了宝泉抽水蓄能电站可行性研究阶段选坝报告（含扩大兴利库容）技术讨论会，之后下发了《河南省宝泉抽水蓄能电站可行性研究阶段选坝报告（含扩大兴利库容）技术讨论会纪要》（水电规设〔1996〕0018号），作为扩大兴利库容的非工程措施之一，建议宝泉大坝采用设计洪水标准为100年一遇。当时根据上述历次审查会，技术讨论会纪要，宝泉水库加高加固后作为抽水蓄能电站的下水库，确定其防洪标准为100年一遇，1000年一遇校核。并且于1998年4月经原电力工业部批准，这个结论一直沿袭到宝泉工程的施工阶段。

2006年6月，下水库进行了初期蓄水安全鉴定，其意见为："宝泉抽水蓄能电站下水库挡水建筑物洪水标准，设计采用100年一遇洪水，校核采用1000年一遇洪水，已于1998年4月经原电力工业部批准，本次根据DL 5180—2003规范进行了复核，洪水标准应按200年一遇设计，1000年一遇校核。"

根据DL 5180—2003 6.0.7条，"当抽水蓄能电站的装机容量较大，而上、下水库库容较小时，若工程失事后对下游危害不大，则挡水、泄水建筑物的洪水设计标准可根据电站厂房的级别按表6.0.9的规定确定……"因宝泉抽水蓄能电站厂房的建筑物级别为1级，按DL 5180—2003表6.0.9的规定，宝泉上、下水库应采用200年一遇洪水设计、1000年一遇洪水校核。

2.1.3 抗震设防烈度

工程区位于华北断块区内的太行山断块内，处于太行山断块、冀鲁断块和豫皖断块的交接地带，外围地区地震相对活跃，近场区在晚更新世以来地震活动较弱。

据《中国地震动峰值加速度区划图》（GB 18306—2001）和《中国地震动反应谱特征周期区划图》（GB 18306—2001），场址区地震动峰值加速度为0.15g（坝址区地震基本烈度相当于Ⅶ度区），地震动反应谱特征周期为0.40s。1995年12月，国家地震烈度评审委员会审查通过了由国家地震局地质研究所完成的《河南宝泉抽水蓄能电站场地地震基本烈度复核报告》，同意将宝泉抽水蓄能电站场地地震基本烈度定为Ⅶ度，地震动峰值加速度为0.16g，按照《水工建筑物抗震设计规范》（DL 5073—1997）的规定，宝泉上水库大坝为1级建筑物，因此大坝地震设计烈度为8度，进/出水口设计地震烈度为7度。

2.2 枢纽工程总体布置

枢纽主要建筑物由上水库、下水库、输水系统、地下厂房洞群和开关站等组成。

2.2.1 上水库工程

上水库由主坝、副坝、排水洞及进出水口等建筑物组成。上水库正常蓄水位789.60m，正常蓄水位以下库容758.2万m^3；设计洪水位790.43m，校核洪水位790.57m，最大库容782.5万m^3；死水位758.00m，死库容116.4万m^3。主坝为沥青混凝土面板堆石坝，坝轴线方向为东南76.713°，坝顶高程791.90m，最大坝高94.8m，坝顶长600.37m，坝顶路面宽度7.0m，上游坝坡1∶1.7，下游坝坡高程768.00m以上为1∶1.5，以下为坝后堆渣场，分768.00m和740.00m两级堆渣平台，堆渣平台边坡1∶2.5。

库尾建浆砌石重力副坝拦截库尾固体径流并设置排水洞宣泄东沟洪水。副坝最大坝高42.9m，坝顶长度196.4m，坝顶宽度8.0m，上游侧（库区侧）高程770.00m以上为直坡，以下为1∶0.2的坡，下游侧（东沟侧）坡比1∶0.7。副坝靠东沟侧设有消力池，消力池与自流排水洞连接，自流排水洞断面5.2m×5.7m，洞长716m，纵坡0.015。副坝上游设两道拦渣坝，1号拦渣坝紧邻消力池修建，坝高6.0m，为透水浆砌石重力坝，2号拦渣坝位于副坝上游约310m，坝高18.0m，均为透水式浆砌石重力坝。

上水库库盆表面面积约33万m^2，库盆主要利用东沟开挖规整而成，库岸边坡为1：1.7。库盆岩层多为寒武系馒头组，属弱至中等透水，库区地下水位约在高程670.00m，较库内水位低100m左右，存在库水外渗的条件。库盆采用黏土铺盖护底、沥青混凝土护岸与沥青混凝土面板坝相结合的全库盆联合防渗型式。其中主坝坝坡、库岸沥青混凝土面板防渗面积约17.00万m^2，沥青混凝土面板结构为简式断面，厚0.202m，整平胶结层和防渗层各厚10cm，防渗层外面为2mm封闭层。库底黏土防渗面积约15.5万m^2，黏土铺盖厚4.5m。浆砌石重力副坝采用钢筋混凝土面板防渗，厚1.0m，防渗面积约0.5万m^2，钢筋混凝土面板和库底黏土及库岸沥青混凝土连接。沿库岸底部周边环形布置有排水观测廊道，库底底部设有排水管网。库周高程791.90m，设有宽6.0m环库公路，环库公路以上最大开挖高度约80m，每隔16.0m设一马道，全断面支护。

上水库进/出水口布置在东沟左岸，距上水库大坝的左坝肩约200m，该处地面原始坡度为15°～40°，围岩为强至弱风化岩体，岩体较破碎—破碎，但整体稳定性较好，进洞条件尚好。上水库进/出水口采用侧向岸坡竖井式布置，共设置两个相同的进/出水口，平行紧邻布置，中心间距为24.60m，主要建筑物组成为：前池、拦污栅段、扩散段、进洞口至闸门井之间隧洞段、事故兼检修闸门井、闸门检修平台、启闭机房及附属用房等。闸门检修平台结构高程791.90m。进/出水口扩散段、拦污栅段和前池均位于洞外。

2.2.2 下水库工程

下水库大坝坝型为整体式浆砌石重力坝，大坝由挡水坝段、溢流坝段、一级灌溉洞、二级灌溉洞等组成。宝泉抽水蓄能电站下水库为加高加固改、扩建工程，通过对宝泉水库大坝坝体材料、坝基以及稳定等方面综合计算分析，坝体质量总体良好，因此改建时大坝仍采用整体式浆砌石重力坝坝型，上游面采用钢筋混凝土面板防渗，溢流面采用混凝土面层。

下水库大坝轴线方位：35°00′25″，由挡水坝段、溢流坝段、一级灌溉洞、二级灌溉洞等组成。溢流坝段采用开敞式溢流堰，为扩大兴利库容，在溢流堰顶加设3m高的橡胶坝，橡胶坝的运用方式为非汛期挡水、汛期塌坝泄洪。水库正常蓄水位为260.00m，死水位为220.00m，总库容6850万m^3，兴利库容5509万m^3，设计洪水最大泄量为4440m^3/s，校核洪水最大泄量为6670m^3/s。

改建后挡水坝段坝顶高程268.50m，溢流坝堰顶高程257.50m，最大坝高107.5m，坝顶长度508.3m，其中溢流坝段净宽109m，下游采用挑流消能。左岸挡水坝段设有一级灌溉洞、二级灌溉洞、导流底孔，均已建成，其中二级灌溉洞进口底板高程221.00m，一级灌溉洞进口底板高程190.00m。导流底孔设在桩号0+220处，洞径1m，进口底板高程172.00m，水库蓄水前进行封堵。

2.2.3 引水系统工程

引水系统采用两洞四机布置，引水线路总长约1495m。主要由上水库侧向竖井式进/出水口及闸门井、引水上平洞、上斜井、中平洞、下斜井、下平洞、钢筋混凝土引水岔管、高压支管等组成。上水库进/出水口位于东沟左岸，距上水库大坝的左坝肩约200m，采用侧式布置，共设2个进/出水口。进/出水口后40m布置事故检修闸门井，闸门井平台高程791.90m，由环库公路与主坝坝顶相接。

引水隧洞洞径为6.5m，绝大部分采用普通钢筋混凝土衬砌，在穿越古风化壳地层段时采用配筋钢纤维混凝土衬砌。引水隧洞在厂房上游边墙上游约147m处分岔，分岔段为钢筋混凝土“卜”形岔管。分岔后4条高压钢支管管径为3.5m，采用16MnR钢板、600MPa级高强钢板和800MPa级高强钢板衬砌。

2.2.4 地下厂房及尾水系统工程

地下厂房为中部开发方式，其厂区建筑物组成主要有：主副厂房、母线廊道、主变洞、500kV出线洞、尾水闸门洞、进厂交通洞、通风兼安全洞、地面开关站等。厂房轴线方位角为N20°W。主、副厂房及安装场呈一字形布置，主副厂房及安装场洞室总长147m，跨度21.5m。从上至下分别为发电机层、中间层、水轮机层和蜗壳层，机组段之间分缝。安装场长38m，与发电机层同高。

主变洞布置在主副厂房洞下游侧，与主厂房洞的净间距为35m。底层与发电机层同高程，布置4台主变压器，上层为电缆层，每台机组设一条母线洞。

开关站布置采用地面GIS方式，高压电缆由主变室中部的出线洞引至地面开关站，两回500kV出线。

尾水系统按两机合一洞布置，总长约878m。尾水支管管径为4.4m，尾水隧洞洞径为8.2m。机组中心线下游约147m处布置2个钢筋混凝土尾水岔管，将4条尾水支管汇合成2条尾水隧洞，岔管型式为对称Y形，4条尾水支管后部上方设有4扇尾水事故闸门。尾水支管采用16MnR钢板从机组尾水管出口衬至尾闸洞渐变段后，尾水隧洞采用钢筋混凝土衬砌。

2.3 枢组总布置特色

下水库利用已建宝泉水库加高、加固后作为其下水库，在高程275.50m堰顶加了3m高的橡胶坝，节约了下水库工程费用。

上水库库盆利用天然东沟，在宝泉村上游约1km处修建，在东沟上游库尾建砌石副坝，并经对东沟两侧规整开挖后形成库盆。主坝坝型为沥青混凝土面板堆石坝，库盆采用沥青混凝土护面＋黏土护底的全库盆防渗型式。

发电厂房和输水系统均设在下库左岸山体中，引水系统采用两洞四机布置，引水线路总长约1495m。主要由上水库侧向竖井式进/出水口及闸门井、引水上平洞、上斜井、中平洞、下斜井、下平洞、钢筋混凝土引水岔管、高压支管等组成。引水隧洞洞径为6.5m，绝大部分采用普通钢筋混凝土衬砌，在穿越古风化壳地层段时采用配筋钢纤维混凝土衬砌。

地下厂房为中部开发方式，其厂区建筑物组成主要有：主副厂房、母线廊道、主变洞、500kV出线洞、尾水闸门洞、进厂交通洞、通风兼安全洞、地面开关站等。

开关站布置采用地面GIS方式，高压电缆由主变室中部的出线洞引至地面开关站，两回500kV出线。

尾水系统按两机合一洞布置，总长约878m。尾水支管管径为4.4m，尾水隧洞洞径为8.2m。

从枢纽选址看，抽水蓄能电站位于负荷中心，周围有焦作、鹤壁、新乡等煤电基地，地理位置优越，交通条件较好。从枢纽总布置方案看，枢纽各建筑物结合地形地质条件，布置紧凑，运行管理方便。下水库利用已建的宝泉水库进行加高、加固处理，并在高程275.50m堰顶加了高2.5m的橡胶坝，节约了工程投资。

3 高悬水库软硬相间基础防渗方案研究

宝泉抽水蓄能电站（以下简称宝泉电站）工程位于太行山东南麓，山区与豫北平原的交接地带。上水库位于峪河左岸东沟内，正常蓄水位789.60m，水库左岸为狼山，右岸为关山，库区东南侧为悬崖绝壁，紧临豫北平原，地形切割强烈。下水库位于上水库东南侧，正常蓄水位260.00m，上、下水库水头差达到531.9m，从地形、地貌上分析，宝泉电站上水库属于高悬水库。

上水库库盆基础软硬相间，最大覆盖层厚度达到40m，地下水位基本上保持在高程670.00m，$\in_1 m^2$ 地层中存在着一层至少连续两段厚10m以上透水率小于3Lu的岩组，构成相对不透水层。但由于东沟的切割、风化的影响，未构成上水库完整的隔水层。

库盆有效蓄水量直接影响到抽水蓄能电站正常运行和发挥电站其预期效益，宝泉电站上水库库盆来水主要通过电站机组自下水库抽取，水库有效蓄水量非常宝贵，因此需要对上水库库盆防渗系统展开专题研究、论证。

3.1 工程区基本地质条件

3.1.1 地形地貌

抽水蓄能电站工程区内地势总体为西北高、东南低。山区山高谷深，切割强烈，多悬崖绝壁，瀑布险滩，海拔140.00～1300.00m，相对高差达1000余m，为中山区。山前倾斜平原区，地形平坦，海拔100.00m左右。

上水库位于峪河左岸东沟内。东沟的总体走向从库尾由北向南至东沟村转为由东向西，沟长约2.5km，平均比降10%，谷底宽20～100m。左岸为狼山，山顶海拔1080.10m，走向为60°，坡度较陡，一般为30°～40°。高程800.00m以上多基岩裸露；高程800.00m以下，基岩多被坡积物、崩积物覆盖，厚8～25m，最大厚度可达41m。右岸为关山，山顶海拔1283.00m，山体雄厚，总体走向290°。自然坡度较缓，一般为20°～30°。高程750.00m以上的基岩多裸露，高程750.00m以下基岩被松散—半胶结的坡积物、崩积物覆盖，厚5～16m。沟谷基本对称，为U形谷，河床内有厚5～13m的洪积物及堆石。勘察资料及施工开挖揭露分析，上水库古河床靠近左岸。

3.1.2 地层岩性

与抽水蓄能电站有关的主要地层自下而上分别为太古界登封群（Ar）古老变质岩系、中元古界汝阳群（$Pt_2^2 ry$）浅变质石英砂岩、古生界寒武系（$\in$）泥灰岩、灰岩地层和第四系（Q）坡积、洪积、冲积、崩积等松散堆积物。

太古界登封群（Ar）：主要岩性为灰、浅灰、灰白色黑云斜长片麻岩、角闪斜长片麻岩、花岗岩状片麻岩，并有辉长岩、花岗伟晶岩呈岩脉或岩株侵入。片麻理走向 290°～320°，一般倾向 SW，倾角 20°～30°。片麻岩岩体较为完整，强度较高，微弱透水。但云母富积夹层、粗粒状斑晶片麻岩则较易风化，形成软弱夹层。

该层出露于下水库坝基及库区两岸岸坡，顶面高程 440.00～480.00m。与上覆地层呈角度不整合接触。在接触面处，有古风化壳存在，厚 1～2m，为相对隔水层。

下水库两岸岸坡直接与其相关。

中元古界汝阳群（Pt_2^2ry）：为浅红、肉红、灰白色巨厚—厚层状细—粗粒浅变质石英砂岩，薄—中厚层状粉砂岩，夹薄层状泥质粉砂岩、粉砂质页岩（厚度一般小于 5cm）。在中上部夹有一层厚约 15cm 的泥质粉砂岩，底部有底砾岩（角砾大小不一，呈次棱角状至次圆状，最大粒径 15cm，硅质胶结，厚度 0～1.2m）。岩层顶面出露高程 640.00～670.00m，总厚 150m。与上覆地层呈平行不整合接触。在接触处有古风化壳存在，厚 0.5～1m。岩石致密坚硬，抗风化能力强，地形上形成一陡壁，为区内的相对隔水层。该层分布于下水库两岸谷坡上部。

古生界寒武系（∈）地层产状，倾角一般 2°～5°，倾向 N～NW。由馒头组（$∈_1m$）、毛庄组（$∈_1mz$）组成库盆、库岸，徐庄组（$∈_2x$）、张夏组（$∈_2z$）在正常蓄水位以上。具体见表 3.1-1。

表 3.1-1　　库坝区开挖段综合地层表

地层	岩性特征	底界面高程/m（位置：进/出水口）	岩性统计
$∈_2x^1$	暗紫红色钙质页岩夹一层薄—中厚层状砂质灰岩	805.00 左右	
$∈_1mz^2$	下为灰色厚层状鲕状灰岩，上为灰白色厚层状结晶灰岩、团块状灰岩，顶部有一层鲕状灰岩	780.00 左右	灰岩 100%
$∈_1mz^1$	下为紫红色含白云母砂质页岩，偶夹 1～2 层中厚层状泥灰岩、灰岩；上部为紫红色含白云母粉砂岩与鲕状灰岩互层	767.00 左右	灰岩 24.6%，泥灰岩 7.4%，页岩 68%
$∈_1m^5$	为灰色中、厚层状泥质条带灰岩、豆状灰岩、白云岩夹 3～4 层紫红色钙质页岩	759.00 左右	灰岩 31.6%，泥灰岩 43%，页岩 25.4%
$∈_1m^4$	为紫红色粉砂质页岩夹 1～3 层薄层状灰岩，顶部为 2～3m 灰绿色页岩	746.00 左右	灰岩 5.4%，泥灰岩 8.5%，页岩 86.1%
$∈_1m^3$	灰黄色、灰绿色泥灰岩与灰黄色、黄绿色钙质页岩、泥岩互层	733.00 左右	灰岩 17.5%，泥灰岩 52.2%，页岩 30.3%
$∈_1m^2$	为杂色泥灰岩、白云岩与页岩、泥岩互层，由下往上钙质成分增多，泥质成分减少	685.00 左右	灰岩 7%，泥灰岩 50.9%，页岩 42.1%

$∈_1m^2$ 中的相对不透水层在库坝区未构成圈闭，对上水库的防渗无多大意义，隔水层汝阳群位于库底。

第四系（Q）：在上、下水库区两岸岸坡堆积着大量的坡积、洪积、冲积、崩积的巨大石英岩状砂岩大块石、碎石、壤土及砂卵石。这些松散堆积物在相当地段直接临库，构成水库岸坡。

3.1.3 地质构造

电站场地在大地构造上位于华北断块区内的太行断块和冀鲁断块的交接地带。近场区位于太行山拱断束的东南部，燕山运动使区内元古界、古生界地层发生褶皱和断裂，燕山运动后，由于太行山东麓深断裂和焦作—商丘深断裂的活动影响，形成本区现今西北高东南低的断块构造地貌。

本区太古界基底构造小褶皱发育，并见有南北向、东西向断裂。片麻理的走向 290°～320°，倾向 SW，倾角 20°～30°。片麻岩中局部云母片岩软弱夹层富集，呈不连续的透镜状产出，下水库坝址区工程地质剖面中可见夹 1、夹 2、夹 8、夹 9 等。中元古界、寒武系地层平缓，近于水平，产状为 300°～350°∠0°～5°，其中以寒武系为主的上水库地层层理发育。

3.1.3.1 节理裂隙

根据探洞揭示以及地表基岩露头调查，节理裂隙主要有以下几组：

(1) 走向 70°～90°，倾向 NW，倾角 85°～90°，节理微张，粗糙，节理面有钙膜，延伸长度 0.5～2m，切层，多属风化裂隙。

(2) 走向 270°～310°，倾向 SW，倾角 60°～90°，节理微张或闭合，微张节理钙质充填，延伸长度 2～5m，切层。

(3) 走向 20°～40°，倾向 SE 或 NW，倾角 63°～90°，节理微张或闭合，微张节理钙质充填，延伸长度小于 2m，切层。

(4) 走向 330°～350°，倾向 NE，倾角 86°～90°，节理微张或闭合，微张节理钙质充填，延伸长度大于 2m，多不切层。

以上四组节理在厚层、脆性岩层中相对发育，而薄层页岩、泥灰岩中则不发育，总体上说节理属发育—稍发育。

3.1.3.2 断层

上水库主要有 F_1～F_6 六条断层（见表 3.1-2）。它们由库区中部风门口一带顺河延伸到坝址下游，其断距 2～17m，断层宽度 0.03～3m，由断层泥、角砾组成，全为正断层，从断层物质组成及压水试验和室内断层带渗透试验表明，断层透水性较大。上述断层是在施工前根据地质测绘所发现发育规模较大的断层，后期由于施工开挖地形变化较强，且断层规模及发育情况有所变化，对施工期开挖揭露的断层进行重新编号，多规模不大，且延伸不长，对工程影响较小。

表 3.1-2　　上水库主要断层一览表

断层编号	产状			性质	断距/m	断层带特征		出露位置（开挖前）
	走向（向位）/(°)	倾向	倾角（角位）/(°)			宽度/m	物质组成	
F_1	290	SW	＞75	正	9	0.5～3	断层角砾，未胶结	风门口（东侧边坡）
F_2	300	NE	80	正	5～17	0.9	断层泥及角砾，未胶结	风门口（东侧边坡）
F_3	300	SW	81	正	6	0.9	断层泥，未胶结	风门口（东侧边坡）
F_4	275	SW	83	正	2	0.03	断层角砾	风门口（东侧边坡）
F_5	275	SW	83	正	2	0.5	发育有架空小洞	风门口（东侧边坡）
F_6	275	SW	83	正	2	0.4	有泉水出露	风门口（东侧边坡）

3.1.4 风化卸荷及物理地质现象

上水库风化卸荷厚度，主要受地形、岩性的控制，差异较大。泥灰岩、页岩强风化卸荷厚度垂直方向一般4～8m，最深ZK004钻孔达23.52m，水平方向4～6m。中等风化卸荷厚度垂直方向一般5～10m，最深ZK908钻孔达19.35m，水平方向8～24m。灰岩卸荷裂隙相对发育，中等风化带厚度一般1～2m，由于岩性坚硬，抗风化能力较强，未发现强风化带。

整体来说，地形陡、岩性脆的地方卸荷裂隙相对发育一些，风化程度相对弱一些；地形缓、岩性软的地方，风化程度相对强，而卸荷裂隙相对不发育。

区内地形多悬崖绝壁，水文地质条件较复杂，岩性软硬相间，加之降雨量较多及历史古地震作用，从而产生了区内的崩塌体、滑坡以及上述的风化卸荷裂隙等多种外动力地质现象。

崩塌体在谷坡上分布较普遍，但规模一般不大，主要是张夏组灰岩的崩落，发育于狼山南坡。分布在山麓及冲沟，规模较小，且多数分布于高程800.00m以上的山坡上，对库区的影响不大。

上水库及其附近主要有龟山塌滑体、岭脑塌滑体、老爷顶塌滑体等，分布于狼山西侧及南坡、鸡冠山西坡。其中龟山塌滑体规模巨大，作为上水库石料场，另有专门讨论。此外，1996年雨季，在宝泉村南，沿土层、风化层发生了数处滑坡，规模为几立方米到几百立方米，对工程影响不大。

3.1.5 水文地质

根据区内含水介质特征、地下水的赋存条件和水力性质等，可将其划分为2个水文地质单元（类型）。

（1）松散岩类孔隙水分布区。主要分布于东沟河床，地下水赋存、运移于砂卵石层中。地下水主要接受大气降水补给和来自基岩地区裂隙水或裂隙岩溶水的补给。地下水位埋藏较浅，为1～2m。

（2）基岩裂隙水分布区。在上水库区分布广泛，对工程产生主要影响的一种地下水类型。可细分为：风化带网状裂隙水，含水层为地表风化带中的风化裂隙，呈面状分布，未风化的母岩构成隔水底板，为潜水，由于地形切割强烈，富水性差，在雨季，成浸染状或以泉水形式出露于山坡或沟底；层间裂隙水，含水层与相对隔水层互层，由于地层近于水平，为无压的潜水；脉状裂隙水，上水库小断裂发育，以张性断层、张扭性断层为主，断层带常由断层泥、角砾岩及碎裂岩组成，断层影响带内裂隙发育，是良好的导水通道和赋水空间，地下水呈脉状或带状分布。

本区地下水系统的补给可分为两个途径：一是系统外的补给；二是系统内部的转移补给。前者主要来源于太行山深山区和大气降水补给；后者则是不同水文地质单元之间地下水转移产生的补给。基岩裂隙水与裂隙岩溶水向河谷松散岩层中转移即属于此类。

对上水库的寒武系地层进行了400余段压水试验，结果表明风化带岩体的透水性大于微风化、新鲜岩体，都为中等透水。需要指出的是，寒武系同一地层的透水性与距岸边的远近关系不明确，这说明节理裂隙、层面等结构面是控制透水性的主要因素。$\in_1 m^2$ 地层中存在着一层至少连续两段厚10m以上透水率小于3Lu的岩组，构成相对不透水层。但由于东沟的切割、风化的影响，上水库东沟ZK005孔以下至大坝，该层未构成上水库完整的隔水层。$\in_1 m^1$ 地层，库坝区统计了75段的压水试验资料，其中，27段抬不起水头，占36%，沿该地层，在雨季有大量的季节性泉水涌出，从以上分析可见，$\in_1 m^1$ 地层应属强透水层，影响透水性的主要原因为岩溶及层间构造破碎带。

根据可行性研究阶段水质分析结果，坝址区水化学类型主要为 $HCO_3^- \cdot SO_4^{2-}—Ca^{2+} \cdot Mg^{2+}$ 型，其次为 $HCO_3^-—Ca^{2+} \cdot Mg^{2+}$ 型，pH=6.6～8.0，总硬度、水化学成分基本接近。地表水以及地下水对混凝土不会产生腐蚀性。

3.1.6 岩石（体）物理力学性质

根据前期各阶段成果资料整理分析，各岩体力学指标建议值见表3.1-3。

表3.1-3　岩体力学指标建议值

地层	岩性	天然密度/(g/cm³)	单轴饱和抗压强度/MPa	变形参数					f'（坝体/基岩）	c'（坝体/基岩）/MPa
				弹性模量 E_s		变形模量 E_0		泊松比 μ		
				水平/MPa	垂直/MPa	水平/MPa	垂直/MPa			
$\in_1 m^1$	弱风化泥灰岩	2.6	30	700	250	300	100	0.35	0.50	0.20
	新鲜泥灰岩	2.61	35	900	300	350	130	0.31		
$\in$	弱风化泥灰岩	2.6	40	1800	950	1000	700	0.3	0.90	0.80
	新鲜泥灰岩	2.61	45	2000	1050	1200	900	0.28		
$\in$	弱风化页岩	2.62	35	1600	700	800	500	0.35	0.85	0.60
	新鲜页岩	2.62	40	1800	980					
$\in$	灰岩	2.72	80		15000		10000	0.25	1.10	1.10
$Pt_2^2 ry$	石英岩状砂岩	2.65	150		30000		2000	0.23	1.40	1.40

坝基河床开挖掉覆盖层和强风化层后，将部分出露 $\in_1 m^1$。$\in_1 m^1$ 岩组层间构造发育，小断层、褶皱多，岩石破碎。如中间夹的白云岩，几乎为碎块状，RQD小于2%。另外，还发现了一些小溶洞。在中、下各有一层泥灰岩，特别是下层，岩性软弱，遇水极易软化，厚2～5m，钻孔取芯率一般小于30%。在坝轴线，软弱层顶面高程680.00～686.00m，坝轴线位置软弱层顶面高程674.00～686.00m。

在坝址下游左岸1号探洞内对 $\in_1 m^1$ 泥灰岩软弱层进行了10个点的野外抗剪强度试验，其成果为：

抗剪断强度　　$f'=0.560$，$c'=0.050$MPa

摩擦强度　　$f=0.510$，$c=0.050$MPa

摩擦试验残余值　　$f=0.504$，$c=0.045$MPa

从剪切面的地质素描看，大多数试件的剪切面起伏差都不大，最大为1.6cm，剪切面上大都有明显的擦痕。根据1号探洞试验资料，软弱夹层的抗剪强度 $f=0.51$，$c=0.05$MPa。由于试验时，剪切速率较高，为此建议采用0.7的折减系数，$f=0.51\times0.7=0.36$，$c=0$MPa 作为安全储备。

3.1.7 水库触发地震

工程区在大地构造位置上处于华北断块区内的太行断块东南角，临近太行断块、冀鲁断块的交接地带。外围东部、西部地震活动强烈，近场区地震活动较弱。库区无区域性大断裂，仅有数条断层穿过库区，其规模小，晚更新世以来已停止活动。

库区地层近水平状，库底下部为厚达 150 多 m 的汝阳群石英岩状砂岩，岩石强度大，不透水，为区域隔水层，库区与库水接触或有水力联系的地层为馒头组泥灰岩、粉砂质页岩及毛庄组页岩、粉砂岩、灰岩，该地层有一定的透水性。虽然馒头组、毛庄组有一定的透水性，但汝阳群隔水，加上周围地形的切割，地下水常沿汝阳群顶部出露排泄。断层的透水性强，地下水虽可沿断层向下渗透，但断层规模小，切割浅，因此，地下水向深部渗透的可能性小。

另外，上水库虽坝高 94.80m，但库容仅约 782 万 m^3；水面不足 $1km^2$，水的载荷作用影响不大。

综上认为，库区不具备产生水库触发地震的地质条件。

3.2 库区主要工程地质问题研究

3.2.1 库岸稳定

组成库岸的岩体（石）大致可分为两类：一类为$\in_1mz^2$、$\in_2z$ 岩组，中层至厚层状，鲕状灰岩、结晶灰岩、白云质灰岩等，岩性单一，岩石致密，强度及抗水性能好，对岸坡稳定有利；另一类为$\in_1m$、$\in_1mz^1$、$\in_2x$ 岩组，薄层状，岩性为粉砂质页岩、泥灰岩、粉砂岩、灰岩等，岩性复杂，软硬相间，岩石强度相对低，抗水性能差，对岸坡稳定较为不利。在地形上，前类岩组对应为陡崖（坎），自然坡角 60°～90°，后一类岩组对应为缓坡，自然坡角 25°～40°。

据地质调查、探洞、物探及钻探资料分析，岸坡强风化层一般厚 2～4m，个别地带如右岸 ZK504 可达 7.8m，左岸 ZK511 可达 7.1m；弱风化层一般厚 2～6m。岸坡卸荷带发育情况与岩性、地形关系较大，据 3 号探洞，$\in_1mz^2$ 中厚层状灰岩 0～6m 为强卸荷带，6～20m 为弱卸荷带，2 号探洞$\in_1m^3$ 薄层泥灰岩卸荷带仅 4m。库区内仅在左岸东沟村上方、狼山北麓和右岸库尾的$\in_2x$ 地层形成的缓坡上发现有数处$\in_2z$ 灰岩的倒石堆，未见基岩滑坡等其他不良物理地质现象，自然库岸边坡稳定。

库区地层总体倾向 330°，倾角 0°～5°，属水平地层区。地层倾角远小于层面间的摩擦角，对岸坡稳定较为有利。左岸山体边坡类型为顺向坡，自然边坡较缓，15°～30°，右岸山体边坡为逆向坡，自然边坡稍陡，为 25°～40°。

综前所述，开挖前库岸边坡从岩质、岩体结构上可分为三种类型（见表 3.2-1）。它们构成了库岸边坡稳定的最基本类型。

表 3.2-1　　库岸边坡的岩质分类

分类	岩体结构	岩组及性质	评价
A	中至厚层结构	$\in_1mz^2$、$\in_2x$ 灰岩、白云质灰岩、白云岩	稳定性好
B	薄层结构	$\in_1m$、$\in_1mz^1$、$\in_2x$ 泥灰岩、粉砂质页岩、粉砂岩、灰岩	稳定性稍差
C	碎裂结构	断层带物质及断层带间所夹破碎岩体	稳定性差

3.2.2 库盆地质条件研究

上水库库盆是利用天然东沟，在宝泉村上游1km左右建堆石主坝，在东沟上游库尾建砌石副坝，并经对东沟两侧规整开挖后形成库盆。

根据岩体结构、岩性及结构面等条件综合考虑，可将岸坡分为两个稳定性分区。

Ⅰ区：库水位以下大部分岸坡，地层正常，主要由薄层结构的$\in_1m^3$～$\in_1m^5$，$\in_1mz^1$泥灰岩、粉砂质页岩组成岸坡，另在正常蓄水位附近，有少量的中至厚层结构的$\in_1mz^2$灰岩。在未蓄水时，由于工程边坡比自然边坡缓，库岸边坡将处于稳定状态。但是蓄水后，在库水的长期浸泡下，库岸易软化的泥灰岩、粉砂质页岩的抗压及抗剪强度将降低，特别是抽水蓄能电站骤升骤降的运行工况，将使渗入到岸坡的库水不能及时排出，对岸坡的稳定产生不利的影响。另一方面，由于泥灰岩、页岩软弱易风化，在施工开挖到建基面时，也需要对建基面采取临时保护措施。因此，从库岸稳定角度考虑，库盆整体防渗是必要的。

Ⅱ区：库水位以下库区南侧边坡主要有断层及其间所夹岩体组成的岸坡。由于岩体较为破碎，工程地质条件较差，主要表现在断层带附近岩体破碎，但对边坡整体稳定性影响不大，但断层带岩体较破碎，鉴于以上情况，一方面，针对断层发育不同情况需采取固结灌浆或混凝土塞等不同的工程处理措施；另一方面，更要做好岸坡的保护措施。实际开挖揭露断层规模较小，断层带物质胶结良好，没有进行专门性处理。

另外，在库盆开挖过程中，由于库岸岩体主要为薄层、中厚层页岩、泥灰岩，加上裂隙切割，易形成岩质陡坎，对于以上的地质缺陷处理采用以下方法：当陡坎高度超过0.3m（垂直坡面）厚时，采用C10素混凝土补坡，补坡表面应保持粗糙，粗糙度不小于2mm；部分采用M7.5水泥砂浆砌60号块石补坡。

由于库岸岩体的工程地质特性，主要分布寒武系馒头组的泥灰岩、页岩和泥质粉砂岩，岩性较软，一般属中硬岩，开挖过程中未发现溶洞。

在前期勘探过程中，为查明覆盖层厚度，在地质测绘的基础上，布置了钻孔40余个，总进尺达3000余m；同时考虑钻探成果的局限性及时间性，还进行大量的地球物理勘探工作，共完成地震剖面20条，低速带点10个，露头弹性波测试2处，测线累计长度4.20km，工作方法采用地震折射法勘探。但由于库底覆盖层为砂卵石层，以块石和碎石为主，基岩为寒武系馒头组泥灰岩、页岩以及粉砂岩，受风化卸荷影响，上部岩石较破碎，基岩弹性波速较低，地震勘探的精度受到一定影响。为了解覆盖层的物质组成和物理力学性质，对其进行大量的室内、外科学试验，其中大型载荷试验5组，颗分30余组，常规物理力学试验10余组。根据以上工作，对整个勘察成果经过分析，形成了上水库基岩等高线图，对于基岩露头和勘探揭示的基岩等高线一般采用均插法进行展布。通过勘探表明，库坝区冲沟覆盖层分布广泛，左岸（今4号沟）至主坝坝址在高程750.00～780.00m以下分布有较大范围的坡、洪积物，一般厚10～35m，钻孔ZK105处达41m。主坝坝址右岸高程740.00m以下分布有半胶结松散状坡积物，厚10～16m。副坝附近也有一定范围的覆盖层。覆盖层的物质组成、结构、分布厚度十分复杂，既有半胶结状，也有松散状。高程780.00m以上覆盖层多分布在冲沟内。

在库盆开挖过程中，环库两岸发育有大小不一的冲沟7条（见图3.2-1）。从已揭露冲沟看其发育多为V形，冲沟与岩石边坡连接段陡峭，下切剧烈。

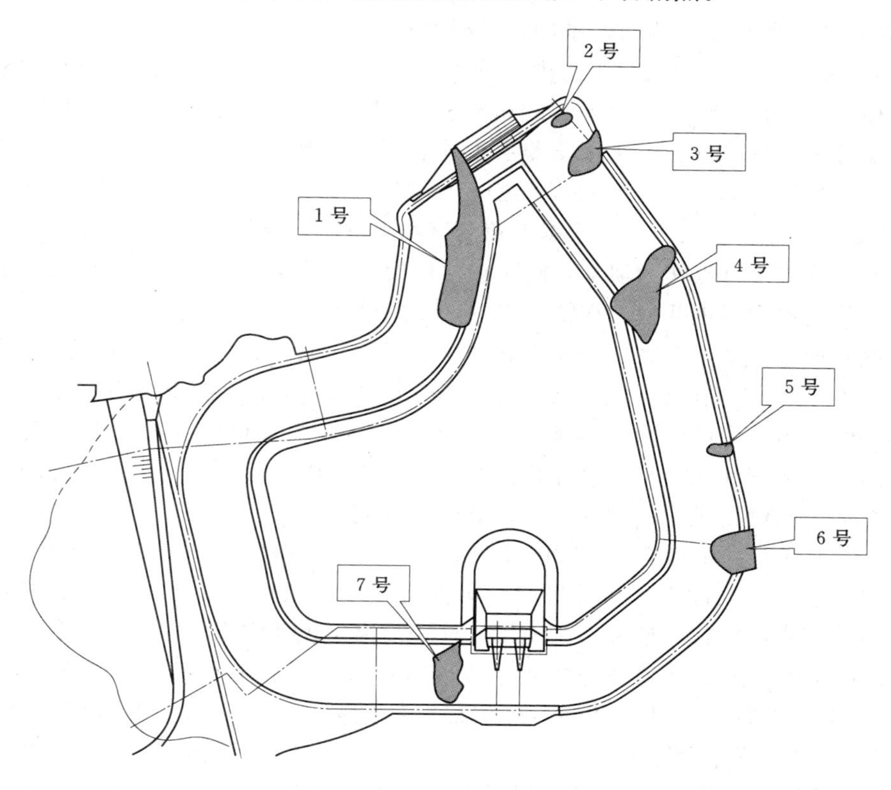

图3.2-1　上水库库盆冲沟平面位置分布图

一般正常河流的侵蚀与堆积，总是与该流域的地质构造运动和气候变化有着直接的相关性。根据宝泉上水库冲沟的物质组成和结构特点及其空间分布规律，分析其成因与下列因素有关：

（1）新构造运动的间歇性抬升。宝泉抽水蓄能电站区域总的来讲是处于新构造运动，以强烈的持续上升为主，但有停顿或下降，造成山体切割强烈，多形成深切峡谷，相对高差达1000余m，河流在急剧切蚀过程中，两岸岩体初始地应力卸荷释放，造成岩体松弛，裂隙发育，崩塌和滑坡发育，堆积在河床中。由于抬升过程中间歇性停顿或下降，造成覆盖层具有一定成层性。

（2）强降水形成泥石流和碎屑流（固体径流）。宝泉地区年降雨总量的70%左右集中在5～9月，且多大雨和暴雨，同时山高坡陡，东沟两侧的支流冲沟发育（多为V形沟），冲沟两侧岩体风化层厚，加上坡降大，常形成泥石流或碎屑流，这些松散物质被搬运并沉积在东沟及其支沟内，亦为覆盖层的重要物质来源之一。

（3）与构造、岩性有关。由于上水库断层及层间错动相对发育，受其影响，岩体破碎，加上寒武系下部为泥灰岩、页岩，易风化，而且顺河向裂隙发育（高倾角裂隙），受地表水和地下水影响，在河谷和沟涧中形成局部深潭、深槽，为上游不断搬运而来的沉积物质提供了沉积场所。

各冲沟具体工程地质特性如下：

1 号沟覆盖层物质组成为第四系冲、洪积物。

1 号沟同坝址区一样都位于东沟内（近平行岸坡），沟底覆盖层物质组成与坝址区覆盖层基本相同，多数试样大于 20mm 的粗粒含量均大于 50%，按覆盖层的工程分类名称河床覆盖层可定义为碎石土。河床覆盖层不均匀系数一般介于 10.3～1949.2，多数试验点小于 100，曲率系数介于 1.1～12.4 之间，较难压实；其天然干密度为 1.84～2.36g/cm^3，多数试样大于 2.00g/cm^3，根据波速测试结果分析，纵波速 900～1000m/s，相对密实。整体天然状态下可以作为坝基，同时在招标设计阶段变形试验表明变形量并不大，开挖期对该部位的覆盖层重Ⅱ型动探结果表明，变形模量在 35MPa 左右。

在库盆开挖过程中，自高程 768.00m 左右向下基岩面变陡，形成倾角约 60°的基岩陡坎，由于形不成 1∶1.7 设计边坡，自高程 768.00m 以下脱空。由于坡面上覆盖层是松散软弱的堆积物，施工中已挖除，沿基岩面已开挖至高程 720.00m 左右，基岩已出露。根据冲沟出露地形地貌和内部覆盖层性状分析，分析其成因是由于东沟内河床冲刷偏右侧库岸，加上顺河向高倾角风化裂隙的切割，形成岩石陡坎。

2 号沟位于副坝右坝肩处（库岸桩号 K0＋977），该冲沟是由于宝泉上水库山高坡陡，多大雨、暴雨冲刷形成冲沟，物质组成为第四系崩、坡积物。覆盖层由碎块石夹壤土组成，碎块石之间由细颗粒的砾和壤土充填，开挖前未发现架空现象。

2 号沟在副坝右坝肩基础开挖过程中大部分已经挖除，剩余较少一部分位于库盆以内，目前 2 号沟位置按 1∶1.7 边坡，库岸已开挖至高程 752.00m，覆盖层已全部挖除，在高程 770.00m 以下有少量脱空，但脱空量较小，估算开挖回填量在 1000m^3 左右。

3 号沟位于库岸桩号 0＋930 处，近于正交岸坡，最大宽度约 30m 左右，在环库公路上部与 2 号沟相交，该冲沟成因和物质组成与 2 号沟一致，为第四系崩、坡积物。覆盖层由壤土夹碎块石或碎块石夹壤土组成，碎块石之间由细颗粒的砾和壤土充填，未发现架空现象。

4 号沟位于库岸桩号 0＋780 处，与岸坡斜交，高程 791.60m 处宽度约 85m 左右，该冲沟物质组成主要为第四系壤土夹碎块石或碎块石夹壤土，局部含有粒径大于 1m 的块石，大于 20mm 的粗粒含量占 50%以上，松散—中密，局部半胶结。

综合分析，该区 P_5 含量一般略小于 70%，初步认为主要取决于粗料性质，其物理力学性质如何，将是影响覆盖层受力后变形大小的重要因素之一，覆盖层碎石的岩性以灰岩为主，其次为白云质灰岩，不同深度均处于弱风化状态；其饱和抗压强度一般大于 60MPa，均属坚硬岩类；软化系数一般大于 0.75，属于不软化的岩石，但经长期地下水淋滤或风化作用，可能使得部分吸水率较大、软化系数较低，易于浸水软化，然而，库区为全面防渗，防渗体的下部还布设有排水设施，因此达到饱和状态的可能性较小，即使有少量水的下渗，由于覆盖层的渗透系数较大，也会很快渗透到持力层以下，所以，从实际运行情况分析，只要做好沥青混凝土护岸下的防渗与排水，减少覆盖层中的含水量，便可以排除或削弱浸水软化问题，不会形成对工程的控制性危害。

前期研究表明，该区不均匀系数一般大于 100，最大可达 8873，曲率系数 C_C＝1.1～101.0，表明颗粒组成不均匀；其天然干密度为 1.62～2.26g/cm^3，绝大多数试样小于

2.00g/cm^3，根据波速测试结果分析，上部纵波速500～600m/s，相对松散，下部1050～1100m/s，相对密实，但整体天然状态下不宜作为库岸基础，对上部松散层进行挖除。下部必须进行夯实工程处理措施以提高其密实性。

根据开挖情况接露基岩面分析，排水廊道轴线向库岸方向最低基岩面高程低于735.00m。4号冲沟是上水库库区表面汇流最大的一个冲沟，环库路以上两个支沟表面汇流均进入4号冲沟，汇流面积0.25km^2，25年一遇洪峰流量16m^3/s。

同时在4号沟下游侧库岸桩号K0+660处（顺东沟方向）发育一宽约70m的岩质陡坎，造成该部位大面积脱空。该陡坎的形成主要是由于5号沟雨水冲刷和4号沟流水掏蚀而成，加上岩体高倾角顺河向裂隙切割，经历大洪峰冲刷引起岩体沿裂隙发育面搬运，形成岩石陡坎，陡坎顶部高程769.00m左右。

5号冲沟位于库岸左侧4号、6号冲沟之间，库岸桩号K0+550处，与岸坡近正交，最大出露宽度约16m，覆盖层最大厚度5m左右，在高程782.00m处结束，脱空量较小，覆盖层开挖完毕后直接采用浆砌石与库岸边坡补齐。该冲沟物质组成主要为第四系壤土夹碎块石或碎块石夹壤土，成因同3号冲沟。由于开挖量较小，冲沟覆盖层已全部挖除，回填已经完成。

6号沟位于库岸桩号K0+435～K0+470段（风门口），与岸坡近正交，该冲沟是上水库较大的支沟，冲沟物质组成主要为第四系壤土夹碎块石或碎块石夹壤土。开挖以后最大出露宽度40m，最大开挖深度13m左右。冲沟覆盖层已全部挖除，设计方案采用堆石混凝土对脱空段进行回填。该冲沟在高程774.00m左右结束，对该高程以下边坡开挖没有影响。

7号冲沟位于库岸左侧桩号K0+040～K0+070段，与岸坡近正交，覆盖层全部开挖完毕，最大出露宽度30m，开挖出露最大深度20m左右，在高程750.00m以下基岩出露，冲沟物质组成主要为块石、碎石。

通过分析可以看出，冲沟内充填物结构复杂，多为坡积、崩积和冲洪积的土夹石或碎石土，局部含直径1m以上大块石，其代表性物理力学指标见表3.2-2。

表3.2-2　　库区冲沟覆盖层代表性指标

部　　位	干密度/(g/cm^3)	变形模量/MPa	c	φ/(°)
冲沟覆盖层	1.75	25	35	0

冲沟覆盖层主要是可压缩性较小的碎石土，但相对于岩石，其变形模量仅为1/1000左右，而宝泉地区天然形成的基岩坡面非常陡峭，库区常见几十米高的绝壁，开挖揭露的基岩面多为几十米深的陡坎，避免蓄水过程中地基软硬交接面产生过大的不均匀沉降，是冲沟处理方案需要解决的突出地质问题。

在库盆开挖过程中，揭露断层数十条，但发育规模不大，且延伸不长，多为陡倾角断层，而开挖边坡坡比1∶1.7，结构面组合分析对边坡稳定影响不大。

3.2.3　库底工程地质问题研究

上水库库底开挖揭露地层主要为第四系碎石土，在排水廊道附近部分库盆出露$\in_1 m^2$、$\in_1 m^3$泥灰岩、粉砂岩，其中覆盖层出露范围占库底面积的80%左右

($79790m^2$)。

开挖以后覆盖层分布厚度河床部位较厚，但厚度一般小于15m，向靠近库底四周排水廊道处逐渐变薄，直至廊道附近基岩出露，靠主坝区域覆盖层较厚，其中主坝右岸坝肩与库底连接段，覆盖层厚达40m。

覆盖层下部主要分布寒武系馒头组泥灰岩、页岩，在前期勘探及地质测绘过程未发现岩溶情况，库底基岩出露$\in_1m^2$、$\in_1m^3$泥灰岩、粉砂岩部分也未发现岩溶现象。仅在$\in_1m^3$上部灰黄色泥灰岩中有溶蚀现象。

3.2.4 库区渗漏问题研究

上水库的渗漏问题是宝泉抽水蓄能电站的主要工程地质问题之一。

东沟两岸地形不对称。右岸关山山体雄厚；正常蓄水位789.60m时，左岸狼山山体厚480～760m，相对右岸略显单薄，且外侧即临峪河深切河谷和豫北平原，与东沟高差达数百米，是东沟地下径流的排泄区。因此，本区的地貌格局使上水库具有向邻谷可能渗漏的条件。

上水库寒武系地层呈近水平状分布，岩层层面发育，属多层含水层结构，相对隔水层基本上不具有阻隔水平渗流的作用，地层结构有利于地下水的渗透。上水库的断层也较发育，根据压水试验结果统计，断层带附近岩层透水性均较强，透水率均大于10Lu。因此，贯穿库区的断层构成库水外泄的重要通道。另外，地层中发育的节理对渗漏也有一定的影响。

从水文地质条件看，宝泉地区位于太行山与山前平原交接部位，处于区域地下水的排泄带上，峪河即是区域地下水排泄基准面。上水库寒武系地层中泉群的发育部位即反映了这一特点。据对东沟中ZK905孔、ZK909孔一个水文年的地下水位观测，地下水位基本上保持在高程670.00m以上，高于Pt_2^2ry石英岩状砂岩顶面高程645.00m。显然，地下水有利于向峪河排泄。从区域地下水的运动规律分析，东沟右岸应存在地下水分水岭，所以右岸地下水向东沟至峪河排泄。但右岸地下水分水岭的确切位置及水位高程目前尚无法预测。由于上水库设计正常蓄水位789.60m，死水位758.00m，高于目前的地下水位，最高水位相差达80m以上。因此，上水库蓄水后，库水将补给右岸地下水。左岸处于区域地下水径流排泄区前缘地带，地下水水位显著低于右岸，由于山体相对较为单薄，在高水头压力下，左岸是上水库产生永久性渗漏的主要地段。

根据上水库地质结构及渗漏特点，地下水渗透形式可归纳为4种基本类型：

(1) 层间渗透（层状渗透），由于页岩、泥灰岩与灰岩、粉砂岩等相间成层分布，使得赋存于其间的地下水具有层间水特征，地下水渗流在层间主要以水平运动为主。

(2) 断层渗透（带状渗透），由导水断层构成的渗流通道。

(3) 风化卸荷带渗透（壳状渗透），寒武系地层表层和汝阳群地层顶部均存在一定厚度的风化卸荷带，具有较强的透水性。

(4) 脉管状渗透，主要发生于$\in_1m^1$地层中。由于层间小断层、节理、褶皱及溶孔、小溶洞发育，在渗流运移过程中，这些小溶洞小溶孔起着一种管道排水作用。

根据地貌、地质结构及渗透类型特征，可把上水库划分4个渗漏段：

(1) 左岸渗漏段。由左坝肩至库尾（包括左坝肩渗漏部分），山体厚约1000m，地下水位远低于正常蓄水位，也低于死水位。

(2) 右岸渗漏段。由右坝肩至库尾（包括右坝肩渗漏部分），地下水位远低于库水位。

(3) 封门口断层束（$F_4 \sim F_6$）渗漏段。位于左岸风门一带，断层带宽 15.4m，渗透系数大于 23m/d（后期开挖揭露断层规模变小）。

(4) 坝基渗漏段。库水下渗至 Pt_2^2ry 石英岩状砂岩隔水层顶，水平向坝下游排泄。

对于库盆的渗漏，因库底由隔水的汝阳群水平层状石英砂岩组成，而库区断层又因规模小，向下切割深度有限，加之渗径变长，因而渗漏量较小。可以认为，库盆向下垂直渗透至一定深度（汝阳群顶面以下 10m）后，水平向外侧渗透。而这部分渗漏层已在以上各渗漏段中考虑过，因而，在渗漏量计算中不考虑库盆的渗漏量。

根据上水库地质结构及渗漏特点，上水库总渗漏量估算见表 3.2-3，上水库总渗漏量为库区、坝基、风门口断层带等地段渗漏量之和。

表 3.2-3　　各渗漏地段估算渗漏量一览表

渗漏地段	坝基（坝轴线长 550m）		风门口断层带（宽 15.4m）	库区左岸（长 1200m）		库区右岸（长 800m）		总渗漏量	
	水位 793.50m	水位 762.00m		水位 793.50m	水位 762.00m	水位 793.50m	水位 762.00m	水位 793.50m	水位 762.00m
估算渗漏量范围值/(m^3/d)	6240.8～14116.8	3998.4～9641.4	3620.69～7429.88	3732～33156	2196～19440	2488～22104	1464～12960	19889～76806	11279～45662

需说明的是，以上是基于 24h 水位无变化条件下估算的结果。但根据上水库的运用方式，每日处于正常蓄水位的时间仅占 2h，实际上，每日通过排泄边界永久性渗漏的水量应低于上述最大渗漏量。综合考虑渗透系数变化范围及水位变化因素，估计宝泉上水库总渗漏量范围应为 3 万～5 万 m^3/d。

上水库库盆表面面积约 33 万 m^2，采用全防渗方案，主坝坝坡、库岸均采用沥青混凝土面板防渗，防渗面积约 16.4 万 m^2，副坝采用混凝土面板，防渗面积约 0.5 万 m^2，库底采用黏土防渗，防渗面积约 15.5 万 m^2。库底设置环库排水廊道。

在库盆开挖过程中，发现多处出水点，除了沿断层以及冲沟出水点外，其余大多数出水点分布在泥灰岩、粉砂岩等软岩层面顶部灰岩层面底部，形成原因是灰岩透水性较强，泥灰岩、页岩透水性较弱。

对所有出水点进行抠槽埋设排水管引导至库底排水廊道。

3.2.5 固体径流

东沟河床比降 10%，在河床分布有大量的洪积、冲积砂砾石、块石及孤石。河谷两岸，$\in_2x$ 组成的边坡坡角 30°～40°，因页岩易风化，在山坡表面常分布有许多页岩碎片等；$\in_2z$ 组成的边坡近于直立，其崩塌形成的碎石、块石常散落在半坡之上。东沟水库控制流域面积 6km^2，多年平均年径流量为 $0.0113 \times 10^9 m^3$，平时无径流产生，仅暴雨时产生径流，且暴雨一般发生在 7～8 月，如 1996 年 8 月发生洪水（最大日降雨量达 306mm/d），大量的碎石、块石随洪水而下，使东沟河道地形发生了一定的变化，并将宝泉村小水塘淤积了一半。因此，东沟库区副坝区有产生固体径流的地形条件、物质来源和降雨条件，且物质来源较丰富。

3.3 防渗体系研究

对水库渗漏的处理方法分为地面以上处理和地面以下处理两大类，鉴于抽水蓄能电站对上水库防渗要求较高，大都采用外包式防渗方案。故此，在研究上水库防渗方案时，亦偏重于外包形式，先后设计了6种外包方案，1个地下处理方案，共7个防渗方案（见表3.3-1），7个方案研究、对比成果如下。

表3.3-1　上水库防渗方案一览表

方案编号	防渗型式简述	相应坝型
1	库底保留部分覆盖层并回填石渣，黏土铺盖护底、喷混凝土护坡	钢筋混凝土面板堆石坝
2	库区覆盖层全挖，不回填石渣，全库沥青混凝土防护	沥青混凝土面板堆石坝
3	库区覆盖全挖，不回填石渣，全库钢筋混凝土防护	钢筋混凝土面板堆石坝
4	沿库周作封闭式帷幕灌浆防渗	钢筋混凝土面板堆石坝
5	库底保留部分覆盖层并回填石渣，黏土铺盖护底、沥青混凝土护坡	沥青混凝土面板堆石坝
6	库底保留部分覆盖层并回填石渣，全库沥青混凝土防护	沥青混凝土面板堆石坝
7	库底保留部分覆盖层并回填石渣，黏土铺盖护底、钢筋混凝土护坡	钢筋混凝土面板堆石坝

3.3.1 黏土护底、喷混凝土护坡方案（方案1）

鉴于东沟河床及岸坡下部坡、崩积层坡度小（约10°），厚度大（特别是左岸，最大厚度超过30m），仅库区覆盖层开挖量就达280多万m^3。根据地质报告，库区岩石强风化深度约4～6m，由于黏土适应地基变形能力强，且物探揭示的覆盖层架空多分布在表层3～5m范围，该范围孔洞多，容重小。其下有一相对密实层。对库区覆盖层的处理分两种情况，岸坡高程741.00m以上全部挖除；河床则仅进行表层清理，开挖深5m。然后对两岸强风化岩石进行削坡，开挖至弱风化处，并对凹凸不平的库岸进行修整，削坡的石渣填在河床内。为了避免铺盖下的基础过大的不均匀沉陷，回填石渣要分层碾压，容重不小于2.0t/m^3。为防止黏土流失，堆渣顶面（高程741.00m）分别做一层过渡层（厚1m），两层反滤（每层厚0.5m），以确保黏土铺盖的结构和渗透稳定。黏土铺盖的厚度一般取水头（H）的$\frac{1}{10}$，本方案正常蓄水位787.50m，水头为39.5m，若按$\frac{H}{10}$计，则需厚度3.95m。国外有些工程为0.15H，因而将厚度适当加大，取为4.5m。经过碾压的黏土水力坡降试验值较大，但考虑到填土的不均匀性，实际采用的安全渗透比降（I）为5～10，铺盖作用水头39.5m，厚5m，则$I=\frac{39.5}{4.5}=8.78$，在允许值范围。其上暂不加盖重，以利运行期维修。只要严格按照施工技术规程要求施工，黏土的防渗效果是能保证的，但黏土不能在干湿交替的环境下工作，在工程上，只能用在死水位以下，因而暂定铺盖顶高程为748.00m，超过此高程部分则喷混凝土防渗。两岸岸坡一般下部较缓，上部偏陡，高程

748.00m 以上多为陡坡，特别是右岸转弯处岸坡超过 75°；两岸山头较高，库岸冲沟发育，凹凸不平，在此条件下喷锚支护防渗无疑是最省亦是最易施工的防渗方案。

喷锚护面曾在国内外许多工程上用于防渗，如陕西冯家山水库溢洪道进口处喷锚支护，运行 20 余年，未发现裂隙等异常现象。挪威 Porsa 水电站的引水隧洞在局部软弱岩层地段用 8～10cm 厚的钢筋网喷浆加固，其内压水头达 200m，运行至今情况良好。采用喷浆作为堆石坝防渗护面的亦不乏先例，如雷姆司坝就是喷混凝土斜墙堆石坝，浙江省百丈标二级堆石坝，采用迎水面砌 0.6～0.8m 的浆砌石作为垫层，然后在垫层面上喷两层厚 3～4cm 的混凝土浆，每层设置 1cm×1cm 的钢丝网，用 ϕ12 的插筋与浆砌石连接，该坝建成后 10 余年，未发现渗漏现象。加拿大的拉约伊面板堆石坝，坝高 87m，亦采用喷混凝土面板防渗。

岸坡处理程序是先将覆盖层挖除，高程 741.00m 以下的风化岩石不再开挖，以上则挖去强风化层，并结合库岸修整将坝顶高程以下的岸坡开挖成规则边坡，左岸最陡为 1∶1.5；右岸最陡 1∶1。对于岸坡上出露的断层及其破碎带分情况进行处理，如 F1、F2、F10 等，在出露表面挖槽，挖深为断层带宽度的 1.5 倍，然后回填混凝土；而 F4～F6 断层束，三条断层呈阶梯状分布，断距约 7m，断层带宽度达 15.4m，其物质结构松散，有细小颗粒，渗透系数约 (2～7)×10^{-2}cm/s，处理采用压盖和加固相结合，对出露在高程 741.00m 以上部分，开挖 1.5m 并回填混凝土，然后对断层带作固结灌浆，孔、排距均 3m，孔深 8m。

喷混凝土的设计按照《锚杆喷射混凝土支护技术规范》(GBJ 86—85) 的规定进行，其设计强度见表 3.3-2、表 3.3-3。

表 3.3-2　　喷射混凝土强度等级表　　单位：MPa

强度种类	喷射混凝土强度等级			
	C15	C20	C25	C30
轴心抗压	7.5	10	12.5	15
弯曲抗压	8.5	11	13.5	16
抗拉	0.8	1.0	1.2	1.4

表 3.3-3　　喷射混凝土弹性模量表　　单位：MPa

喷射混凝土强度等级	弹性模量	喷射混凝土强度等级	弹性模量
C15	1.85×10^4	C25	2.3×10^4
C20	2.1×10^4	C30	2.5×10^4

由表 3.3-2、表 3.3-3 可知，喷射混凝土的抗拉强度和弹性模量均小于普通混凝土，且 GBJ 86—85 要求喷射混凝土与围岩的黏结力标准为：Ⅰ类、Ⅱ类围岩不低于 0.8MPa、Ⅲ类围岩不低于 0.5MPa，抗渗强度不低于 0.8MPa。作为防渗要求很高的上水库防渗材料，应在满足抗渗要求的同时又能与库岸软岩较好地结合，故而选用强度等级较高的 C30 喷射混凝土作库岸防渗。为了加强喷层与库岸的结合，并增加库岸的整体稳定性，采用系统锚杆，锚杆直径 ϕ22mm，长 5m，间排距 1.5m。

喷锚防渗的厚度按式 $t=0.15+0.001H$ 计算，据此算得上库喷混凝土护面厚约19.5cm，采用20cm。此值亦符合 GBJ 86—85 对喷射混凝土最大厚度的要求。

喷混凝土护面最主要的问题是面层施工时的干缩和长期处于温度变化和干湿交替情况下的龟裂。考虑到宝泉上库喷层面积大，水位变幅大，水库防渗要求高等特点，除按一般做法在喷层中加设钢筋网外，为提高喷层的强度和抗龟裂能力，根据有关资料，在混凝土喷浆中掺加纤维网。

为了确保喷混凝土面板在库水位骤降时在渗水压力作用下的稳定性，曾研究过在防渗层后沿库周山体内设两层排水廊道，截面尺寸 2.5m×3.5m，高程分别为 760.00m 和730.00m，沿廊道分别向上、下打排水孔，孔距 3m，孔深总计约 90m，形成排水幕，使渗入山体的水尽快排走，以降低渗水压力。但此方法受上水库地形条件限制较大，库区两岸特别是左岸岸坡较缓（下部约为 20°），排水孔的斜度受施工条件限制不能很大，因而造成排水幕体的下部离岸边太远，渗水不能及时排走，在库水位骤降时反向渗水压力可能造成防护面板的失稳。故又研究在喷层下设排水沟槽。经计算，沟槽间距约需 2～3m，沟内埋设预制无砂混凝土半圆管，用以排除渗水。此法挖槽工作量大，施工难，且排水效果难以确保。最后，借鉴在钢筋混凝土面板下整铺排水层的经验，在喷防渗面层前先喷无砂混凝土作为整体排水层，排水层的厚度通过计算确定。计算按《土石坝沥青混凝土面板和心墙设计准则》（SLJ 01—88）附录 2 中的公式，取单宽计算。

防渗面板的渗水量：

$$q_f=\frac{K_f}{2\delta_f}\sqrt{1+m^2}H^2$$

式中 q_f——防渗面层单位宽度的渗水量，$m^3/(s\cdot m)$；

K_f——防渗面层渗透系数，取 $K_f=3\times10^{-7}cm/s$；

δ_f——防渗面层的厚度，m；

m——面层坡度比；

H——最大水深，m。

排水层的排水量应与面板的渗水量相等，由此决定排水层厚度。

$$\delta_p=\frac{q_f\sqrt{1+m^2}}{K_p}F_s$$

式中 δ_p——排水层厚度；

K_p——排水层渗透系数，取 $K_p=5\times10^{-2}cm/s$；

F_s——安全系数，取 $F_s=1.3$。

经计算，无砂混凝土排水层厚度为 20cm，为安全计，取 $\delta_p=25cm$。北科院结构所在十三陵抽水蓄能电站上水库施工现场直接取样的两组无砂混凝土试件，渗透系数为 $118\times10^{-2}cm/s$，远大于设计采用值，排水层排水的安全度是满足要求的。

喷混凝土与黏土铺盖搭接段高 5m，底部设混凝土截水墙，截水墙内布置观测排水廊道，廊道尺寸为 1.5m×2.1m。截水墙系在岸坡挖槽回填混凝土而成，墙底高程739.50m，顶面高程 743.00m。沿廊道布设排水孔管与岸坡排水层相通，廊道穿过两岸坝肩至坝体下游，出口设集水井，以将渗水抽回上水库。为防止喷层与黏土的搭接缝漏水，在搭接段设两道土工薄膜止水，土工薄膜一端黏结在喷混凝土面上，一端埋入黏土中。库底渗水通过埋在反滤层中的排水管，集于环库排水廊道。

该方案的大坝采用钢筋混凝土面板堆石坝。根据开挖后的库容曲线，确定正常蓄水位787.50m，设计洪水位789.16m，校核洪水位789.76m，由此确定坝顶高程791.00m，最大坝高93m，坝顶长度445m。上游坝坡1∶1.4，下游坝坡1∶1.3。坝体防渗由钢筋混凝土面板承担，面板的支撑结构为趾板，由于这里基岩为$\in_1 m^2$强风化层，最薄处仅有8m厚，其下即严重破碎的$\in_1 m^1$岩组，为提高趾板及其基础的强度和整体性，趾板宽度采用8m，厚1m，其下基础进行固结灌浆，孔排距3m，孔深10m。高程743.00m以上的趾板宽4m、厚0.6m。趾板与喷混凝土的接缝处设两道止水：表面用土工薄膜黏结覆盖，下面设止水铜片。

该方案的主要优点是就地取材，施工简便，造价低廉，黏土铺盖适应变形能力强。库底堆渣约91万m^3，大大减少外运工程量。此外，黏土经碾压后渗透系数可达10^{-6}cm/s，且厚度大。喷混凝土护岸只要严格按照施工规程，控制好质量，其防渗性能是可以满足要求的。根据计算，该方案总渗水量约2500m^3/d，占上水库有效库容的0.42‰。小于上水库有效库容的1/2000。其主要缺点：一是黏土用量大，料场大部分是耕地，土料开采增加了工程补偿费用，且由料场至库区道路施工比较困难；二是库岸冲沟发育，地形变化大，钢筋挂网和喷混凝土难以确保质量，需对库岸进行较大规模的整修，这就大大增加了岩石开挖量；上部库岸较陡，不利于喷层稳定。为此在开挖中控制库岸最陡边坡为1∶1。同时，喷混凝土层与库岸软岩的结合情况尚难预估。该方案主要工程量见表3.3-4。

表3.3-4　　　　方案1主要工程量表

部　位	项　　目	数　量	备　　注
大坝	覆盖层开挖/万m^3	94.83	库底黏土铺盖，岸坡喷混凝土
	岩石开挖/万m^3	6.50	
	坝体堆石填筑/万m^3	324.21	
	混凝土/万m^3	2.70	
	钢筋/t	1654.30	
库区	覆盖层开挖/万m^3	184.54	
	石方开挖/万m^3	190.12	
	石方槽挖/万m^3	4.03	
	黏土/万m^3	74.79	
	碎石反滤料/万m^3	26.54	
	喷混凝土/万m^3	2.17	
	无砂混凝土/万m^3	2.72	
	钢筋网/t	241.26	
	锚筋/t	720.64	
	石渣回填/万m^3	91.22	

3.3.2 沥青混凝土全护（一）方案（方案2）

沥青混凝土作为防渗材料在水电工程中运用已有50多年，国内外抽水蓄能电站采用沥青混凝土防渗的工程实例很多，特别是国外已建的抽水蓄能电站大多采用沥青混凝土防渗。

根据SLJ 01—88第3.0.1条，沥青混凝土面板适用于100m高度以下的土石坝，常规电站沥青混凝土斜墙坝中最高的是奥地利的欧申立克坝，坝高116m。国内最高的沥青混凝土面板坝石砭峪坝，坝高82.5m。抽水蓄能电站采用沥青混凝土防渗的最大水库是日本的蛇尾川上水库，面板高90.3m。我国天荒坪抽水蓄能电站上库沥青混凝土防渗面板高47m，最大坝高72m。本上水库根据开挖后的库容曲线确定坝顶高程790.00m，最大坝高93.6m，略高于蛇尾川坝，库周岸坡防护最大高度92.0m，其工作水头均在SLJ 01—88要求范围之内。沥青混凝土的温度敏感性高，对太阳辐射热的吸收力强。清华大学水利系1981年根据国内不同地区气温统计资料和太阳辐射条件，推算沥青混凝土表面最高温度，其极限最高气温在70℃左右。经几种国产沥青斜坡流淌值试验，当坡度为1∶1.7，温度为70℃恒温时，48h后的流淌值均小于0.4mm，其中克拉玛依水工沥青斜坡流淌值仅0.114mm。宝泉坝址附近辉县气象站约30年的统计资料表明，该地区的极限最高气温为43℃，以此推算沥青混凝土表面的最高温度为77.4℃，略高于70℃，但SLJ 01—88第2.0.8条要求碾压式沥青混凝土的斜坡流淌值不大于0.8mm，远大于试验值，只要选择质量较好的沥青如新疆克拉玛依水工沥青，选取合理的配比并缜密组织施工，设置必要的降温设备，防止沥青混凝土高温流淌是能做到的。

SLJ 01—88第3.0.14条规定，修建在最低月平均气温－10℃以下地区的沥青混凝土面板应进行低温抗裂的分析研究。本工程最低月平均气温为－5.7℃，高于SLJ 01—88规定值。本工程的极限最低气温为－18.3℃，根据北京勘测设计研究院有限公司科研所测试的部分代表性成果，克拉玛依水工沥青在－39.7℃时，单向低温断裂应力为4.39MPa，满足本工程低温抗裂要求。

作为抽水蓄能电站上水库，其水位变幅和水位降落速度很大对库岸边坡稳定不利。据统计，国内外采用沥青混凝土面板防渗的抽水蓄能水库，水位变幅（日调节）通常在30～40m之间，超过40m的有日本的沼原上水库，水位变幅值40m，水位降落速度达10m/h；我国天荒坪上水库，水位变幅为42.2m。本方案根据开挖后的库容确定正常蓄水位为786.70m，死水位758.00m，工作水深28.7m，按5h发电计，最大水位降落速度6～8m/h，沥青混凝土面板承受最大水头88.7m，小于日本蛇尾川的最大水头90m，因而其运行条件较好。

综上分析，宝泉上水库采用沥青混凝土全面防渗是可行的。由于沥青混凝土厚度小，适应变形能力较黏土差，本方案不考虑库底堆渣，而将沥青混凝土全部置于岩基上。由于岸坡上下缓陡不一，而沥青混凝土的施工和结构稳定要求对坡度有一定的限制，考虑到库区右岸和左岸上部岸坡较陡，如选用坡度太缓，将大大增加开挖工程量，而国外有些沥青混凝土面板坝曾采用较陡的上游坝坡，如奥地利的欧申立克坝，坝高116m，其上游坡1∶1.5；阿尔及利亚的伊里尔艾姆达坝，坝高80m，上游坝坡1∶1.6；西班牙的奈格莱登坝，坝高75m，上游坡1∶1.6；埃尔西伯里奥坝，坝高70m，上游坡1∶1.6；日本的白山坝，坝高73m，上游坡1∶1.5。在抽水蓄能电站上、下水库的沥青混凝土面板坝中，德国的维赫尔坝，上游坝坡1∶1.6；奥地利的罗东德Ⅱ坝，坝高50m，上游坝坡1∶1.7。根据我国SLJ 01—88规定，初定坡度1∶1.7为控制标准。因此，库岸的防护分为两部分：对缓于1∶1.7的岩面，适当削去强风化层；陡于1∶1.7的部分，则开挖成1∶1.7的斜坡，并对库岸进行修整，在较大的冲沟如风门口处，则填筑堆石使之平顺。对于出露的断层及破碎带，处理方法同方案1。岩面上铺筑碎石垫层作为排水层，厚60cm。

沥青混凝土面板按SLJ 01—88设计，采用简式断面，厚度采用SLJ 01—88附录2推荐的公式计算。

$$T_h=\frac{2p^2}{K_d U}F_s$$

式中 T_h——面板总厚度，cm；

p——水压力，N/cm^2；

K_d——基础垫层系数；

U——沥青混凝土单位体积应变能，J；

F_s——安全系数。

按最大水头计算结果 $T_h=39cm$。

为尽量减小沥青混凝土用量，参考天荒坪上库经验对水头小于40m的沥青混凝土面板按等厚度20.2cm设置，即整平胶结层10cm，防渗层10cm，封闭层2mm；水头大于40m则采用变断面，逐渐由20.2cm变至39.2cm，即整平胶结层变至19cm，防渗层变至20cm，封闭层不变。为减小应力集中，在斜坡与底板结合部采用圆弧连接，连接段则适当增加防渗层厚度（增加5cm），增设高强聚酯网，以起加强筋的作用。连接段的下面，设排水观测廊道，廊道沿库底周边布置，并经坝下通至下游，沿程设排水管与碎石排水层相连。

为了全库防渗结构统一，减小施工设备投资和施工干扰，大坝采用沥青混凝土面板堆石坝，坝顶高程790.00m，最大坝高92m，坝顶长度442m，上游坝坡1∶1.7，下游坝坡1∶1.3，面板厚度20～39cm。坝基的处理方式是在河床坝段设混凝土截水墙，对强风化基岩作固结灌浆；岸坡坝段与库岸圆弧连接，连接部位加厚5cm，并设高强聚酯网加强。对库区及坝基坝轴线上游出露的断层，全部同方案1岸坡高程743.00m以上的处理方法。

沥青混凝土全护的防渗性能最好，初步计算，其渗水量仅有430m^3/d，为有效库容0.07‰。统计的实测资料表明，沥青混凝土的实际渗水量远小于计算值，平均约为0.14L/(万m^2·s)。同时，沥青混凝土适应基础变形能力优于钢筋混凝土，且有一定的自愈能力。此方案的缺点亦是明显的，首先沥青混凝土要求坡度缓，我们虽采用了SLJ 01—88允许的最陡边坡，库区仍有400余万m^3的石方开挖，加上覆盖层近300万m^3的清理量，外运土石方量巨大，且近距离弃渣场容积有限，远距离运输要增加较多投资。其次是沥青混凝土施工在高温下进行，技术要求高，难度大。特别是上水库，两岸冲沟多，地形变化大，岸坡缓陡交替，要削成统一坡度开挖量巨大，因而布置上随地形变坡，除库岸上、下坡度不一，沿库周亦有不同的变化，这就更增加了施工难度。该方案主要工程量见表3.3-5。

表 3.3-5　　　　方案 2 主要工程量表

部　位	项　目	数　量	备　注
大坝	覆盖层开挖/万 m^3	94.82	
	岩石开挖/万 m^3	5.79	
	坝体堆石填筑/万 m^3	362.95	
	沥青混凝土/万 m^3	1.20	
	混凝土/万 m^3	0.31	坝基截水墙计入库区
	钢筋/t	182.57	
库区	覆盖层开挖/万 m^3	280.40	
	石岩开挖/万 m^3	422.21	
	石方槽挖/万 m^3	1.86	排水廊道
	库区堆石/万 m^3	7.65	风门口处沟槽回填
	碎石排水层/万 m^3	16.62	
	沥青混凝土/万 m^3	6.82	
	混凝土/万 m^3	1.47	排水廊道
	钢筋/t	214	廊道配筋

3.3.3　钢筋混凝土全护（二）方案（方案 3）

该方案的基本布置型式同方案 2。近年来，在高土石坝上钢筋混凝土面板防渗被大量采用，我国天生桥一级电站的钢筋混凝土面板堆石坝坝高已达 180m，抽水蓄能电站上水库全面防渗，十三陵已提供了成功的经验。宝泉上水库采用钢筋混凝土面板全面防护是切实可行的。由于钢筋混凝土面板适应地基不均匀变形能力差，该方案的库底不保留覆盖层，亦不作库内堆渣，混凝土面板与基岩之间仅有厚 50cm 的碎石排水层。

钢筋混凝土面板可以修建在较陡的岸坡上。在抽水蓄能电站中，钢筋混凝土面板堆石坝的坝体上游坡较陡的美国卡宾溪坝，坝高 64m，上游坡 1∶1.3，面板后为 3m 厚的碎石垫层。一般水库的混凝土面板堆石坝还有采用更陡上游坝坡的实例，如美国的威雄坝，坝高 80m，考尔赖特坝，坝高 95m，均采用 1∶1～1∶1.3 的上游坡；迪克斯河坝高 84m，上游坡 1∶1～1∶1.2；盐泉坝高 100m，上游坝坡 1∶1.1～1∶1.4。上述大坝的面板建在堆石体上，而本工程库岸护面板建在弱风化、新鲜岩坡上，自身稳定性强。考虑库区右岸自然岸坡较陡，为减小开挖量，控制开挖坡不陡于 1∶1.2。库区左岸坡度较缓，高程 750.00m 以上开挖坡为 1∶1.5，以下则依原基岩情况开挖坡为 1∶2～1∶3，右岸岸坡较陡，特别是河道转弯的凸岸多为陡壁，若放缓开挖坡，将增加很多工程量，因而暂按 1∶1.2 控制。钢筋混凝土防渗面板厚度 $t=0.3+0.003H$，单层双向配筋，每向配筋率 0.4%。面板以下设排水层，参考十三陵上水库经验，岸坡排水层受施工条件限制，采用无砂混凝土，厚 30cm；库底排水层采用碎石，厚 50cm。

为适应地基不均匀变形和控制温度应力，库岸和库底面板均需分块。库岸每块宽度不超过 16m，库底则根据形状和坡度确定，在库岸和库底面板接合部设连接板，连接板两端设周边缝，除周边缝设三道止水外，其余结构缝均设二道止水。

沿库底周边设排水观测廊道，廊道穿过坝底通至下游，出口设集水井，以将渗水抽至上水库。

大坝采用钢筋混凝土面板堆石坝，据开挖后的库容曲线确定正常蓄水位为788.60m，最高洪水位790.89m，坝顶高程792.00m，最大坝高94m。上游坡1：1.4，下游坡1：1.3，面板厚度$\delta=0.3+0.003H$。坝基防渗在河床底部采用截水墙，墙内布置灌浆排水廊道，与环库排水廊道相通，岸坡以上则以连接板型式与岸坡护面板相连。

对于库区的断层及破碎带，采用混凝土塞或底部灌浆、表面覆盖的处理方法。

该方案防渗性能虽不及沥青混凝土，但较喷混凝土好。经计算，渗水量约为$2400m^3/d$，占有效库容的0.385%。钢筋混凝土适应基础变形能力差，需设置大量的结构缝，不仅增加了施工难度，且一旦损坏，将造成漏水通道。混凝土本身易裂缝。根据国内外已建工程的统计资料，钢筋混凝土面板的渗水量较沥青混凝土大得多，这就要求板下排水层厚度大，变形也随之加大，对柔性小的钢筋混凝土面板不利，且混凝土抗拉设计值仅1.3MPa，在受拉区必须加大钢筋用量以增加抗拉能力。十三陵上水库在岸坡坝段和周边连接板上的配筋率单向为0.63%，而在池底破碎带上面板配筋率达单向0.82%，加大了工程投资。钢筋混凝土面板坝的施工国内已积累了丰富的经验，十三陵上水库全面防护业已完工。从立足国内施工方面看，钢筋混凝土护面占有很大优势，该方案主要工程量见表3.3-6。

表3.3-6　　方案3主要工程量表

部　位	项　目	数　量	备　注
大坝	覆盖层开挖/万m^3	94.83	
	岩石开挖/万m^3	6.50	
	坝体堆石填筑/万m^3	324.21	
	混凝土/万m^3	2.70	
	钢筋/t	1654.30	
库区	覆盖层开挖/万m^3	280.52	
	石岩开挖/万m^3	251.08	
	槽挖石方/万m^3	1.86	
	混凝土/万m^3	16.00	
	无砂混凝土/万m^3	4.77	
	碎石排水垫层/万m^3	1.00	
	钢筋/t	6948.70	

3.3.4 帷幕灌浆方案（方案4）

本方案是上水库防渗方案中唯一的地下防护方案。

由于上水库沟谷坡度较陡，约为10%，坝前河库地面高程约710.00m，地下水位670.00m，相差40m。库尾河床地面高程在740.00m以上，与地下水位高差超过70m。为了减少工程量，将帷幕设计成落地式、水槽式相结合的布置型式，即在库尾河床高程较高，且两岸相距较近的河段，不设灌浆廊道，帷幕由两岸的环库公路向河心斜向钻孔灌浆，使帷幕在河底某高程相交，形成隔水槽，这种新型帷幕布置型式，在土耳其的奥依马皮纳坝、洪都拉斯的埃尔卡洪坝及墨西哥的依赞顿坝上均被采用，效果良好；在坝前河床段，则沿库岸不同高程分层设置灌浆廊道，由上向下逐层灌浆，最下层伸入相对不透水层，形成落地帷幕。根据国内外统计资料，各层灌浆廊道的高差最小 14m，一般 30～50m，最大达 60～70m。本方案正常蓄水位 792.60m，相对不透水层在汝阳群微风化及新鲜岩层中，库区汝阳群顶面高程约为 672.00～675.00m。该层顶部风化、卸荷及构造节理十分发育，以中等透水为主，厚度多在 10m 左右，故帷幕底部伸入汝阳群 12～15m，高程 660.00m，帷幕总深度 132.6m。综合分析库岸各岩层透水情况，和廊道间合理的层间高差，决定在上水库环库设三层灌浆廊道，高程分别为 760.00m、730.00m、700.00m，由坝顶至相对不透水层分四段灌浆，每段高度 30～40m。

帷幕设计遵循的基本原则有 3 条：①要求基岩中的平均水力坡降小于该岩层允许水力坡降。②帷幕承受的水力坡降应小于幕体允许水力坡降。③总渗水量应在允许范围内。灌浆标准根据规范要求，ω 值应小于 1Lu。根据上述原则和标准，及承受水压力的不同，四段帷幕厚度各不相同，由上至下逐层加厚，最低一层厚达 6.3m。帷幕后设排水幕，以便集中渗漏水再抽回库内。

灌浆廊道共设三层，沿库岸布置。为了施工方便，灌浆孔垂直钻进。三层廊道在同一垂线上。廊道截面尺寸依各层帷幕厚度要求的钻孔排数的不同而各异。高程 760.00m 廊道尺寸为 2.5m×3.0m，高程 730.00m 廊道尺寸为 3m×3.5m，高程 700.00m 廊道尺寸为 4.0m×3.5m。为防止跑浆，廊道采用钢筋混凝土衬砌，厚 30cm。该方案的坝基防渗亦采用帷幕灌浆，灌浆孔设在趾板中部，采用落地式。

采用帷幕灌浆防渗的优点是库区清理量小，两岸岸坡自身稳定，下部坡度较缓，自然坡角 25°～40°；上部较陡，自然坡角 60°～90°。其节理裂隙为陡倾角，约在 80°以上，且不发育，延伸长度不大。因此除覆盖层外，仅需对两岸局部高陡边坡进行适当削挖，同时对那些易风化的岩面作喷浆保护，表面处理工程量不大。三条环库灌浆廊道，可兼作地质探洞，以便详尽了解库区地质情况，随时修改灌浆设计。运行中可利用廊道监测渗漏情况，如有异常，可及时补灌，不影响水库正常运行。帷幕灌浆在廊道内施工，与其他项目施工干扰小。本方案的缺点：一是灌浆工程量大，钻孔总进尺达 420000m；二是渗水量大，一般水泥灌浆帷幕的渗透系数为 10^{-5}cm/s，计算总渗水量达 2.8 万 m^3/d，对于抽水蓄能电站上水库来说偏大，由此而造成的电能损失亦是可观的。该方案工程量见表 3.3-7。

表 3.3-7　　　　方案 4 主要工程量表

部　位	项　　目	数　　量	备　　注
大坝	覆盖层开挖/万 m^3	94.83	
	岩石开挖/万 m^3	4.95	
	石方填筑/万 m^3	324.21	
	混凝土/万 m^3	2.85	
	钢筋/t	1781.00	

续表

部　位	项　　目	数　　量	备　　注
库区	覆盖层开挖/万 m^3	280.52	
	石岩开挖/万 m^3	4.20	
	岩石洞挖/万 m^3	10.10	
	混凝土/万 m^3	2.15	
	喷混凝土/万 m^3	0.85	
	钢筋/t	432.80	
	钢筋网/t	211.58	
	锚筋/t	661.66	
	帷幕灌浆/万 m^3	42.69	

3.3.5 黏土护底沥青混凝土护坡方案（方案5）

该方案是方案1和方案2的组合方案。这种布置型式在美国的勒丁顿抽水蓄能电站上水库已成功运用，运行情况良好。库区防护分两部分，岸坡防渗采用沥青混凝土面板。首先将两岸山坡的覆盖层全部挖除，再根据沥青混凝土面板施工的要求边坡和库容需要对库岸进行修整削坡。此部分开挖仅在高程741.00m以上进行，对较陡岸坡以1∶1.7的控制坡开挖，岸坡很缓的冲沟，则用堆石回填，以使库岸形成较规则的形状。

用沥青混凝土作防渗材料的可行性在方案2的论述中已经阐明，面板厚度设计采用了公式计算和工程类比两种方法，见表3.3-8。

表3.3-8　　沥青混凝土面板总厚度计算

计　算　方　法	弹性地基梁法	弹性圆板法	经　验　公　式
计算公式	$T_h=\frac{2p^2}{K_dU}F_s$	$T_h=60\sqrt{\frac{P}{\sigma_b}}\alpha F_s$	$T_h=C+\frac{Z}{25}$
计算结果	11.93	32.05	8.82

注　T_h—面板总厚度，cm；P—水压力，N/cm²；K_d—基础垫层系数；U—沥青混凝土单位体积应变能，J；σ_b—设计的沥青混凝土强度，MPa；α—塌坑形状系数；F_s—安全系数；C—常数；Z—最大水头，m。

国内已建沥青混凝土面板堆石坝与本工程作用水头相近的有陕西省的石砭峪坝，面板采用简式断面，总厚度20cm，其中整平胶结层10cm，防渗层10cm；杨家庄坝，坝高48m，面板为简式断面，总厚度20cm，其中整平胶结层10cm，防渗层10cm。作为抽水蓄能电站的上水库，天荒坪水位变幅42.2m，库区护坡最大高度45.3m，沥青混凝土护面板采用简式断面，总厚度20.2cm，其中整平胶结层10cm、防渗层10cm、封闭层0.2cm。宝泉上水库水位变幅30.5m，库岸防护最大高度49m，与上述几个工程相近。根据上述计算和工程类比，宝泉上水库沥青混凝土护面板采用简式断面，总厚度20.2cm，其中整平胶结层10cm、防渗层10cm、封闭层0.2cm。面板以下设碎石排水垫层，厚60cm。

库底采用黏土铺盖防渗，布置同方案1，即对表面5m厚的覆盖层清除后，将两岸开挖的石渣分层摊铺、碾压，堆渣顶面高程741.00m，其上做1m厚过渡层和两层共1m厚的反滤层，最上面厚为5m的黏土防渗层，顶面高程748.00m。

岸坡沥青混凝土面板与黏土铺盖搭接段高5m，在高程748.00～743.00m的搭接段内设两道土工薄膜止水，面板底部设混凝土截水墙，墙内布置排水观测廊道，截面尺寸1.5m×2.1m，沿程设排水管与岸坡面板下的排水层连通，以排除岸坡渗水。

为使库坝一致，大坝采用沥青混凝土面板堆石坝，坝顶高程由调洪结果经计算为791.9m。为使大坝沥青混凝土面板与库岸防护面板平顺连接，在原新上线基础上，将两坝肩坝轴线以圆弧型式向上游弯转与库岸相切，该部位面板中加设高强聚酯网以增加抗拉能力。

大坝上游坡1∶1.7，下游坡1∶1.3，坝顶宽10m，调整后的轴线长度517m。由于上水库为全包式防渗体系，库底有黏土铺盖，大坝在高程743.00m以下不设防渗结构，沥青混凝土面板在黏土铺盖底部水平向上游延伸6m，用半径为15m的反弧连接，减小应力集中。为加强黏土铺盖与坝体防渗面板的衔接，确保库坝防渗可靠，将黏土铺盖沿坝坡以1∶3.5的坡度向上铺至高程753.00m，该处黏土宽2.5m（水平向），在高程753.00～743.00m的搭接段内，设置三道土工薄膜止水。

该方案综合了方案1、方案2的主要优点，库底采用黏土铺盖防渗，就地取材，施工简便，造价低。黏土铺盖适应地基变形能力强，不仅可保留一部分覆盖层，而且库底可回填石渣，减小土石方外运工程量。岸坡沥青混凝土防渗性能好，且沥青混凝土属柔性结构，有一定自愈能力，对软硬相间岩石基础的不均匀变形有适应能力。其缺点是黏土料场的开采要毁坏农田；沥青混凝土需在高温下施工，技术要求高。该方案主要工程量见表3.3-9。

表3.3-9　　方案5主要工程量表

部　位	项　　目	数　量	备　　注
大坝	覆盖层开挖/万 m^3	86.16	
	岩石开挖/万 m^3	9.43	
	堆石填筑/万 m^3	354.07	
	沥青混凝土/万 m^3	1.04	
	混凝土/万 m^3	0.21	
	钢筋/t	125.80	
库区	覆盖层开挖/万 m^3	184.54	
	岩石开挖/万 m^3	179.27	
	堆石填筑/万 m^3	7.65	
	沥青混凝土/万 m^3	3.12	
	碎石排水层/万 m^3	9.19	
	黏土铺盖/万 m^3	65.72	
	反滤料/万 m^3	25.17	
	库底堆渣/万 m^3	97.22	
	槽挖石方/万 m^3	3.17	
	混凝土/万 m^3	2.60	
	钢筋/t	369.97	

3.3.6 沥青混凝土全护（二）方案（方案 6）

将方案 5 中的黏土铺盖改为沥青混凝土铺盖即为本方案。铺盖厚度 18.2cm，其中整平胶结层厚 8cm，防渗层厚 10cm，封闭层厚 0.2cm。

天荒坪抽水蓄能电站上水库沥青混凝土防渗面层大部分建在全风化土上，压实后的基础干密度仅 1.96t/m³，最大荷载时的变形模量较低，平均 38～39MN/m²。宝泉上水库库底堆渣为两岸削坡的岩石，经分层碾压后干容重可达到 2.0～2.1t/m³，变形模量远较天荒坪的风化土高，完全能够满足施工机械的正常行驶和作业。经计算，沥青混凝土允许变形大于堆渣可能最大变形，沥青混凝土有一定的适应变形能力和自愈能力，在堆石上铺筑沥青混凝土铺盖是可行的。

该方案的优点一是全部采用沥青混凝土防渗，防渗性能好，电能损失小。二是库区除进出水口外，全部采用同一材料，施工设备单一，施工干扰小。三是用沥青混凝土代替黏土铺盖，在铺盖顶面高程不变的条件下，库内可增加 60 余万 m³ 的石渣回填量，减小外运工程量。不用黏土，则可不破坏农田，减少工程的补偿投资。缺点除沥青混凝土价格较贵，施工工艺复杂外，库底堆渣中一部分为风化岩石，一部分为软岩，有些遇水即泥化，堆石最厚约 50m，河床狭窄，存在不均匀沉陷问题，该方案主要工程量见表 3.3-10。

表 3.3-10　方案 6 主要工程量表

部位	项目	数量	备注
大坝	覆盖层开挖/万 m³	86.16	
	岩石开挖/万 m³	9.43	
	堆石填筑/万 m³	354.07	
	沥青混凝土/万 m³	1.04	
	混凝土/万 m³	0.21	
	钢筋/t	125.80	
库区	覆盖层开挖/万 m³	184.54	
	岩石开挖/万 m³	179.27	
	堆石填筑/万 m³	7.65	
	沥青混凝土/万 m³	5.41	
	碎石排水层/万 m³	9.19	
	反滤料/万 m³	25.17	
	库底堆渣/万 m³	158.00	
	槽挖石方/万 m³	3.17	
	混凝土/万 m³	2.60	
	钢筋/t	369.97	

3.3.7 黏土护底钢筋混凝土护坡方案（方案 7）

该方案库底布置同方案 1，岸坡在清除了全部覆盖层后，高程 743.00m 以上按左岸 1∶1.5，右岸 1∶1.2 边坡开挖。

钢筋混凝土面板采用等厚度，厚 30cm，单层双向配筋，各向配筋率 0.4%。面板沿库周分块，每块板宽不大于 16m，设两道止水。面板以下设厚 30cm 无砂混凝土排水层。面板底部支撑结构为混凝土截水墙，高 4m、宽 4.8m，底面高程 739.00m，墙内布置排水观测廊道，由排水管与板下排水层相连。面板与黏土铺盖搭接高 5m，搭接段设两道土工薄膜，以阻止渗水沿两种材料的接触缝渗漏；下部与截水墙相接，为适应温度应力和不均匀变形，面板与截水墙间设周边缝，周边缝设三道止水。

大坝为混凝土面板堆石坝，坝顶高程 792.00m，最大坝高 94m，坝顶长 446m，大坝布置及坝基防渗措施同方案 1。

本方案布置克服了 1、3 两方案的缺点，综合了两方案的优点，整个防护面积的 50% 采用当地材料，造价低。高程 743.00m 以上用钢筋混凝土面板护坡，形状规整，坡度一致，便于拉模施工，且国内混凝土面板施工经验丰富，有竞争力的专业施工队伍很多，立足国内施工有可靠保证，其主要工程量见表 3.3-11。

表 3.3-11　　方案 7 主要工程量表

部　位	项　　目	数　量	备　　注
大坝	覆盖层开挖/万 m^3	94.83	
	岩石开挖/万 m^3	6.50	
	堆石填筑/万 m^3	324.21	
	混凝土/万 m^3	2.7	
	钢筋/t	1654.30	
库区	覆盖层开挖/万 m^3	184.54	
	岩石开挖/万 m^3	168	
	混凝土/万 m^3	7.65	
	无砂混凝土/万 m^3	4.14	
	碎石排水层/万 m^3	0.79	
	黏土铺盖/万 m^3	74.79	
	反滤料/万 m^3	26.54	
	库底堆渣/万 m^3	91.22	
	槽挖石方/万 m^3	4.03	
	钢筋/t	3247.87	

3.3.8　上水库防渗方案比较

综上所述，7 个上库防渗设计方案中沥青混凝土全护（一）方案（方案 2 ）和钢筋混凝土全护方案（方案 3 ）的开挖方量最大，方案 2 仅库区土石方开挖就有 700 余万 m^3，加上坝基开挖约 800 万 m^3；方案 3 稍小些，库区亦有 500 多万 m^3，总计约 630 万 m^3，仅开挖量已超过所需有效库容，而如此大的开挖量大部分处在死水位以下，形成约 500 万 m^3 的死库容。若降低死水位，进水口高程相应降低，使电站最大与最小水头比超过 1.2，影响机组正常运行，而且使电站总水头降低，引水流量及引水洞尺寸加大，进而带来下水库发电库容增加，下水库灌溉兴利库容减少等一系列问题。除此之外，衬砌工程量大，大量土石方需要外运，根据上水库近区的地形条件，尚无收容如此大方量的弃渣场地，远距离运输又增加了运费，综合分析，此两方案不可取。

帷幕灌浆方案（方案4），由于上库库区内存有大量的坡积物、崩积物，在库区发生暴雨和水位骤降时，其中的较细颗粒有可能随水流进入引水口，影响机组安全。且库岸岩层软硬间隔分布，有些软岩极易风化，泥化，在长期水作用下可能失稳，这部分岩面亦需要加以保护。因而，该方案除灌浆工程量巨大（达42万m）外，库内的覆盖层清理，高陡岩坡开挖，软岩表面防护等工程量亦不小，而更致命的是帷幕灌浆所能达到的防渗标准低，初估渗水量达2.8万m^3/d，造成较多的电能损失，作为蓄能电站的上水库是不能接受的，因而否定了此方案。其余四个方案，均是从挖填平衡方面考虑，在库底堆置开挖石方，在堆渣表面作铺盖防渗的布置型式。

黏土护底、喷混凝土护坡方案（方案1），喷层与软岩的结合情况尚待试验研究，防渗层下的排水问题亦没有更好的解决办法，采用全面喷无砂混凝土排水层存在锚杆锈蚀问题。且目前国内外尚无一个抽水蓄能电站采用喷混凝土防渗的实例，故暂不作为上水库防渗推荐方案。至此，上水库防渗方案，仅剩黏土护底沥青混凝土护坡方案（方案5）、沥青混凝土全护（二）方案（方案6）和黏土护底钢筋混凝土护坡方案（方案7）三个，下面对上述三个方案进行综合比较。

（1）工程特性。由于不同方案开挖情况的区别，其工程特性稍有不同，见表3.3-12。

表3.3-12　　主要工程特性表

项　目	方　案　5	方　案　6	方　案　7
正常蓄水位/m	788.50	788.50	788.60
死水位/m	758.00	758.00	758.00
总库容/万m^3	840	840	874
死库容/万m^3	143	143	154
有效库容/万m^3	620	620	620
坝顶高程/m	791.90	791.90	792.00
库底高程/m	748.00	748.00	748.00
库坡	1∶1.7	1∶1.7	1∶1.5（左）；1∶1.2（右）
总衬砌面积/万m^2	32.05	31.38	32.21
库底衬砌面积/万m^2	13.14	13.41	13.79
斜坡衬砌面积/万m^2	19.97	17.97	18.42

（2）渗水量比较。三个方案对不同材料采用不同的渗透系数，其中沥青混凝土$K=10^{-8}$cm/s、钢筋混凝土$K=10^{-7}$cm/s、黏土$K=10^{-6}$cm/s，应用达西定律估算其各方案的总渗水量（见表3.3-13）。

表3.3-13　　渗水量比较表　　单位：m^3/d

方案编号	渗水量
5	1500
6	430
7	2040

三个方案中，方案7的渗水量最大。方案5与方案7比，除去黏土铺盖的渗水量外，钢筋混凝土面板的渗水量约为沥青混凝土面板的6倍，实际观测值更大。统计显示，面板堆石坝中坝高小于50m时，钢筋混凝土面板的渗漏量平均值约为9.26L/(万 m^2 · s)，抽水蓄能电站沥青混凝土面板渗漏量平均值仅为0.14L/(万 m^2 · s)，从防渗考虑，沥青混凝土明显优于钢筋混凝土。

(3) 适应变形能力比较。由于库岸岩石软硬相间，有些岩石遇水泥化，可能会造成面板下基础的不均匀变形，特别是库底堆渣部分，因厚薄不均，虽经碾压，仍有不均匀沉陷。三个方案的护岸材料，沥青混凝土面板在常温情况下属柔性结构，变形模量小，适应不均匀沉陷变形能力较好；钢筋混凝土面板属刚性结构，变形模量大，对不均匀变形的适应能力较差。另外，混凝土常温下的抗拉强度为1.3MPa，沥青混凝土在－30℃时的极限抗拉强度为5.0MPa，因而，沥青混凝土有较高的适应变形能力，较钢筋混凝土为优。库底的黏土铺盖与沥青混凝土面板相比，黏土铺盖由于厚度大，适应基础不均匀变形能力更强。

(4) 施工比较。从施工角度看，采用黏土护底比沥青混凝土优。一是因为黏土适应性强，对其底部的堆渣碾压标准要求可稍低些，而沥青混凝土作铺盖，则要求堆渣部分要薄层铺筑，加强碾压以尽量减小不均匀变形。二是黏土施工工艺简单，而沥青混凝土复杂。作为护坡材料，钢筋混凝土衬砌需要设置大量的结构缝，再加上施工缝等，缝面较多，其止水安装要求较高，给施工带来很大不便；沥青混凝土护面不需设结构缝，施工缝的处理亦很简单。但沥青混凝土要在高温下作业，施工工艺复杂。从施工经验看，钢筋混凝土面板堆石坝的施工在国内已有成熟的经验，抽水蓄能电站上库用钢筋混凝土面板全面防渗已在十三陵抽蓄电站实施。沥青混凝土面板的施工，特别是上水库全面防渗施工，国内经验较少。因此就施工条件而论，方案7最优。

(5) 运行、检修条件比较。钢筋混凝土面板的止水一旦失效，将造成漏水通道，且修复困难。沥青混凝土没有结构缝，完整性好，适应性强，不易损坏，如有裂隙仅需涂上沥青玛蹄脂即可封闭，修复简便。黏土铺盖厚度大，柔性强，能适应较大变形，且一旦破坏可在不放空水库条件下抛土修复，简单易行。

(6) 经济比较。经济比较是在均满足有效库容，根据不同库容曲线所确定的不同的正常蓄水位、最高洪水位、坝顶高程等条件下进行。三个方案，库区排水及断层处理等工程量大体相当；环库公路以上的岩石开挖方量已计入库区开挖工程量；喷锚支护工程量虽有区别，但相差不大。

(7) 结论。综上所述，本阶段推荐方案5，黏土护底、沥青混凝土护岸方案。

3.4 渗控标准

目前对于抽水蓄能电站上水库渗控无明确规定。《抽水蓄能电站设计导则》(DL/T 5208—2005）条文说明8.2.3中对于上水库渗控有如下描述，“抽水蓄能电站上水库建设的关键技术问题时渗流控制。……依据国内外已建上水库对无天然径流补给，全库防渗的渗流控制的工程实例，防渗做得好的工程，基本可控制在日渗流量不大于0.02%～0.05%的总库容范围以内，……”《土石坝沥青混凝土面板和心墙设计规范》(DL/T

5411—2009）附录B.1.2中水库允许日渗漏量，“对抽水蓄能水库可取总库容的1/5000～1/10000”。

上水库总渗漏量见表3.4-1。

表3.4-1　上水库渗漏量计算表

项　目	k_f/(m/s)	H/m	δ_f/m	J	防渗面积A/m^2	渗漏量/(m^3/s)
高程750.00～790.57m以上沥青混凝土防渗面板	10^{-10}	40.57	0.1	202.85	135717	0.0028
高程750.00m库底黏土铺盖	10^{-8}	40.57	4.5	9.02	134864	0.0122
副坝钢筋混凝土面板	10^{-7}	39.57	1.0		4386	0.00087
总渗漏量/(m^3/s)	0.0159					
日渗漏量/(m^3/d)	1371					
总渗漏量/总库容/‰	0.18					

上水库渗控标准按总库容的0.02%～0.05%控制，日渗漏量为1565～3790m^3，即18.1～43.88L/s，防护后水库渗漏量占总库容的0.18%，满足工程渗控标准。

宝泉上水库正常运行状态下检测到的最大渗漏量为10.733L/s（2011年7月30日），其他均在10L/s以下。

4 库岸基础处理方案及防渗结构研究

根据岸坡地质揭露情况，随着库盆的全面开挖，地质揭露显示环库两岸发育有大小不一的冲沟共七个，冲沟覆盖层主要是可压缩性较小的碎石土，但相对于岩石，其变形模量仅为 1/1000 左右，而宝泉地区天然形成的基岩坡面非常陡峭，库区常见几十米高的绝壁，开挖揭露的基岩面多为几十米深的陡坎，避免蓄水过程中地基软硬交接面产生过大的不均匀沉降，是冲沟处理方案需要解决的突出地质问题。

库岸采用沥青混凝土面板防渗，沥青混凝土虽然属于柔性材料，适应基础变形性能较好，但在基础相对突变值较大时，防渗结构安全性存在较大隐患，因此需要结合库岸工程地质条件，对基础处理和防渗结构进行研究。

4.1 库区基础处理方案研究

4.1.1 冲沟处理的必要性

库区沥青混凝土面板总防渗面积约 16.6 万 m^2，自上而下分别为 20.0cm 厚沥青混凝土面板和厚 60cm 碎石排水垫层，设计要求垫层坐于坚硬均匀基础上，库岸岸坡全高程 791.20～742.95m 自上而下分别为毛庄组和馒头组岩组，平均静弹模约 28×10^3MPa。冲沟发育段沟内充填物结构复杂，多为坡积、崩积的土加石或碎石土，其代表性压缩模量 27.83MPa，与岸坡基岩和冲沟基础静弹模相差 1000 倍，工程区山高坡陡，多大雨和暴雨，从已揭露冲沟看其发育多为 V 形，冲沟与岩石边坡连接段陡峭，下切剧烈，基础软硬相间变化剧烈。

上水库设计水位 789.60m，沥青面板最低点高程 742.95m，高差 46.65m，计算时按 50m 考虑，相应作用于面板最大压强 0.5MPa，要求沥青混凝土面板沉降小于 1%并考虑 2 倍安全系数，假设库岸岩石边坡不可压缩，基础软硬相间坡比根据上水库冲沟现场出露状况按 1∶0.5，则满足基础软硬相间处沥青混凝土面板的沉降梯度的最小压缩模量应大于 200MPa。而现场冲沟揭露内部充填物平均压缩模量 27.8MPa，冲沟存在的实际情况与计算的满足面板承受变形梯度的基础条件有较大差异。

上水库建成蓄水后产生的附加应力作用于冲沟充填物，基础软硬突变引起的不均匀沉降可能造成沥青混凝土面板防渗系统破坏。沥青混凝土面板开裂危害很大，尤其对于死水位以下难以检修部位危害性更大，一旦出现裂缝漏水必须放空库处理，水库放空电站停止发电运行，损失巨大。

类比其他工程：天荒坪上水库库岸及库底大部分开挖后为全强风化岩（土），基础软硬渐变，坡度较缓，对于局部基础较差的部位，基础变形模量达不到 20MPa，进行换基处理，坡积层基本挖除；山西西龙池抽水蓄能电站下水库岸坡下半部存在厚度约10m强（全）风化软弱岩层采用素混凝土回填置换。

因此上水库冲沟填充物不宜作为沥青混凝土防渗面板的基础，应进行加固换填处理，针对两大类别冲沟现状特点制定相应冲沟处理方案。

4.1.2 处理标准及计算公式

由于沥青混凝土的黏弹性，其应力应变和环境温度、加载速率等有很大的关系，因此目前关于水工沥青的控制标准多参照国内外已建工程的设计和试验资料，结合本工程运行温度和加载特点，在相应的室内和现场生产性试验基础上加以控制。宝泉上水库在对沥青混凝土配合比及力学指标的大量室内试验基础上，参照天荒坪等国内已建和在建的沥青混凝土面板坝工程经验，提出相应设计控制标准：①沥青混凝土变形由沉降梯度控制，沉降梯度控制在1%以内，沥青混凝土护面可靠；②下卧层基础变模相差2倍以上，则须设过渡层，小于2倍不设过渡层。

沉降变形计算量采用《碾压式土石坝设计规范》(DL/T 5395—2001) 附录G非黏性土坝体和坝基的最终沉降量估算公式，公式说明见主坝部分。

$$S=\sum\frac{P_i}{E_i}H_i$$

4.1.3 2号、3号、5号、6号、7号冲沟处理设计

2号、3号、5号、6号、7号冲沟规模较小，基本开挖到基岩，连接环库路和库底的3号、4号交通廊道从3号、6号冲沟通过。

(1) 方案比较。基础处理比较以下3个方案：

1) 削坡回填碎石垫层，覆盖层挖除清至基岩，库岸岩石陡坎按1∶4削坡，回填碎石排水层与库岸边坡补齐，回填碎石分层斜坡碾压，上部环库路挖断后，斜坡碾压机械上部牵引设备不具备施工场地；碎石与岩石边坡交界段需要采用小型机械或人工碾压，施工难度大，施工质量难以保证。

2) 浆砌石补坡，覆盖层挖除清至基岩，不开挖库岸岩石边坡，自冲沟外轮廓线为起点按1∶4采用浆砌石补坡后回填碎石排水垫层，碎石施工工艺、技术和施工难度同方案。

3) 全挖全填浆砌石，冲沟覆盖层充填物全部挖除后换填浆砌石与库岸1∶1.7碎石排水垫层基础面边坡补齐，本方案技术可行，只清除冲沟充填物，不影响冲沟两侧岩石岸坡开挖，不存在斜坡碎石碾压，以6号冲沟为例，各方案工程量及工程估算见表4.1-1、表4.1-2。

表4.1-1 6号冲沟增加投资比较表

方　案	冲沟覆盖层开挖/万 m^3	岩石开挖万/m^3	回填垫层/万 m^3	回填浆砌石/万 m^3	增加投资/万元
方案1削坡	0.45	1.2	1.65		132
方案2补坡	0.45		0.13	0.32	62
方案3全挖全填	0.45			0.45	72
单价/(元/m^3)	7.6	25	60	152	

表 4.1-2　　　　　　　　　6 号冲沟施工可操作性比较表

方　案	施工可操作性比较
方案 1 削坡	挖、填工程量大，回填碎石与交通廊道存在施工干扰，碎石需分层斜坡碾压，上部环库路挖断后，碾压机械上部牵引设备不具备施工场地；碎石与边坡、排水廊道交界段需采用小型机械碾压，施工质量难保证
方案 2 补坡	优点：挖、填工程量较方案 1 小。缺点：浆砌块石补坡后，仍需要回填碎石
方案 3 全挖全填	优点：挖、填工程量较方案 1 小，无斜坡碎石碾压，与排水廊道浇筑可同时进行，工艺简单

从增加投资方面比较，方案 2 增加投资最少；从施工可操作性比较，方案 1、方案 2 都存在碎石斜坡碾压施工可操作性差的问题，方案 3 全挖全填方案施工工艺简单、技术成熟，因此各规模较小冲沟推荐采用全挖全填浆砌石。

（2）设计选定方案。根据上述方案比较，最后选定 2 号、3 号、5 号、6 号和 7 号冲沟挖出后均采用 C10 素混凝土回填，局部采用 M7.5 水泥砂浆砌 60 号块石回填，该方案通过了中国水利水电集团咨询公司的审查。

4.1.4　1 号冲沟和左岸脱空段处理

（1）处理说明。1 号沟位于副坝上游左侧边坡，位于东沟内，近平行岸坡。覆盖层物质组成为第四系冲、洪积物。参考坝址区资料，多数试样大于 20mm 的粗粒含量（质量比）大于 50%，按覆盖层的工程分类方法河床覆盖层可定义为碎石土，变性模量在 25MPa 左右。在库盆开挖过程中，自高程 768.00m 左右向下基岩面变陡，形成倾角约 60°的基岩陡坎，形成脱空。

1 号冲沟是主河床偏向右库岸冲刷形成的岩石陡坎，内部冲填为第四系冲、洪积物，相对密实，但冲刷形成岩石陡坎，基础软硬相间，是面板应变集中段，需要加以处理。

库盆左岸桩号库 0+550～0+700 段存在类似情况，岩石边坡自高程 768.00m 以陡于 1∶0.6 边坡跌落，1 号冲沟和左岸脱空段存在共性。

以 1 号冲沟为例分析，该段库岸基础特点对面板结构安全性影响与主坝左坝肩 0+000～0+071 段相似。1 号冲沟自高程 768.00m 左右向下基岩面变陡，形成倾角约 60°的基岩陡坎，沥青混凝土面板碎石排水层垂直厚 0.6m；左坝肩 0+000～0+071 段自高程 740.00m 左右向下基岩面变陡，形成倾角约 43°的基岩陡坎，沥青混凝土面板下堆石过渡厚度（垂直面板向）约 10m。

对主坝左坝肩 0+000～0+071 建立的局部 3 维邓肯张 EB 非线性弹性模型计算成果显示：① 0+071 断面最大挠度 38.6cm，发生在该剖面面板下部末端附近。②最大拉应变 0.657%，发生在剖面面板的中下部附近。

分析比较可以看出，顺坡向基础突变、软硬相间对面板拉应变影响是很大，1 号冲沟基岩陡坎坡陡、上部碎石排水垫层调整厚度小，条件较主坝左坝肩 0+000～0+071 恶劣，因此必须加以处理。

（2）1 号冲沟处理方案设计。根据上述对 1 号冲沟处理方案比较与选择，最后 1 号冲沟基础处理采用了“堆石混凝土＋素混凝土回填”方案。

设计处理从库岸1号冲沟（库1+200.00～1+300.00段），库岸及廊道基础挖至基岩，局部廊道基础挖至高程722.00m仍不见基岩时不再开挖，廊道底板高程以下采用C10堆石混凝土，以上采用C10素混凝土回填。碾压混凝土试验及施工技术要求见设计文件，堆石混凝土技术要求按“堆石混凝土施工技术要求”执行，其中的石料除采用库区毛庄组灰岩外，可采用龟山张夏组灰岩（含角砾岩）、并允许含有部分钙膜的石料。

（3）左岸脱空段处理设计。左岸脱空段位于上水库左库岸，桩号库0+550.00～0+687.00段，库岸脱空范围自高程768.00m出现岩石陡坎，坡度1∶0.6。该段脱空段和1号冲沟有类似情况。但库左岸脱空段基础（库底廊道高程附近）虽然为覆盖层，但已有部分基础出现胶结，相对比1号冲沟基础较好。为节省开挖投资和处理的工期，根据设计监理的意见，左岸脱空段库岸廊道底板高程（739.00m）以上岸坡挖至基岩，廊道底板基础以下不在开挖。

由于该处冲沟形式及地质结构基本和1号冲沟差不多，因此该处的处理方案可参照1号冲沟做，即采用堆石混凝土和素混凝土相结合的方式回填。鉴于该处廊道基础是沥青混凝土的支撑基础，廊道基础原则上按设计要求开挖至基岩，但对开挖深度过大难于挖到基岩时，廊道基础设置托梁或考虑廊道支撑梁跨过覆盖层基础。

（4）堆石混凝土材料设计。上述冲沟处理主要材料为素混凝土、浆砌石，这两种材料均为常规材料。由于冲沟处理增加了较大的工程量，延长了施工进度。为了提高速度，现场采用了堆石混凝土这种新型材料。堆石混凝土具有免振捣、施工速度快、价格相对低廉的优势。

堆石混凝土是采用初步筛分的块石直接入仓，然后浇筑自密实混凝土，利用自密实混凝土的高流动性能，使得自密实混凝土填充到堆石的空隙中，形成完整、密实、有较高强度的混凝土。

自密实混凝土（Self-Compacting Concrete，简称SCC），是指在浇筑过程中无需施加任何振捣，仅依靠混凝土自重就能完全填充至模板内任何角落和钢筋间隙的混凝土。在传统的坍落度试验中，自密实混凝土能够达到260mm以上的坍落度、600mm以上扩展度，并且没有离析、泌水现象的发生；通过坍落扩展度试验和V形漏斗试验的检测来保证自密实性能。自密实堆石混凝土最大的优点是相对砌石质量易于保证，相对砌石和混凝土施工方便、速度快，单价和虽然比砌石略贵，和素混凝土差不多，但在当时处理库岸冲沟的迫切工期情况下，能够充分展现其快速便利保证质量的优势。

2005年11～12月在宝泉上水库左岸排水廊道基础段进行了堆石混凝土现场浇筑试验，堆石入仓可采用机械或人工的方式，自然堆放即可，自密实混凝土采用泵送或反铲入仓，模板应具有足够的刚度和强度，可使用厚30cm以上的砌石混凝土墙代替模板，正常浇注、正常养护条件下试验检测结果见表4.1-3～表4.1-5。

表4.1-3　　干密度检测表　　单位：kN/m³

试验项目	2号坑	设计要求
砌体干密度	24.1	＞23.50

表 4.1-4　　堆石混凝土钻孔取芯

试件编号	成型日期/（年.月.日）	试验日期/（年.月.日）	龄期/d	圆柱体试件尺寸/mm	抗压强度/MPa	取芯位置	设计抗压强度/MPa
1	2005.11.13	2005.12.20	37	100	23.1	底层	10
2	2005.11.13	2005.12.20	37	100	21.0	底层	
3	2005.11.13	2005.12.20	37	100	27.1	底层	

表 4.1-5　　堆石混凝土和素混凝土单价、施工强度

项　　目	堆石混凝土	素　混　凝　土
业主审定单价/元	206	200
估算施工强度/(m^3/d)	400	

4.1.5　4号冲沟处理设计

（1）方案布置。4号冲沟位于库0+687.00～0+805.00段，冲沟沟口斜向副坝向，是上水库库区表面汇流最大的一个冲沟，环库路以上两个支沟表面汇流均进入4号冲沟，汇流面积0.25km^2，25年一遇洪峰量16m^3/s，占整个上水库主、副坝区间环库路以上左岸汇流面积的33%。

冲沟内充填物为第四系崩、坡积壤土夹碎块石或碎块石夹壤土，组成复杂，从现场开挖揭露情况看：大于20mm的粗粒含量（质量比）占50%以上，局部含有粒径大于1m的块石和架空，具有一定透水性，表面潜流反压作用于沥青混凝土面板，直接导致上水库防渗系统破坏；开挖面出露有树根、树枝等，结构较松散，覆盖层较深，基础软硬相间突出。综合以上分析，4号冲沟处理的关键点在于基岩陡坎造成的基础不均匀沉降和反向水压力问题。

由于4号冲沟发育区域较大，地形的不规则、覆盖层层厚不均一，全部挖完工程量大，工期较长，直接影响到总工期控制，因此在满足稳定及变形要求的情况下，覆盖层较窄、薄部位全部挖除采用C15素混凝土回填；覆盖层开口宽阔、层厚较大部位覆盖层处不再进行过多开挖，而是在库岸开挖基础底部设置混凝土支撑板，以适应和过渡基础。支撑板布置从库岸垫层建基面以下：高程770.00m以上支撑板为等厚度1.2m，高程770.00m以下支撑板外坡不变1：1.7，内坡按1：1.5，支撑板下设0.30m厚C10无砂混凝土排水层，排水层内设ϕ100PVC纵横向排水管网，支撑板周边与基岩搭接宽1.0m，C20混凝土（钢筋混凝土）面板，混凝土面板顶宽1.20m，底部宽度根据开挖基础地形渐变至3.63m。

（2）支撑板设计。上水库正常蓄水位789.60m，钢筋混凝土板最低743.02m，高差46.58m，根据支撑板承受水头、具体地形地势条件和板周边支撑条件，支撑板结构设计分为以下几种。

1）高程765.00m以上冲沟。高程768.00m以上冲沟较大，最宽处达60m，冲沟与岩石岸坡接合部多为陡坎，下切严重，为防止软硬相间接合部处由于基础的体型突变和基础材料的差异，产生过大变形，拉裂或拉段支撑板，在支撑板和岩石搭结区域设置受力加强区。根据沥青混凝土在软硬相间处渐变坡比按1：2.5～1：4.0的要求控制。该连接区域

5.0m 宽（搭接岩石 1.0m 宽，延伸覆盖层内 4.0m 宽）全断面配筋。

冲沟沿岸坡方向与周边岩石岸坡以陡倾角相接，支撑板在加强区域的弯矩（剪力）受控，正常运用工况 765.00m 以上板承受最大水头 24.60m，计算按一端固端悬臂梁、水头按平均水头考虑，底部覆盖层作为安全储备，计算板配筋面积，板上、下各配 5Φ16/m。

高程 765.00m 以上除周边加强区以外的冲沟，由于基础是较为均匀的覆盖层，该支撑板设置连续整体的 C20 素混凝土板，为防止大体积混凝土温度裂缝，沿环库路轴线方向板宽 10.0m，板与板之间设 1.2～1.64m 宽普通混凝土后浇带，后浇带位置设传力杆，传力杆直径 ϕ28mm（Ⅰ级或Ⅱ级钢均可），传力杆长 2.0m，间距 0.3m，布置在板厚的中间。

2）高程 765.00m 以下冲沟区。冲沟在高程 765.00～755.00m 范围内，施工期根据实际开挖，冲沟范围逐渐狭窄并歼灭，平面上出现 *W* 形状，板的总跨度 33.0m，为保证支撑板受力均匀，全断面支撑板进行配筋。正常运用工况板承受最大水头 34.60m，板按弹性地基梁设计，计算配筋量不大，按构造配筋，板上、下各配 10Φ16/m。

3）高程 755.00m 以下。高程 755.00m 以下冲沟大部分见基岩，沟口尺寸缩小，覆盖层较薄，因此直接挖除回填 C15 素混凝土。

（3）截水墙设计。由于 4 号冲沟上部汇流面积较大，为避免表面径流和地下径流渗入面板基础形成反向水压导致支撑面板防渗体破坏，继而破坏沥青混凝土防渗面板。除在 4 号冲沟沟尾设置截水沟（消力池）将 4 号冲沟表面来水从截水沟排走外，在 4 号冲沟接近环库公路冲沟沟头较窄处设截水墙一道，进一步阻断地下渗水进入 4 号冲沟库岸的支撑板下面，以保护支撑板及库岸沥青混凝土防渗板。截水墙墙高 10.0m，宽 13.0m，厚 1.00m，采用 C25W6 混凝土，墙基础及两侧嵌入基岩 0.80m。

截水墙主要承受墙后水压力及土压力，计算荷载主要考虑墙后地下水和土压力，墙前无水和土压力不考虑，按库仑公式计算墙后土压力。其中截渗墙底部受力最大，计算按高程分别取三段，每段取单宽 1.0m，按简支梁计算结构配筋。计算配筋为，墙外侧（靠库区侧）下部 4.0m 高范围为 11Φ28/m，中部 3.0m 高范围为 8Φ25/m，上部 3.0m 高范围为 5Φ25；墙内侧均为 5Φ25/m。

（4）支撑板基础排水设计。为进一步防止 4 号冲沟支撑板下有反向渗压，在 4 号冲沟支撑板下设置无砂混凝土排水层，排水层内设计排水管网排至库底排水廊道，避免库岸渗水对面板形成反压造成防渗体的破坏。

混凝土支撑板与覆盖侧之间厚为 0.30m 无砂混凝土排水层，基础排水管网位于无砂混凝土底部，纵向排水管沿环库路轴线向顶部间距 10.0m（环库路轴线桩号），横向排水管顺坡向高差 5.0m 均匀布置，纵、横向排水管相互连通，纵向排水管与廊道排水管接头采用三通接头牢固连接，要求不影响库岸碎石排水，并能顺畅排走支撑板基础排水系统收集渗水，排水管采用 ϕ100mmPVC 硬质塑料排水花管，管外包两层土工布。

4.2 库岸垫层结构方案研究

4.2.1 库岸排水垫层结构研究

沥青混凝土防渗面板基础下卧碎石排水层（2A），设计主要考虑沥青混凝土下卧层一旦有渗水应能尽快排除，防止产生反向水压，破坏沥青混凝土结构。

防渗层单宽坝长的渗水量按DL/T 5411—2009附录B公式：

$$q_f=\frac{k_f}{2\delta_f}\sqrt{1+m^2}H^2$$

库岸排水层单宽厚度按DL/T 5411—2009附录B中公式：

$$\delta=\frac{q_f\sqrt{1+m^2}}{k_p}F_s$$

式中 δ——排水层厚，m；

k_p——排水层渗透系数，$k_p=10^{-2}\sim10^{-3}$cm/s；

F_s——安全系数，取1.3。

计算得垫层最小厚度0.42m，库岸段设计取0.60m，主坝沥青混凝土面板下卧层主要是采用水平碾压，其下卧层厚度以满足水平施工机械行走要求，水平宽度取2.0m。

4.2.2 垫层填筑控制标准研究

水库大坝及库岸碎石垫层（2A）料填筑碾压后控制标准：

（1）级配曲线应符合设计级配要求，最大粒径80mm，小于5mm的含量控制在25%～39%，小于0.075mm的含量不超过5%。

（2）控制干密度不小于2.22t/m³，渗透系数不小于10^{-3}cm/s。

（3）大坝压实后层厚400mm，库岸斜坡碾压控制参数：15t振动碾，上振下不振，碾压8遍。

施工期现场针对库岸已碾压料和部分库区堆存料进行检测试验，其中颗分试验23组，23组回填碾压后选17个点做干密度、孔隙率试验，2个点做原位渗透试验，检验结果：颗分落在设计级配包络线中仅5组，部分超出包络线16组，全部超出包络线2组，部分超出包络线多为细颗粒超标；17组干密度、孔隙率检测均满足设计要求，2组渗透检测满足设计要求。

现场承包商经多次调整，级配曲线仍不满足设计要求，鉴于试验结果满足干密度、孔隙率、渗透系数设计技术指标，在保证工程质量的前提下，为保证工期，业主、监理、设计、承包商四方以会议纪要的形式约定：①设计级配包络线和控制指标不变。②现场取料进行渗透破坏分析，根据渗透破坏试验调整包络线。

经四方共同确认，现场选取级配最不利的垫层料进行渗透破坏试验，试验组数11组，由业主委托第三方实验室进行试验，试验成果见表4.2-1。

宝泉库岸正常水位至库底排水廊道最大斜坡长91.87m，最大水头差46.87m，实际渗透坡降为0.51，上述2A料变形渗透破坏比降、渗透系数均满足设计要求。参考其他工程经验并考虑试验存在一定随机性，样品3、4的含砂率高达44.1%、46.5%，小于0.1mm颗粒含量高达9.1%，其细粒含量偏大，不予采用。

4.2.3 碎石排水层固坡工艺研究

为防止库岸及大坝沥青混凝土排水碎石垫层，在沥青混凝土施工前被雨水和其他原因破坏，在排水垫层料施工完毕应采用乳化沥青进行固坡保护。乳化沥青采用喷涂施工，喷涂量按2.0kg/m²。

表 4.2-1　　2A 料垫层试验成果

试样编号	颗粒组成											含砂率	相对密度 G_s	试验密度 ρ_d	渗透变形试验				破坏形式
	80～60	60～40	40～20	20～10	10～5	5～2	2～1	1～0.5	0.5～0.25	0.25～0.1	<0.1				渗透系数 k_{20}	临界坡降 i_k	试验最大坡度 i_{max}	破坏坡降 i_f	
	%											%		g/cm³	cm/s				
1		2.0	24.0	35.0	12.0	8.0	6.0	4.0	2.0	1.5	5.5	27.0	2.76	2.22	2.90×10^{-1}	0.665	6.723	2.057	管涌
2	5.0	12.0	19.0	16.0	16.0	14.0	7.0	5.0	2.0	1.0	3.0	32.0	2.76	2.22	2.33×10^{-1}	0.596	2.443	1.960	管涌
3	1.5	5.0	10.7	17.0	21.7	20.3	5.4	5.7	2.6	5.6	4.5	44.1	2.76	2.22	3.02×10^{-2}	0.786	6.400	1.315	先管涌后流土
4		0.6	13.2	19.2	20.5	19.8	5.4	6.5	2.9	2.8	9.1	46.5	2.76	2.22	1.50×10^{-2}	1.205	5.682	7.107	先管涌后流土
4-1															1.35×10^{-2}	0.849	4.590	3.800	先管涌后流土
4-2															5.00×10^{-3}	0.550	6.638	3.980	先管涌后流土
4-3															5.90×10^{-3}	0.854	3.341	2.677	先管涌后流土
4-4															9.50×10^{-3}	1.195	4.820	3.966	先管涌后流土
5	6.6	3.9	24.1	31.4	16.1	8.2	1.5	1.9	0.9	1.1	4.3	17.9	2.75	2.17	8.20×10^{-1}	0.472	0.728	0.640	管涌
6	1.0	8.7	25.3	22.7	16.3	10.2	2.9	3.3	1.5	1.7	6.4	26.0	2.75	2.22	2.15×10^{-1}	0.645	2.767	2.079	先管涌后流土
7		2.8	20.9	25.3	19.0	13.6	3.3	3.4	1.8	3.3	6.6	32.0	2.75	2.22	3.13×10^{-2}	0.790	6.627	5.880	先管涌后流土

乳化沥青应选用阳离子型慢裂的洒布型乳化沥青，乳化沥青的质量应符合《公路沥青路面施工技术规范》（JTG F 40—2004）表 4.3.2 中 PC－2 标准。

乳化沥青宜采用手工沥青洒布机喷洒，喷洒沥青时应保持稳定速度和喷洒量，并保持整个洒布宽度喷洒均匀。洒布设备的喷嘴应适用于沥青的稠度，确保能成雾状，与洒油管成 15°～25°的夹角，洒油管的高度应使同一地点接受 2～3 个喷油嘴喷洒的沥青，不得出现花白条。乳化沥青应渗透到垫层一定深度，不应在表面流淌，并不得形成油膜。

4.2.4 库岸边坡稳定分析

库盆边坡碎石稳定层厚 0.60m，斜坡长 94.11m，垫层坡脚高程 743.02m 支撑于库底排水廊道顶部混凝土，坡脚高程 743.02～753.00m 被黏土覆盖，碎石垫层基础座于基岩，基岩呈水平层状发育，无顺坡向裂隙、断层、软弱夹泥发育，岩石稳定。

针对上水库堆石料 2005 年现场采样由清华大学进行了大三轴试验，垫层料抗剪强度指标见表 4.2－2。

表 4.2－2 垫层料抗剪强度指标表

序　　号	材　　料	容重/(kN/m³)	线性强度参数指标		非线性强度参数指标	
		干	c/kPa	ϕ/(°)	ϕ/(°)	$\Delta\phi$/(°)
1	垫层料	22.2	62	38.7	46.16	4.75

施工期（非正常工况Ⅰ）按非线性抗剪强度指标计算，满足堆石自稳坡度为 1∶1.04，工程设计采用边坡 1∶1.7，安全系数为 1.63，规范规定安全系数为 1.30，满足该工况安全控制标准；运行期（正常运行工况）由于碎石排水性较好，基本不处于饱和状态，同时碎石在饱和状态和自然状态时两者抗剪强度指标差别不大，非线性抗剪强度指标按 48.16°计算，堆石自稳坡度为 1∶1.12，工程设计采用边坡 1∶1.7，安全系数为 1.52，规范规定安全系数为 1.50，满足竣工期安全控制标准。

4.3 排水廊道布置

4.3.1 排水廊道线路布置

库底排水廊道沿库盆底部周圈开挖坡脚布置，至主坝前分两路分别从主坝左、右岸两坝肩通向坝后堆渣场排水廊道集水井，集水井接主坝坝后排水沟通向坝下东沟。分为左、右岸排水廊道，左、右岸排水廊道从副坝前同一位置起始，其中左岸排水廊道从左 0＋000.00～左 0＋719.21 为库盆段，左 0＋719.21～左 0＋725.81 为库坝连接段，左 0＋725.81～左 1＋126.16m 为穿坝段，廊道出口位于主坝坝后堆渣场左岸。廊道底板起点高程 740.20m，底坡左 000.00～左 0＋552.91 为 0.1％，左 0＋552.91～左 0＋649.49 为水平段，左 0＋649.49～左 1＋056.16 为 0.3％，左 1＋056.16～左 1＋126.16 为 5％。右岸排水廊道从右 0＋000.00～右 379.49 为库盆段，右 379.49～右 380.09 为库坝连接段，右 380.09～右 0＋852.49 为穿坝段，出口位于主坝坝后右岸。廊道底板起点高程 740.20m，底坡右 0＋000.00～右 0＋050.16 为水平段，右 0＋050.16～右 0＋389.49 为 0.1％，右岸 0＋389.48～0＋852.49 为 0.3％。

4.3.2 排水廊道结构设计

库底排水廊道基岩段分缝长度 12.0m，最大 14.0m；软基段分缝长度 9.0m，最大 14.0m，软基段廊道分缝处设垫梁约束廊道变形。

4.3.2.1 库盆及穿坝岩基廊道结构设计

库盆排水廊道不仅起排除库岸及库底渗水作用，同时还是库岸沥青混凝土坡脚的支撑点，因此要求基础不能产生不均匀沉陷，以免拉坏沥青混凝土面板，因此要求库底排水廊道应全部做于基岩上，对未见基岩段基础覆盖层较浅的应开挖至基岩并采用浆砌石或素混凝土回填至廊道基础设计高程，对个别基础较深挖至基岩较为困难的地段则采用基础托梁或廊道梁进行支撑。对于穿主坝段，由于廊道上部为堆石体，上部荷载较大，为防止基础变形过大产生沉陷引起坝体变形，也要求穿坝廊道坐于基岩，对不能直接做于基岩的地段全部挖出采用同库盆一样的方式处理。

廊道体型为城门洞形钢筋混凝土结构，底部开挖至基岩，廊道内净尺寸 1.50m×2.10m，廊道顶拱及侧墙均厚 0.60m，底板厚 0.60m（扣除排水沟深度），混凝土强度等级 C25，排水廊道结构计算采用《水利水电工程设计计算程序集 V3.0》中多孔方圆涵洞内力及配筋计算书——G－13A，取廊道穿主坝处为最不利段，坝体堆石体按形不成拱效应考虑，堆石体重量作为廊道顶部荷载计入，这样假设计算对结构是偏于安全的。

计算取排水廊道单宽，设计荷载有拱顶水压力及坝体自重，对称的侧墙水压力及土压力，反对称的侧向地震水压力、地震土压力，计算内力见表 4.3－1。

表 4.3－1　计算内力成果表

位　置	最大剪力/kN	最大弯矩/(kN·m)	最大轴力/kN
顶拱	244.22	65.81	1302.59
边墙	1322.84	310.45	1322.84
底板	1322.84	410.30	685.79

计算得采用Ⅱ级钢筋时：顶拱和侧墙计算配筋不是很大，按构造配筋；顶拱侧墙实配Φ22@150($As=25.34cm^2$)；底板计算配筋Φ25@150($As=32.74cm^2$)。

4.3.2.2 坝后软基廊道结构设计

坝后排水廊道主要穿过坝后堆渣场，基础基本都在覆盖层上，且覆盖层较深，全部挖到基岩工程量太大，采用托梁支撑投资太高，设计考虑开挖部分进行换填碎石或砌石，按软基设计，在伸缩缝处设置垫梁防止基础产生不均匀沉降后拉坏止水。

计算方法同上。上部荷载主要为坝后堆渣，堆渣高程接近大坝。经计算，环向内力同穿坝廊道纵向内力为 3721kN。根据内力配筋；侧墙及顶拱环向配Φ22@15cm，底板纵、横向均配Φ25@15cm。

4.3.2.3 排水廊道细部设计

（1）止水设计。廊道分缝缝宽 2cm，采用一道 1.4mm 厚紫铜片环向止水，缝面设沥青杉板。止水片位于廊道壁厚中部，保证排水廊道与外界渗水隔离。

（2）排水设计。廊道靠库岸侧每 10.0m 设 3 根 ϕ100mmPVC 硬质塑料排水管，靠库盆侧库底排水管网排水管穿过廊道壁将渗水排至廊道，其中每延米廊道库岸渗水量为

$1.6228\times10^{-6}m^3/s$，库盆渗水量为 $1.24415\times10^{-5}m^3/s$，总渗水量 $0.014\times10^{-3}m^3/s$。

廊道底部两侧设排水沟，排水沟断面尺寸 0.30m×0.20m（$b\times h$），底坡同廊道坡度，最小坡比 0.1%，相应满流排水量为 0.049 m^3/s，满足设计要求。

4.3.2.4 排水廊道集水井设计

左岸排水廊道在左 1+126.16、右岸排水廊道在右 0+852.49 即廊道出口处各设置一个集水井。左岸廊道集水井底板基础开挖面高程 730.76m，右岸廊道集水井底板基础开挖面高程 735.47m，体型尺寸均为 7.20m×4.46m×3.50m（长×宽×高）。集水井底板厚 0.5m，侧墙厚均为 0.4m，C25W4F150 钢筋混凝土结构。顶部采用 0.12m 厚预制盖板。

右岸集水井在顺廊道轴线方向侧墙上预埋 ϕ1200mm 的混凝土排水涵管，接一泄槽然后通至主坝右岸坝后堆渣场主排水沟。左岸集水井在顺廊道轴线方向侧墙上预埋 ϕ1200mm 的混凝土排水涵管，直接和主坝右岸坝后堆渣场主排水沟连接。排水涵管下设宽 2.0、厚 20cm 的 C10 素混凝土垫层，涵管每节长 1m。

4.3.3 库盆廊道基础处理设计

4.3.3.1 基础开挖及处理

在库盆 4 号冲沟下部和库岸脱空段的廊道区域出现多处脱空段，其脱空段分别为廊道左 0+234.00～左 0+265.00、左 0+288.5～左 0+333.50、左 0+234.56～左 0+201.56 段。

廊道左 0+234.00～左 0+265.00、左 0+288.5～左 0+333.50 基础覆盖层较差，含石量低且松散，覆盖层较深，由于廊道为沥青混凝土支撑基础，为防止基础不均匀沉降，该段廊道基础设置托梁支撑。其中左 0+288.5～左 0+333.50 跨度 45.0m 较大，设置 3.5m×4.0m（高×宽）C20 钢筋混凝土托梁，托梁下基础换填 1.5m。左 0+234.00～左 0+265.00 跨度 31.0m、设置 2.5m×4.0m（高×宽）C20 钢筋混凝土托梁，托梁下基础换填 2.5m。托梁搭在两侧基岩的长度不小于 1.0m，托梁下部换填部分采用 C10 素混凝土回填。

廊道左 0+234.56～左 0+201.56 段，基础覆盖层虽然也较深，但含石量高，其中 0+220.56～0+209.56 基础部分已出现半胶结，基础相对较好，不再考虑设置托梁，而改为设置廊道梁，及利用排水廊道自身作为基础梁，廊道梁混凝土强度等级同原廊道，同时换填基础深 5.0m，换填部分采用 C10 素混凝土回填。

4.3.3.2 廊道基础托梁设计

（1）计算假定及方法。脱空段托梁采用弹性地基梁计算方法进行计算。

（2）地基梁的分类。地基梁按梁的柔度系数 t 来界定是长梁还是短梁。

$$t=10\frac{E_0}{E}\left(\frac{l}{h}\right)^3$$

式中 t——柔度系数；

E_0——地基弹性模量；

E——混凝土弹性模量；

l——地基梁长度；

h——地基梁高度。

（3）地基梁的计算方法。

$$p=0.01\,\overline{p}q$$
$$Q=0.01\,\overline{Q}ql$$
$$M=0.01\,\overline{M}ql^2$$

式中 p、Q、M——反力、剪力、弯矩；

$\overline{p}$、$\overline{Q}$、$\overline{M}$——反力、剪力、弯矩影响系数；

l——地基梁长度的一半。

（4）计算成果。计算荷载为托梁及廊道自重、上部黏土重、沥青混凝土及水荷载重，为均布荷载，经计算各段托梁特征指数 $t<50$，为短梁。

按短梁计算托梁内力，梁所受正向弯矩值为 72445kN·m，剪力 5330kN，反向弯矩 5924kN·m，其中正向弯矩为控制状况，计算托梁配筋，经计算两个托梁底部受力筋均配置Φ 32@150 双层配筋，顶部受力筋采用Φ 32@150 单层配筋，分布钢筋采用Φ 16@200 钢筋。

4.3.3.3 库盆软基廊道梁设计

廊道左 0＋234.56～左 0＋201.56 段，廊道梁净跨 31.0m，，为布置廊道基础配筋，将廊道底板适当加厚至 0.8m。由于是一跨布置，为防止廊道梁因温度等原因产生裂缝，在左 0＋209.56 和左 0＋220.56 处各设 1.0m 宽混凝土后浇带。

（1）计算假定及方法。廊道梁内力计算采用弹性地基梁计算方法进行计算，计算方法同托梁计算方法。廊道梁结构按简化为工字梁计算配筋。

（2）计算成果。上部荷载同托梁基本一样，经计算廊道梁特征指数 $t<50$，也为短梁。

按短梁计算廊道梁内力，按短梁计算托梁内力，梁所受正向弯矩值为 61571kN·m，剪力 5671kN，反向弯矩 4443kN·m，其中正向弯矩为控制状况，计算托梁配筋，并将廊道梁简化为工字梁进行配筋计算。经计算廊道梁底部配Φ 32@100 四层钢筋，上部配Φ 32@100单层钢筋，廊道环向筋维持原廊道配筋设计不变。

5 库底黏土铺盖防渗结构研究

5.1 库底基础处理方案研究

5.1.1 库盆基础整治开挖控制

上水库位于东沟沟口，东沟村以上两岸山体陡峻，河床狭窄，谷底平均宽度约30m，东沟村以上约60m处，高程791.90m时，天然库容仅17.30万m^3。从两岸削坡断面上可以看出，环库公路以上最大削坡高度近80m，平均削坡高度30m，工程量较大，施工也有一定难度。根据库岸沥青混凝土边坡坡比为1：1.7，库底设计顶面高程750.00m，库底设黏土铺盖，铺盖下面为反滤料、过渡料，库尾合适位置修建副坝，割断库尾的结构布置，为了减少工程量，对上水库库盆尽量少挖，通过并充分利用现有地形进行削坡整治，同时考虑为减少基础黏土铺盖沉降，对库底表面第四系覆盖层松散体尽量挖出。

库底高程743.20m以上全部挖除，高程743.20m基础以下清覆盖层5.0m，库底靠近廊道侧以1：3.5开挖坡与廊道连接。库底基础开挖至建基面高程后，在基础面布置网点挖探坑取样检验，检验深度应深入清基表面以下1.0m，方格网采用100m×100m网格布置，在网格的每个角点取样，根据现场情况具体调整网点位置和加密检测点数。基础检测以干密度检测为主，动力触探为辅，控制标准同主坝坝基。

库岸高程791.90～746.32m按设计图纸开挖成1：1.7边坡，库岸下部高程746.32～743.02m开挖边坡1：1.2（以便于做沥青混凝土楔形体），高程743.02m以下按廊道基础要求开挖，岸坡基础要求坐于基岩，遇到地质缺陷开挖至设计建基面不见基岩段基础进行处理。

5.1.2 库盆基础回填设计

库底开挖检测满足要求后，主要利用库区内开挖的土夹石混填至黏土及碎石基础面高程743.20m，高程743.20m以上依次回填厚1.0m过渡料、厚1.0m反滤层、厚4.5m黏土铺盖、厚0.3m保护层至高程750.00m，库底填渣最大回填高度20m，回填量约为83.5万m^3，库区开挖土夹石料约为102m^3（自然方），满足库底填渣要求，有效利用开挖料，减少弃渣。

库底土夹石回填要求：碎石含量为30%～70%，碎石最大粒径不大于400mm，压实后层厚400mm，压实度不小于95%，填筑时土石混合料要求尽量均匀，不得出现土或碎石过分集中。

5.2 黏土铺盖防渗方案研究

5.2.1 黏土料场描述

黏土料主要用作上水库库区的防渗铺盖，在预可研阶段进行了较大范围的普查，仅在平甸发现有黏土料。平甸位于上水库以北约10km，有简易碎石公路可达。平甸料场以峪河为界，可分为左岸的打丝窑料场和右岸红土坡料场，打丝窑料场为主要料场，红土坡料场作为备用料场。

打丝窑料场勘测范围NE向最大580m，NW向最宽400m，总面积17万m^2，地形上呈缓坡状，现料场地表多为农田和果园。

料场位于寒武系馒头组泥灰岩形成的缓斜坡上，表层主要为第四系残积—坡积褐色、棕色粉质黏土。前期根据所挖36个探井揭露情况，按黏土层中碎石、块石含量多少，将料场分为三个区。

Ⅰ区：该区剖面上从上到下为碎石，粉质黏土夹块石层或碎石层，碎石、块石层厚1m左右，最厚约5.0m。黏土层勘探最大厚15.6m，平均厚10m左右。

Ⅱ区：该区主要为褐色、棕红色粉质黏土为主，局部夹重粉质壤土透镜体和碎石、块石层或钙质结核层。重粉质壤土厚0.5～2.9m，夹少量碎石，碎石直径小于0.5m；碎石、块石层厚0.5～3.1m，块石最大直径0.5m；结核层厚10～30cm，粉质黏土层厚7.3～26.7m，是主要料场区。

Ⅲ区：该区以碎石，块石层为主，夹薄层粉质黏土；粉质黏土厚0.4～2.7m。不宜开采。

5.2.2 黏土料场料源分析

黏土料的质量评价以土坝防渗体土料质量技术要求为主，并结合上库库区防渗用土料的设计要求进行。根据打丝窑料场土料试验成果可知，黏粒含量、有机质含量、水溶盐含量、pH值、击实（25击）后渗透系数、最大干密度等均能满足要求，仅塑性指数比规范要求（10～20）稍大（20.9），天然含水量与最优含水量相比稍大。

打丝窑土料场的储量计算，采用分区、平均厚度法，面积采用电子图求积获得。根据计算结果，探明有用层总储量可以满足施工要求。

施工期根据黏土料场实际状况和前期已进库黏土，发现黏土料场含石量较高，如果采用纯黏土，将会造成大量弃料，导致黏土严重缺乏，同时剔除砾石也十分困难，但如果采用过多的砾石，将会导致黏土质量特别是渗透系数不能满足设计要求，为提高料场渗透率，针对黏土铺盖含石量及密度分为四类，对已碾压料进行密度、颗分、现场原位渗透试验（见承包商现场试验结果），对料场前期弃料、预弃料、混合料按现场实测密度装样，进行室内渗透变形试验，试验结果渗透系数满足要求见表5.2-1。

5.2.3 黏土铺盖设计

国内采用单独水平铺盖防渗多与垂直防渗系统联合使用，且以垂直防渗为主、水平防渗为辅，水平铺盖的长度、厚度应根据水头、透水层厚度以及铺盖和坝基土的渗透系数计算确定。

表 5.2-1 黏土料场室内试验成果

样品编号	含石量 /%	最大粒径 /mm		>150mm的百分含量	小于某粒径的土质量百分数/%								干密度 /(g/cm³)	含水率 /%	渗透系数 /(cm/s)
					150	100	80	60	40	20	10	5			
					粒径/mm										室内
前期弃料-1	22.2	24.8	170	9.3	100.0	97.4	95.8	93.3	90.4	86.8	85.8	85.8	1.98	12.6	3.68 ×10^{-7}
前期弃料-2	23.0		220	6.5	100.0	96.0	94.3	92.1	87.8	83.8	82.4	82.3	2.07	12.6	
前期弃料-3	18.0		200	5.1	100.0	98.7	94.8	92.6	90.2	87.3	86.4	86.4	2.01	12.6	
前期弃料-4	36.0		240	14.4	100.0	90.4	85.2	81.8	78.2	75.6	74.8	74.8		12.6	
预弃料-1	35.5	34.5	200	14.8	100.0	92.0	90.6	85.2	80.0	76.2	75.7	75.7		17.7	7.65 ×10^{-7}
预弃料-2	38.0		210	6.8	100.0	92.8	87.1	76.8	71.7	67.3	66.6	66.5		17.7	
预弃料-3	33.3		200	4.3	100.0	89.1	85.5	79.6	75.0	70.7	69.7	69.7	2.01	17.0	
预弃料-4	28.4		220	8.3	100.0	96.1	92.6	89.1	84.1	79.1	78.2	78.1	2.05	17.0	
预弃料-5	37.1		220	16.0	100.0	90.5	85.5	83.1	79.9	76.1	75.1	74.9	2.06	17.0	
混合料-1	15.8	23.1	120	0.0	100.0	99.3	96.2	91.4	88.3	85.2	84.2	84.2	1.88	15.1	3.43 ×10^{-7}
混合料-2	26.7		230	11.7	100.0	97.1	92.7	90.5	88.0	83.9	83.1	83.0	2.03	15.1	
混合料-3	26.7		230	13.3	100.0	97.0	94.8	92.3	88.3	85.1	84.6	84.6	2.01	17.2	

宝泉上水库全库底设黏土水平铺盖，不设垂直防渗，铺盖厚度 t 根据下式计算：

$$t \geqslant \frac{\Delta h}{i_n}$$

式中 Δh——铺盖任意点的水头差值，m；

i_n——铺盖允许水力坡降。

上水库正常蓄水位 789.60m，黏土顶高程 749.70m，黏土承受水头为：$\Delta h=(789.60-749.70)\mathrm{m}=39.9\mathrm{m}$。根据上水库黏土铺盖实际工作状态，铺盖允许水力坡降参照 SL 274—2001 第 5.5.2 条“土质防渗体断面应满足渗透比降、下游浸润线和渗透流量的要求。……斜墙不宜小于水头的 1/5，心墙不宜小于水头的 1/4”。和第 6.2.8 条“……混凝土防渗墙顶应做成光滑的楔形，插入土质防渗体高度宜为 1/10 坝高……”，取 $i_n=10$。计算得 $t \geqslant 3.99\mathrm{m}$，设计选取黏土铺盖厚 4.50m，压实度不小于 98%，渗透系数不大于 10^{-6} cm/s，全库盆黏土填筑量约为 65 万 m^3。

黏土铺盖沿库周宽约 20m 范围设贴坡，黏土顶高程由 749.70m 升高至 752.70m，坡比 1∶5.0，顶宽 3.0m，以延长黏土与沥青混凝土面板的接触渗径；黏土与沥青混凝土面板接触段设厚 0.5m 高塑性黏土，利用黏土的高塑性适应变形，防止黏土开裂渗水。

黏土底部设两道反滤，一道过渡层，两道反滤厚 1.0m，过渡层厚 1.0m，颗分曲线和压实标准同大坝过渡料。

黏土施工结束到来年水库蓄水要经过一个冬季，同时为避免施工期运输机械对已铺筑黏土造成破坏，黏土铺盖上部设厚 0.3m 保护层，保护层利用现场料场（含库区）等开挖弃料；若采用土夹石弃料，控制含石最大粒径不大于 15cm，压实度按 95%控制，含水率控制在最优含水率；若采用龟山等料场碎石弃料，控制最大粒径不大于 15cm，干密度不小于 $2.1\mathrm{t/m^3}$，宜优先考虑龟山料场弃料。

5.2.4 填筑控制标准

由于打丝窑料场黏土存在较多的砾石，如果采用纯黏土，将会造成大量弃料，导致黏土严重缺乏，同时剔除砾石也十分困难，但如果采用过多的砾石，将会导致黏土质量特别是渗透系数不能满足设计要求，根据料场的特性和黏土铺盖结构设计，结合对上水库黏土铺盖的原位渗透试验，将黏土铺盖（厚 4.5m）划分为三个区域。

Ⅰ区：黏土与沥青混凝土面板接触带全断面厚 0.5m 高塑性黏土。

Ⅱ区：高程 745.20（进出水口 741.00）～748.20m（进出水口 746.20m）黏土。

Ⅲ区：高程 748.20（进出水口 746.20）～749.70m（进出水口 747.70m）黏土。

各区设计指标要求如下：

Ⅰ区：

（1）黏土含水量高于最优含水量宜为 1%～3%，压实度宜为 90%～95%左右。

（2）黏土不宜含砾，若含砾要求最大砾径小于 50mm，5～50mm 含量小于 20%，要求现场施工时砾石不得集中，不得靠近沥青混凝土（混凝土）接触面。

（3）黏土与其他建筑物接触面间填筑前应洒水湿润并涂刷泥浆。

Ⅱ区：

压实度不小于 98%，最优含水率按 20.8%控制，允许偏差－2%～3%。

（1）黏土最大砾径小于50mm，5～50mm含量小于20%，同时控制黏土中砾石分布均匀，不得集中。

（2）不含砾黏土最大干密度按1.66t/m³控制，含砾黏土最大干密度根据含石量参照《土工试验规程》（SL 237—1999）中相关公式加以调整：

$$\rho'_{d\max}=\frac{1}{\dfrac{1-P}{\rho_{d\max}}+\dfrac{P}{G_{s2}\rho_w}}$$

式中：$\rho_{d\max}=1.66\mathrm{g/cm^3}$，$G_{s2}=2.65\mathrm{t/m^3}$，$\rho_w=1.0\mathrm{g/cm^3}$。

（3）现场碾压参数：凸块碾动压8遍，并根据满足设计指标的现场碾压试验结果确定的参数执行。

Ⅲ区：

（1）固定压实度，浮动干容重，碾压后压实度要求不小于98%。

（2）黏土最大砾径小于150mm，5～150mm含量小于30%，要求砾石不得集中。

黏土Ⅰ区、Ⅱ区干密度1.66～1.79t/m³，Ⅲ区干密度1.66～1.87t/m³。

5.2.5 现场检验标准

根据黏土铺盖设计和填筑控制标准，现场检测以压实度控制，补充含石量（含粒径）检测、渗透试验检测，渗透系数不大于10^{-6}cm/s，检测标准和频度如下。

（1）压实度控制：除高塑性黏土其他黏土压实度按不小于98%控制，检测频度满足施工规范要求。

（2）原位渗透试验：采用试坑注水法（双环法），每连续铺筑3～5层检测1次，每10000m²检测1个点，检测点数总量控制在20～25个，其中黏土接头处不少于6个点，试验方法参照《土工试验规程》（SL 237—1999），要求渗透系数不大于10^{-6}cm/s。

（3）室内渗透试验：现场取样做室内渗透试验（为原位试验做对比），每连续铺筑3～5层检测1次，每20000m²取1个试样，最后控制试样8～10个点，其中黏土接头处试样不少于2个点，试验方法参照《土工试验规程》（SL 237—1999），要求渗透系数不大于10^{-6}cm/s。

（4）含石量及粒径检测：一般可采用目估和现场挖坑检测相结合的办法控制，现场挖坑直径0.8m，深度根据含石量大小情况调整，至少不得小于一层铺筑厚度，每5000m²检测1个点，检测黏土中5mm以上含石量及粒径情况，试验方法参照《土工试验规程》（SL 237—1999），设计要求见上节。

（5）压实度检测补充要求：高程748.20m以上黏土铺盖原位干密度宜采用挖坑法（灌砂或灌水）检测，挖坑直径、深度根据含石量及粒径大小情况调整，挖坑试样也可结合室内渗透试验试样进行，其要求及检测方法参照《土工试验规程》（SL 237—1999），检测频率同原要求不变。

5.3 黏土铺盖基础反滤结构研究

库底黏土反滤是保证黏土铺盖不发生渗透破坏的重点，属于“关键性反滤”，也是施工质量控制重点，要求反滤层应满足以下条件：①使被保护土不发生渗透变形。②渗透性大于被保护土，能通畅的排出渗透水流。③不致被细粒土淤塞失效。④在防渗体出现裂缝的情况下，土颗粒不应被带出反滤层，裂缝可自行愈合。

反滤料应符合下列要求：①质地致密、抗水性和抗风化性能满足工程运用条件的要求。②具有要求的级配。③具有要求的透水性。④反滤料粒径中小于 0.075mm 的颗粒含量应不超过 5%，即反滤料中含泥量应不超过 5%。

宝泉上水库库底黏土铺盖反滤级配参照小浪底黏土斜心墙下游侧反滤级配设计，分为两层，分别为 0.50m 厚 4B（0.1～20mm）、0.50m 厚 4C（5～60mm）。

（1）4C 料对 4B 料反滤关系计算。4B 特征粒径 $d_{85}=10\sim17$mm（上包线～下包线），4C 特征粒径 $D_{15}=6\sim8.5$mm，$\max(D_{15}/d_{85})=0.85<4\sim5$，满足保土反滤设计要求。

（2）3A 料对 4C 料反滤关系计算。4C 特征粒径 $d_{85}=42\sim60$mm（上包线～下包线），3A 特征粒径 $D_{15}=2.5\sim9.5$mm，$\max(D_{15}/d_{85})=0.23<4\sim5$，满足保土反滤设计要求。

小浪底斜心墙下游侧反滤级配设计经过多种方案比较，进行了大量的试验，并成功应用于工程。

根据《碾压式土石坝设计规范》（DL/T 5395—2007）第 7.6.7 条规定“1 级、2 级坝和高坝还应该经试验验证”，试验针对单独 4B 保护黏土、4B 和 4C 联合保护黏土、孔洞反滤试验以及部分现场原位试验进行试验，试验委托给黄河勘测规划设计有限公司岩土工程与材料科学研究院进行，实验成果见表 5.3-1、表 5.3-2。

表 5.3-1　　4B 保护 1A 的孔洞反滤试验成果表

样品	颗粒组成/mm				密度		试验历时/h	试验结束比降（设备极限）	渗透系数/(cm/s)	孔洞（1A 黏土）			反滤层（4B）
	40～20	20～10	10～5	<5	设计	试验				位置	尺寸/mm	试验后孔洞淤土高度/mm	上层土料向下淤积深度/mm
	粒组含量/%				g/cm³								
1A				100.0	1.67	1.67	29	143.19	2.00×10^{-4}	圆心	$\phi5\times100$	23	
4B	10.0	17.0	16.0	57.0	2.02	2.02		0.90	1.10×10^{-2}				5

注　1. 层面测压管受圆孔扩散影响，读数较实际偏小。
2. 表中 1A 的比降及渗透系数不代表 1A 本身，应理解为孔洞扩散至层面边壁位置。
3. 黏土 1A 向滤层 4B 淤积的广度为直径 10mm。

表 5.3-2　　4B、4C 保护 1A 的反滤料试验成果表

样品	颗粒组成/mm						密度		试验历时/h	渗透系数/(cm/s)	试验结束比降（设备极限）	上层土料向下淤积深度/mm
	80～60	60～40	40～20	20～10	10～5	<5	设计	试验				
	粒组含量/%						g/cm³					
1A						100.0	1.67	1.67	37	2.00×10^{-5}	137.2	
4B			10.0	17.0	16.0	57.0	2.02	2.02		2.00×10^{-3}	6.32	0
4C	15.0	15.0	25.0	25.0	20.0		1.9	1.9		6.50×10^{-1}	0.012	0

注　1. 最高水头达设备极限时，结束试验。
2. 试验结束时，1A 样品边壁出现细微倒根状（层面以上约 40mm）集中渗流，为边壁影响，各层样品均无破坏。
3. 滤层 4C 承受比降太小，渗透系数仅作参考。

库底黏土顶部高程 749.70m，建基面高程 745.20m，顶部至库周以 1∶5.0 坡比升高至 752.70m，顶宽 3.0m，底部以 1∶3.5 降至 742.70m，库周底部黏土填筑高程 742.95m，最大填筑厚 9.75m，黏土与沥青混凝土面板接触长 19.22～46.98m，与混凝土接触长度 0.50～7.82m。

5.4 排水管网布置

5.4.1 排水管网布置

库底排水管网的布设主要考虑及时排走部分库底黏土渗水和分区域检测黏土裂缝渗、漏水的可能性。

招标设计阶段库底排水管网按方格网状布置，间排距 15.0m，排水主管 ϕ200mm，横向布置，排距 15.0m；支管 ϕ100mm，与主管垂直布置，间距 15.0m。排水管采用 PVC 塑料花管，外包一道土工布。

排水管网要求在碾压完成的过渡层中开槽埋设，管四周 15cm 范围应采用 2～3cm 小粒径卵石保护并采用小型碾压设备或夯板夯碾压达到设计要求，塑料花管无成品管材，管身透水孔通过现场打孔加工而成，工作量巨大，影响工期。

考虑到库底填渣具有一定的透水性，因此在施工图阶段对排水管网简化设计如下：取消纵向排水管、横向排水管间距适当加大，优化排水管管材。

库底横向排水管施工期优化为钢塑透水管，以适应埋管碾压，盲沟管径 ϕ100mm，收集库底黏土渗水，排水管长度小于 60.0m，间距≤25.0m，纵坡降 i≥0.45%；长度大于 60.0m，间距≤15m，纵坡降 i≥0.45%。

进出水口段前池防渗面板底部排水管，材质为 PVC 硬质塑料花管，管径 ϕ100mm、ϕ150mm 两种，管壁每 10cm 钻一排（6 孔）ϕ1cm 的孔，梅花形布置，计 54 孔/m。

库底排水长管要求在过渡层填筑碾压达到验收标准后扣槽埋设，库底排水管周围采用 2～3cm 碎石保护，碎石保护层厚度不小于 10cm，盲沟起坡点端部采用土工布包碎石保护。

岸坡排水短管为 PVC 硬质塑料管，收集岸坡碎石排水垫层中渗水，管径 ϕ100mm，间距 3.0m，最大不超过 4.0m。

库底和库岸排水管收集排水均进入排水廊道排至下游。

5.4.2 排水管网结构型式选择

为简化施工加大排水管间距，希望排水管材可以提供足够的抗压强度、成品管管身具有较大的通透性和反滤性能，使得排水管可以采用机械设备碾压，减少二次开槽量和管身打孔工作量。

根据上述对排水管管材要求，管材由原全部采用 PVC 硬质塑料花管调整为主要采用加筋塑料盲沟、部分采用 PVC 硬质塑料花管，加筋塑料盲沟和 PVC 塑料花管材料特性见表 5.4-1。

盲沟外包一层土工布，土工布克重 150g/m^2，土工布渗透系数 $k \geqslant 5\times10^{-3}$cm/s，等效孔径 $O_{95}<0.1$mm。

根据库底钢塑透水盲管设计原则，计算其渗排水量：

（1）排水管长度小于 60.0m，间距≤25.0m，纵坡降 $i \geqslant 0.45\%$，单管承担黏土渗水排水面积 $1500m^2$，渗水量 $0.00013m^3/s$。

由于塑料盲管水力阻力系数是个变数，水头损失和通水量呈非线性关系，不同型号的塑料盲沟对应不同的关系曲线，所以对于每一种的塑料盲沟都要通过试验获得通水量与水头损失之间的关系。

计算分别采用厂家针对 HTMY100A 提供通水量试验公式和《灌溉排水》（期刊）上推荐计算公式两种核算排水量与渗水量之间的关系。

表 5.4-1　钢塑透水管材料特性表

项　目	指　标
规格	HTMY100A
长度单位质量/(g/m)	1450
截面外形尺寸/mm	$\phi100$
中空孔尺寸/mm	$\phi80$
孔隙率/%	87
扁平率 5%/N	3950
扁平率 10%/N	6050
扁平率 15%/N	7900
扁平率 20%/N	8800
扁平率 25%/N	9560

计算参照 2001 年 9 月《灌溉排水》第 20 卷第 3 期《塑料盲沟水力学性能试验》[文号 1000-646X（2001）03-0079-02，作者：南京水利科学研究院吴福生，河海土工所张树奎，河海土工所刘家豪] 针对 $\phi20mm$、$\phi45mm$、$\phi50mm$、$\phi70mm$ 中空塑料盲沟和部分多孔所做试验推荐的计算公式：

$$Q=5.4\times10^{-3}i^{0.5303}$$

式中　i——水力坡降，$i=0.0045$。

计算结果见表 5.4-2。

表 5.4-2　库区黏土渗水量与盲管排水量计算表（1）

$Q/(m^3/s)$	K	i	m	设计水位相应面积库底渗漏量	安全系数
0.00031	0.0054	0.0045	0.5303	0.00013	2.3

从表 5.4-2 可以看出，满足设计要求。

（2）排水管长度大于 60.0m，间距≤15.0m，纵坡降 $i \geqslant 0.45\%$，该区域单管最长 138.0m，承担黏土渗水排水面积 $2070m^2$，渗水量 $0.00018m^3/s$。

1）《塑料盲沟水力学性能试验》一文推荐计算公式计算成果见表 5.4-3。

表 5.4-3　库区黏土渗水量与盲管排水量计算表（2）

$Q/(m^3/s)$	K	i	L/m	H/m	m	设计水位相应面积库底渗漏量	安全系数
0.0013	0.0017	0.0045	138.00	0.621	0.57	0.00018	7.1
0.0020	0.00243	0.0045	138	0.621	0.46	0.00018	10.7

结论：满足设计要求。

2）厂家针对 HTMY100A 提供通水量试验公式计算成果见表 5.4-4。

表 5.4-4　　　　库区黏土渗水量与盲管排水量计算表（3）

$Q/(m^3/s)$	K	i	m	校核水位相应面积库底渗漏量	安全系数
0.00031	0.0054	0.0045	0.5303	0.00018	1.7

结论：满足设计要求。

（3）进/出水口段PVC排水管排水能力核算。进出水口部分钢筋混凝土板衬砌面积2400m^2，总渗透量0.00029m^3/s，PVC花管按80%断面过流，花管排水能力远远大于渗透量，满足设计要求。

（4）库岸PVC排水管排水能力核算。库岸面板排水垫层每10.0m范围排水0.00003m^3/s，PVC花管排水量为0.12m^3/s，远远大于垫层排水量，考虑施工期排水管存在堵塞的可能，因此沿库岸每10.0m范围布置3道排水管。

5.5　库盆应力变形分析

库盆的应力变形分析结合主坝三维条件下坝体和面板的应力变形特性进行，计算结果显示库底堆渣的模量对上水库库底的变形有较大影响，库底在竣工期和蓄水期的最大沉降变形分别约为30cm和80cm，计算参数选取和计算过程见主坝部分报告。为防止过大不均匀沉降导致黏土铺盖发生裂缝，设计对库盆基础开挖、回填提出了明确的技术要求，见2.2.3.1节。

库底在库、坝分界线库1+429.26（坝0+600.37）处、库盆基础软硬交界处各设一条水平测斜仪，其中库盆软硬交界处水平测斜仪在施工期被挖断。库1+429.26处、2011年9月29日最大测值45.44cm，最大相邻点倾度1.82%，观测值小于设计计算值。

5.6　库盆观测资料分析

5.6.1　库盆内部沉降

库盆内部沉降主要通过安装在库盆2A′料内的固定式水平测斜仪来监测。其中库盆*A*—*A*监测断面为高程741.20m共25个测点，编号为HI1-1-01～25；*B*—*B*监测断面为高程741.60m共19个测点，编号为HI1-2-01～19。

A—*A*断面沉降主要集中在09～25号测点，其最大沉降值为439mm（18号测点），于2008年9月3日测得，2012年5月27日实测最大沉降值为387mm，其他部位累计沉降量一般在300mm以下；*B*—*B*断面坝体内部沉降量主要集中在3～19号测点，其最大沉降值为536mm（16号测点），于2010年8月26日测得，2012年5月27日实测最大沉降值为456mm，中间段部位7～12号沉降量相对较小。在上库正常运行期间，库盆部位部分测点沉降变化量在－10～10mm/月，将在后续观测中密切注意其变化。

5.6.2　库盆渗压

库盆渗压监测主要用于监测沥青混凝土面板及库盆基础防渗层的防渗效果，在库盆基础及沥青混凝土面板下布置渗压计进行监测，共安装埋设渗压计80支。

2012年5月27日库盆基础渗压水头大多数测点为0。从量值上看，库盆基础渗压较大的测点在后续观测中继续加以关注，特别是P1-67以及引水隧洞周围的测点。P1-67

从 2008 年 9 月起测值开始增加，测值 16.68m，与 2011 年 9 月安鉴时相比增加 7.10m，并且随着水位变化呈相应的变化趋势。

5.6.3 库盆渗漏

库盆渗流量监测由通过设置在库盆左、右岸排水沟内的 4 座量水堰进行监测。

2011 年上水库正常运行期间，左岸侧廊道 WI1－03 实测最大渗水量 8.036L/s，于 2011 年 9 月 14 日测得，因该次数据受当天大雨影响，雨水通过交通廊道入口流入廊道内排水沟，所测数据不代表廊道内渗水的真实值，WI1－04 实测最大渗水量 10.733L/s，于 2011 年 7 月 31 日测得；2012 年 5 月 31 日廊道内 4 座量水堰实测渗水总量为 2.565L/s。

5.6.4 4 号冲沟

库盆施工期出现 8 条冲沟，一般都采用挖掉冲沟覆盖层然后回填混凝土，但 4 号冲沟未挖掉，而是采用支撑板，因此为监测库盆 4 号冲沟围岩变形及地下水位变化情况，分别埋设 4 套基岩变位计及 7 支渗压计进行监测。

基岩变位计实测位移最大值仅为 1.95mm，位移最小值为－2.24mm，其中正值表示受拉变形，负值表示受压变形，从整个变化过程线上看出，各测点位移变化平缓，并且随季节呈周期性变化，该部位围岩稳定。

4 号冲沟部位渗压计测值过程线大部分平直，渗压很小或渗压为 0，如 P1－154 测值基本始终为 0。

渗水来源主要为降雨或山体来水，如 P1－38 在 2009 年的 9 月 6～8 日，因降雨较大，产生较大渗水，渗压瞬时较大，降雨过后即恢复正常。

无降雨时绝大部分测点测值为 0，即渗压为 0，说明渗压计监测区域无渗透压力或渗流水。

综合上述分析，库盆无论从变形渗压等观测资料来看，都在设计允许之内，库盆运行正常，是安全的。下一步应加强库盆监测，一旦有异常现象，应及时进行分析，必要时放空水库进行检查。

6 防渗接头结构体型和缝面材料研究

上水库全库盆防渗，整个防渗系统由沥青混凝土、混凝土、黏土三种材料组成，三种材料之间的搭接接头处理是上水库防渗整体设计中重要的一个环节。

6.1 沥青混凝土与混凝土接头结构体型和缝面材料研究

6.1.1 接头材料及搭接长度

上水库沥青混凝土与混凝土接头主要分布于：岸坡沥青混凝土与库底排水廊道、与进/出水口前池、与库底交通洞、与副坝、主坝和库岸连接段等处，沥青混凝土与混凝土搭接段大部分在1∶1.7的斜坡段，部分坡度较缓。

上水库沥青混凝土与混凝土接头方式采用搭接，参照国内外其他工程经验，按照允许渗透坡降15～30考虑，沥青混凝土在和其他部位如坝顶混凝土防渗墙、副坝、进出水口、交通洞等混凝土结构均采用沥青混凝土和混凝土搭接连接，搭接长度1.0～2.0m（不包含楔形体长度），包括楔形体部位控制搭接长度按不小于1.50m控制。

为适应不均匀变形、确保连接质量，沥青混凝土与常规混凝土之间采用滑移连接接头，即在两者之间铺设一层塑性止水材料作为过渡，同时也起到一种接头防渗止水的作用。

为选择较为合适的塑性材料，合同条款中建议选择黑色IGAS或其他性能相当或更好的类似材料，并委托中国水利水电科学研究院结构材料研究所对其所生产的GB、BGB和天荒坪等工程采用的IGAS塑性止水材料进行专项研究，三种材料特性指标见表6.1-1～表6.1-3。

表6.1-1 IGAS-BLACK填料物理力学性能

序号	项　目	技术指标	备　注
1	断裂伸长率（-10℃）/%	>155	
2	耐热性/℃	>190	材料性质稳定
3	斜坡流淌/mm	≤4	70℃，75°倾角，48h流淌值
4	抗渗性/MPa	≥0.98 无渗漏	厚≤5mm，48h，水压
5	压缩试验/℃	≤-40	压缩50%，不皱不裂
6	冻融试验/次	>300	-35～+20℃循环，不皱不裂
7	针入度/(1/10mm)	50～70	25℃，5s
8	最大密度/（g/cm³）	>1.35	
9	拉断试验	大于沥青混凝土	用冷沥青涂料将塑性材料黏结到砂浆块和沥青混凝土块上进行拉断

表 6.1-2　　GB 填料物理力学性能

序号	项目			指标
1	浸泡质量损失率 常温×3600h		水/%	≤2
			饱和 $Ca(OH)_2$ 溶液/%	≤2
			10%NaCl 溶液/%	≤2
2	拉伸黏结性能	常温，干燥	断裂伸长率/%	≥125
			黏结性能	不破坏
		常温，浸泡	断裂伸长率/%	≥125
			黏结性能	不破坏
		低温，干燥	断裂伸长率/%	≥50
			黏结性能	不破坏
		300 次冻融循环	断裂伸长率/%	≥125
			黏结性能	不破坏
3	流动止水长度/mm			≥130
4	流淌值（下垂度）/mm			≤1
5	施工度（针入度）/0.1mm			≥100
6	密度/(g/cm^3)			1.30～1.50
7	抗击穿性	填料厚 5cm，其下为 2.5～5mm 垫层料，64h 不渗水压力/MPa		≥2.7
8	流动止水性	流入接缝的柔性填料体积与缝顶初始嵌填体积之比/%		>50
		接缝宽 5cm、填料流动 1.1m 后的耐水压力/MPa		>2.5

表 6.1-3　　BGB 填料的物理力学性能

拉伸强度/MPa	扯断伸长率/%	针入度/0.1mm	下垂度/mm	相对密度
0.03	320	136	0.8	1.35

因此试验针对接头建立理论分析模型、改进直剪仪进行垫层材料的剪切模拟试验、1∶1 仿真模型滑移试验、垫层材料与常规混凝土和沥青混凝土的黏结性能试验和接头的抗渗试验，试验时由于无法购得 IGAS-BLACK，BGB 性能优于 GB，因此垫层材料选用 BGB。

1∶1 仿真模型滑移试验研究成果表明：①沥青混凝土面板滑动最大 40mm，滑移速率达到 0.9mm/min，面板承受拉应力 0.02MPa，应变很小，分布基本呈均匀分布，面板未见破坏。②模型滑移结束后，钻取 ϕ50mm 和 ϕ100mm "沥青混凝土+BGB+常规混凝土"芯样，发现 BGB 与沥青混凝土、BGB 与常规混凝土之间黏结良好，未见不黏和相互脱离现象。

接头抗渗试验表明：1MPa 水压力下，接触长度不小于 550mm 的沥青混凝土面板，在滑动不超过 100mm 时，可以满足不发生接触渗漏的要求，并具有一定的安全储备。

施工图阶段针对塑性止水材料提出技术要求，技术要求见沥青辅助材料一节，设计层厚3mm。现场工业性试验、生产性试验以及后期的大规模生产中，沥青混凝面板与廊道搭接段塑性止水材料采用3mm厚BGB。

施工期根据现场施工发现部分BGB有溶化嵌入沥青混凝土面板内的趋势，为加强沥青混凝土和混凝土滑移和止水效果，在沥青混凝土面板与混凝土未有被黏土覆盖的明接头范围，将其BGB厚度调整至6mm。

为了保证BGB与常规混凝土有较好的黏结效果，在摊铺塑性止水材料之前，应先在混凝土表面喷涂一种黏结材料，招标设计时初步选择沥青涂料。施工期又针对沥青涂料、乳化沥青或类似的BGB专用黏结剂（SK底胶）进行了现场生产性试验。根据现场试验结果，采用沥青涂料，发现铺筑沥青混凝土防渗层沿刷层面产生位移，导致面板出现位移、贯穿裂缝，则沥青涂料取消未用。针对乳化沥青和SK底胶相比，各有优缺点，其中乳化沥青黏结施工速度快、便利，投资节省。SK专用底黏结效果稍好与乳化沥青，但施工速度慢，投资较高。

通过以上对比试验，黏土铺盖以下BGB涂层材料采用乳化沥青，黏土铺盖以上明接头BGB采用SK专用底胶。

为了保证BGB和混凝土黏结牢靠，要求混凝土表面应采用钢丝刷和压缩空气清除混凝土表面所有附着物，必要时先凿毛处理，清理出完好的混凝土，并将其表面整平，凸凹度应小于2cm，混凝土表面在涂刷前应烘干。

6.1.2 沥青混凝土接头细部设计

沥青混凝土和混凝土搭接头处均设置变形楔形体，一适应接头变形。楔形体为细粒料沥青混凝土。

沥青混凝土和混凝土对接处设置砂子沥青马蹄脂嵌缝料，为防止嵌缝料和沥青混凝土下面的BGB流失破坏影响接头处的止水效果，外露明接头处嵌缝料上部设置APP（或SBS）防水卷才封闭。

沥青混凝土和混凝土搭接头处包括楔形体部位上部防渗层增加5cm加厚层，并在防渗层于加厚层之间设置聚酯网格以提高接头处变形能力。沥青混凝土顶部反弧处也设置聚酯网格。

6.1.3 沥青混凝土基础软硬接合部处理

库岸主要两个大冲沟，如4号冲沟（基础未挖到基岩，底部设置钢筋混凝土支撑板）、左岸脱空段（岸坡脱空深度约50m，岸坡挖到基岩，但坡脚基础未到基岩）由于库岸没有完全坐到基岩上，为防止基础变形，设置加厚层和聚酯网格。

在主坝和库岸接合部，也是软硬相间接合部设置加厚层及聚酯网格。

6.2 沥青混凝土与黏土接头结构体型和缝面材料研究

6.2.1 接头型式

沥青混凝土与黏土接头部位主要分布在库岸坡脚和主、副坝前库底部位。搭接长度应以满足渗透坡降要求为准，一般应搭接越长越好。接头型式根据布置型式有直插式和圆弧式。

库岸沥青混凝土底部为直插式，基础支撑在库底混凝土排水廊道上面，为适应不均匀变形，沥青混凝土与常规混凝土之间采用滑移连接接头，库岸为直插滑移式接头，滑动式接头长 1.5m（不包含楔形体长度），以便于沥青混凝土变形滑动，然后沥青混凝土及排水廊道都被黏土覆盖。库岸沥青混凝土与黏土以 1∶1.7 坡度搭接，搭接长度 19.22m。

由于在主坝段沥青混凝土坝脚未设排水廊道，沥青坝脚和库底黏土连接采用反弧插入黏土铺盖下面。反弧半径 30m，坝前库底以 1∶1.7 斜坡、圆弧段和水平段搭接，搭接长度 46.98m。

副坝前库底沥青混凝土以 1∶4.5 一端与副坝混凝土防渗板基础连接，一端和库底排水廊道连接，黏土覆盖在排水廊道一侧，其搭接型式和库岸差不多，为直插式，仅坡比缓得多，其沥青混凝土和黏土搭接长度 44.93m。

6.2.2 搭接要求

黏土与其他材料接触面抗冲刷的允许渗透比降规范无明确规定，参照《碾压式土石坝设计规范》（DL/T 5395—2007）第 6.2.7 条条文说明，黏土截水墙与基岩接触面允许比降按不大于 5～10，设计取黏土铺盖与沥青混凝土面板接触面允许比降按不大于 5 考虑。沥青混凝土与黏土搭接最短长度 19.22m，最大水头 40.57m，渗透比降 2.11，满足设计要求。

由于沥青混凝土和黏土是两种材料，特别是黏土为散粒体，因此沥青混凝土与黏土接头除了满足渗径要求外，还应满足结合紧密的要求。这一要求除了通过对黏土进行碾压密实外，还得要求沥青混凝土有光滑的接触面，以保证两者接触紧密。其次接触黏土应有一定的塑性，在外荷作用下允许有适当的变形，以此来更多更好地压紧接触面，以确保接触面的结合紧密。

针对沥青混凝土和黏土接头进行了接头试验，根据试验结果并参照工程经验，在和黏土搭接的部位沥青混凝土表面应涂刷封闭层，使表面平整光滑，黏土采用高塑性黏土，含水量高于最优含水量宜为 1%～3%，和沥青混凝土接触面不得含有砾石。

6.3 黏土与混凝土接头结构体型和缝面材料研究

混凝土与黏土接头部位主要分布在进出水口前池段。按照《碾压式土石坝设计规范》（DL/T 5395—2007）第 9.0.3 条："坝体与混凝土建筑物采用侧墙式连接时，土质防渗体与混凝土面结合的坡度不宜陡于 1∶0.25，下游侧接触面与土石坝轴线的水平夹角宜在 85°～90°。"

根据这一标准，进出水口前池段混凝土面板与黏土以 1∶0.5 坡度搭接，搭接长度 7.49m。黏土与混凝土接触面抗冲刷的允许渗透比降参照《碾压式土石坝设计规范》（DL/T 5395—2007）第 6.2.7 条条文说明，黏土截水墙与基岩接触面允许比降按不大于 5～10，设计取黏土铺盖与混凝土面板接触面允许比降按不大于 6 考虑。混凝土板与黏土搭接斜坡段长度 7.49m，水平段搭接长度 5.0m，最大水头 40.57m，不考虑水平段渗透比降 5.4，满足设计要求。

混凝土与黏土接头时也需要混凝土有光滑的表面，以确保结合紧密。根据试验结果并参照工程经验，混凝土与黏土接触时要求混凝土便面应光滑平整，黏土采用高塑性黏土，含水量高于最优含水量宜为1%～3%，和混凝土接触面不得含有砾石。

6.4 库岸与主坝连接段结构体型研究

库岸沥青混凝土面板以1∶1.7坡度自高程790.96m坡至742.95m，与廊道搭接长度1.50m。主坝沥青混凝土面板以1∶1.7坡度自高程790.96m（不考虑坝顶超高）坡至高程746.86m后起弧与高程742.75m水平板连接，高程746.86m以下库岸面板与主坝面板不在一个连续完整的结构面上，高差增加，最大高差1.15m，因此在库岸与主坝左、右岸坝肩连接段设混凝土隔离墩，保证防渗面板的完整。

隔离墩顶高程747.90m，靠库岸侧隔离墩顶面为1∶1.7斜坡，库岸沥青混凝土防渗层与隔离墩混凝土顶面搭接，搭接长度2.0m；靠主坝侧隔离墩顶面形状同主坝防渗面板反弧段，主坝沥青混凝土防渗层与隔离墩混凝土顶面搭接，搭接长度2.0m；隔离墩与沥青混凝土面板连接处设细粒料沥青混凝土三角形楔形体，调整该处变形。

隔离墩坐于基岩，沿坝轴线向长6.60m，垂直坝轴线向长12.49m，由于该处基岩下跌形成陡坎，隔离墩如延伸至沥青混凝土面板反弧末端，墩基础混凝土高度大大增加，因此采用“隔离墩+沥青混凝土”渐变结合的方法封闭防渗面板，库底排水廊道自隔离墩穿过与主坝排水廊道连接，建成后隔离墩被黏土铺盖覆盖。

7 沥青混凝土堆石主坝坝体及防渗结构研究

7.1 主坝布置及结构

7.1.1 主坝布置

主坝为沥青混凝土面板堆石坝，坝顶高程 791.90m，最大坝高 94.80m，坝顶宽 10.0m，长度 600.37m，河槽段坝 0＋245.86～坝 0＋374.20m 为直线段，左、右岸坝肩分别转 76.71°和 88.56°的角度与库盆连接。坝正常蓄水位为 789.60m，死水位为 758.00m，设计洪水位 790.43m，校核洪水位 790.57m，最大库容 782.5 万 m^3。沥青混凝土面板为简式断面，坡比 1∶1.7，厚 20.20cm，自下而上分为三层：厚 10cm 沥青混凝土整平胶结层、厚 10cm 沥青混凝土防渗层及 2mm 的表面封闭层。面板下游依次为水平 2.0m 宽的垫层、4.0m 宽的过渡层、主堆区、次堆区，主、次堆在坝轴线处以 1∶0.2 的边坡相接。主堆区坝基设厚 2.0～4.0m 排水带，次堆区主河槽段排水带厚 5.0m，经坝后堆渣场排水带通向下游。坝下游坡比 1∶1.5，采用菱形浆砌石护坡。主坝坝后高程 740.00m 和 768.00m 设有两个弃渣平台，边坡 1∶2.5，每隔高 25.0m 设一条马道，堆放库区及坝基的开挖弃料。

7.1.2 坝体分区设计及各区控制指标

分区原则：①坝体中应有通畅的排水通道且坝料之间应满足水力过渡要求。②坝轴线上游侧坝料应具有较大的变形模量，从上游到下游坝料模量可递减，以保证蓄水后坝体变形协调，尽可能减小对面板变形的影响，从而减小面板和止水系统遭到破坏的可能性。③根据枢纽工程的各种不同质量开挖料的数量，来确定坝体材料分区，尽可能多利用枢纽工程开挖料，达到经济的目的。

根据上述分区原则，坝体自上游向下游依次分为沥青混凝土面板、垫层（2A）、过渡料（3A）、主堆石区（3B）及下游堆石区（3C）、坝基排水层（3D）、下游坝坡菱形片石护坡。

（1）垫层料作为沥青混凝土面板的基础，应具备施工期满足面板施工机械的正常行走要求，水库运行期具备排除坝体面板渗漏水功能。要求其压实后的渗透系数不低于 1×10^{-3}cm/s，表面变形模量不低于 35MPa。垫层料主要来自距主坝 1.5km 的龟山料场弱风化和微风化灰岩，经砂石料加工系统加工而成，部分自孟村外购，最大粒径 80mm，粒径小于 5mm 含量为 25%～39%，粒径小于 0.074mm 含量不大于 5%，设计干密度不小于 2.22t/m^3，孔隙率不大于 19%，碾压后层厚 0.40m，颗粒级配曲线见表 7.1－1、图 7.1－1。

表 7.1-1　　　　垫层料级配曲线

上包线	粒径/mm	80	60	40	20	10	5	2	1	0.5	0.074
	含量/%		100.0	92.0	73.2	55.5	39.0	24.0	16.0	10.8	3.0
下包线	粒径/mm	80	60	40	20	10	5	2	1	0.5	0.074
	含量/%	100.0	90.5	77.0	58.0	40.0	25.0	10.0	4.0	0	0

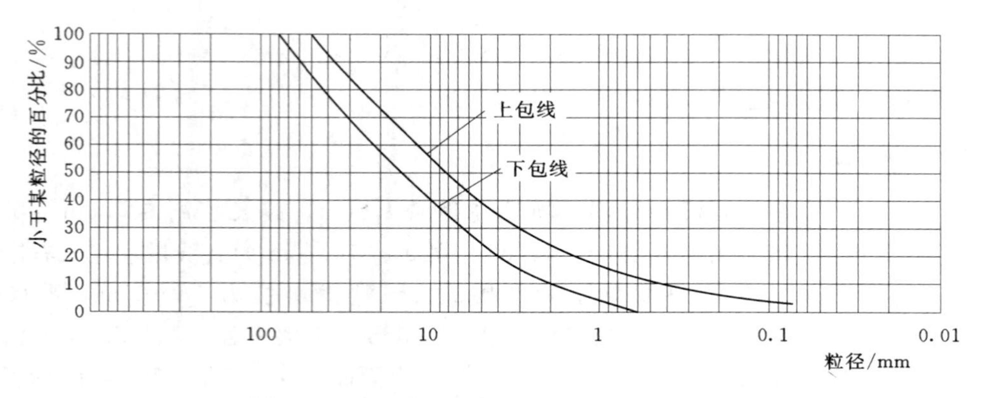

图 7.1-1　宝泉上水库主坝垫层料级配曲线图

(2) 过渡料传递荷载并对垫层料进行渗流保护，达到向主堆石料的过渡，其料源采用龟山料场灰岩爆破开挖料，最大粒径 300mm，粒径小于 5mm 含量不大于 22%，粒径小于 0.074mm 含量不大于 5%，设计干密度不小于 2.19t/m³，孔隙率不大于 20%，渗透系数不小于 10^{-2}cm/s，碾压后层厚 0.40m，颗粒级配曲线见表 7.1-2、图 7.1-2。

表 7.1-2　　　　过渡料级配曲线

上包线	粒径/mm	200	100	40	20	10	5	1	0.5	0.074
	含量/%	100.0	79.0	55.0	41.8	31.2	22.0	8.0	4.7	3.1
下包线	粒径/mm	200	100	40	20	10	5	1	0.5	0.074
	含量/%	85.0	64.0	40.0	26.8	16.2	6.8	0	0	0

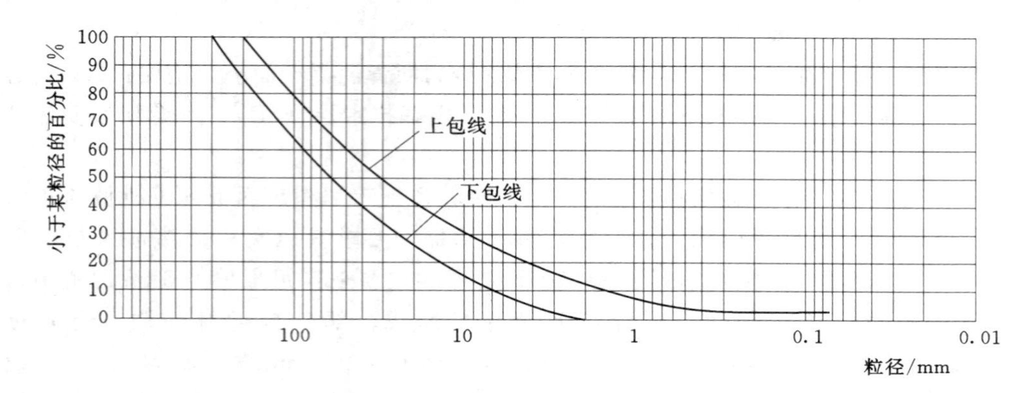

图 7.1-2　宝泉上水库主坝过渡料级配曲线图

过渡料相对于垫层料反滤关系计算：

$$\frac{D_{15}}{d_{85}}\leqslant 4\sim 5$$

式中 D_{15}——反滤料的粒径，小于该粒径的土重占总土重的15%；

d_{85}——被保护土的粒径，小于该粒径的土重占总土重的85%。

经计算，$D_{15}/d_{85}=0.08\sim 0.184$，满足设计要求。

(3) 主堆石料是承受和传递水荷载的主要部分，其变形对面板安全有较大影响，故要求其有较低的压缩性和较高的抗剪强度，料源主要来自龟山料场灰岩堆石料，最大粒径800mm，粒径小于5mm含量不大于20%，粒径小于0.074mm含量不大于5%，设计干密度不小于2.14t/m³，孔隙率不大于22%，渗透系数不小于10^{-1}cm/s，碾压后层厚0.80m，颗粒级配曲线见表7.1-3、图7.1-3。

表7.1-3　　主堆料级配曲线

上包线	粒径/mm	800	500	100	40	10	5	2	1	0.5	0.074
	含量/%		100.0	56.0	41.5	26.0	20.0	14.0	10.3	7.0	5.0
下包线	粒径/mm	800	500	100	40	10	5	2	1	0.5	0.074
	含量/%	100	83.0	41.0	26.5	11.0	5.0	0	0	0	0

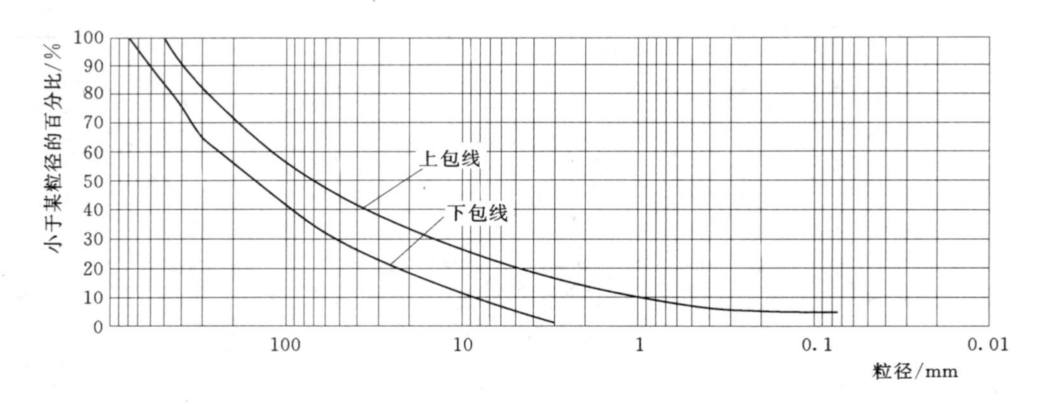

图7.1-3　宝泉上水库主坝主堆料级配曲线图

反滤关系计算，$D_{15}/d_{85}=0.018\sim 0.075$，满足设计要求。

(4) 次堆石。次堆石料起到维持坝体稳定作用，按尽可能多利用枢纽工程开挖料的设计思路，次堆料源分为：①库区开挖页岩、泥灰岩、灰岩混合料。②龟山来料。③库区开挖毛庄2组灰岩料三种，相应次堆划分为三个区。

高程768.00m以上：利用料②+③，碾压标准：最大粒径800mm，粒径小于5mm含量不大于30%，粒径小于0.074mm含量不大于5%，设计干密度不小于2.06t/m³，孔隙率不大于25%，20t振动碾碾压8遍，洒水6%～10%，碾压后层厚0.80～1.20m。

坝基排水带以上厚2.0m范围：由于混合料中的页岩易泥化担心堵塞坝基排水带料，因此排水带料上部的次堆至少2.0m以上填筑料②+③，控制指标同上。

坝基排水带以上高程2.0～768.0m为次堆相对干燥区：主要利用料①，部分采用龟山不满足主堆的废料。次堆采用页岩及泥灰岩混合料时，压实层厚0.6～0.8m，最大粒径不得大于600mm，小于5mm的含量不得超过30%，孔隙率不大于25%，干密度不得小于2.06 t/m^3，由于页岩和泥灰岩遇水容易泥化，用这种料填筑时不得洒水，控制同一层混合料要均匀，或同一层允许有一种料，不得页岩、泥灰岩及灰岩在同一层分散。

（5）坝基排水带料分两部分，一部分是在坝基坝桩号0+071.00～0+568.38范围内全断面布置；另一部分为坝后堆渣场下面，最后经排水棱体排至东沟，形成坝体稳定透水通道。石料自距坝址约25km孟村和马村外购。坝基排水带为5～200mm的级配碎石，施工期调为最大粒径为300mm，其他指标维持不变；坝后堆渣场下面的排水带原设计和坝基一样，施工期改为最大粒径为500mm，5mm以下不允许超过10%，0.075以下不得超过5%，其他指标维持不变。排水带设计干密度不小于2.11t/m^3，孔隙率不大于23%，渗透系数不小于1cm/s，20t振动碾碾压8遍，天然含水，碾压层厚0.40m，排水层颗粒级配曲线见表7.1-4、图7.1-4。

表7.1-4　　　　排水层级配曲线

上包线	粒径/mm	500	100	60	10	5
	含量/%		76.0	54.0	12.0	5.0
下包线	粒径/mm	500	100	60	10	5
	含量/%	100.0	59.0	38.0	0	0

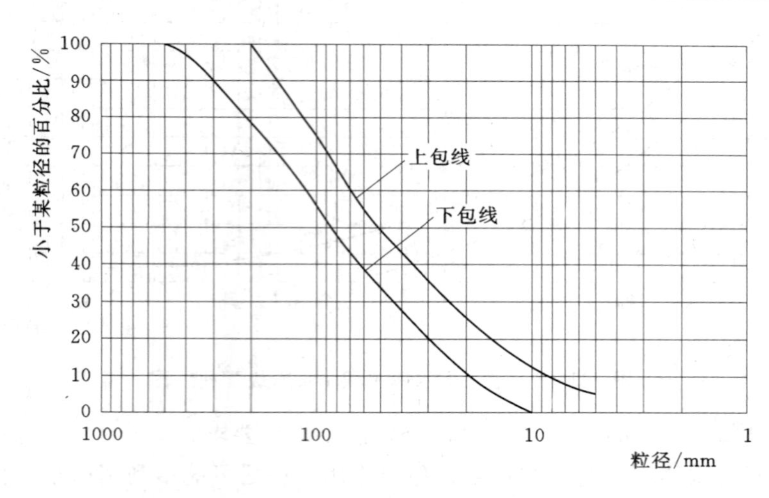

图7.1-4　宝泉上水库主坝排水层级配曲线图

（6）反滤料。主坝基础过渡料与覆盖层接触段、排水层和覆盖层接触段之间均设两层反滤层4B、4C。其中4B最大粒径20mm，粒径小于5mm含量48.5%～70%，粒径小于0.074mm含量不大于5%，相对密度0.70，渗透系数不小于10^{-3} cm/s，碾压后层厚0.25m；4C最大粒径60mm，最小粒径5mm，相对密度0.70，渗透系数不小于1cm/s，碾压后层厚0.25m。

4C料自龟山料场灰岩料加工配制而成，4B料自孟庄外购，颗粒级配见表7.1-5、图7.1-5、表7.1-6、图7.1-6。

表 7.1-5　　　　反滤层 4B 级配曲线

	粒径/mm	20	10	5	2	1	0.5	0.25	<0.1
上包线	含量/%	100.0	85.0	70.0	52.0	40.0	28.0	16.0	3.0
	粒径/mm	20	10	5	2	1	0.5	0.25	<0.1
下包线	含量/%	90.0	73.0	58.5	40.0	30.0	19.0	10.0	0

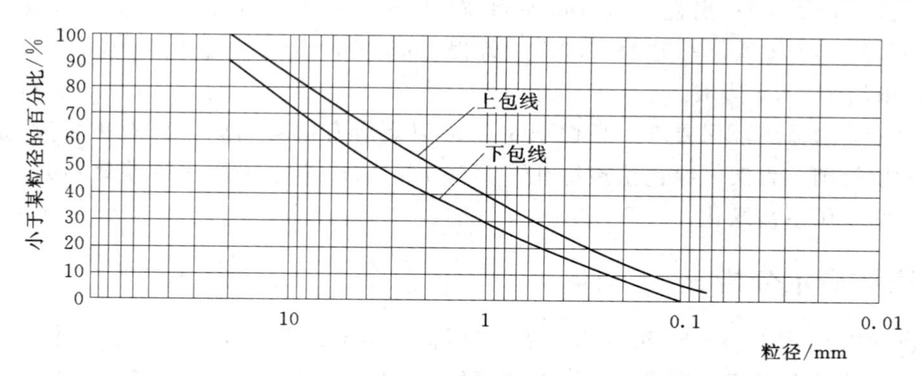

图 7.1-5　宝泉上水库主坝反滤层 4B 级配曲线图

表 7.1-6　　　　反滤层 4C 级配曲线

	粒径/mm		60	40	20	10	5	2	1
上包线	含量/%		100.0	83.0	60.0	35.0	10.0	6.0	3.0
	粒径/mm	80	60	40	20	10	5	2	1
下包线	含量/%	100.0	85.0	70.0	45.0	20.0	0		

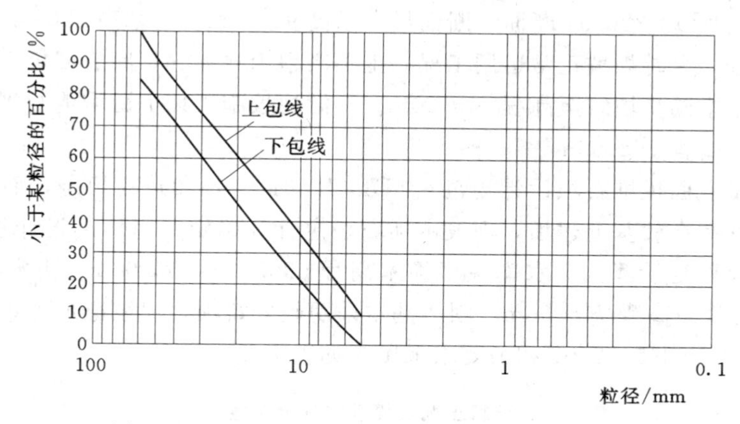

图 7.1-6　宝泉上水库主坝反滤层 4C 级配曲线图

7.1.3　坝顶细部构造

坝顶上游侧设有钢筋混凝土防浪墙，墙底坐于垫层料（2A）和过渡料（3A）回填顶部，墙顶高于坝顶 1.30m，沿防浪墙轴线方向每 12.0m 设一道伸缩缝，防浪墙下游预埋照明和观测电缆，在环库每个照明灯柱处设检查电缆井，坝顶下游设混凝土防护墙，路面设 1%坡倾向下游，沿下游防护墙内侧每 10m 设一道 PVC 穿防护墙排至下游坝面。

坝顶路面采用沥青混凝土路面，坝肩硬化采用C25F150混凝土。

7.1.4 主坝上、下游边坡设计

主坝为面板堆石坝，由于上游为沥青混凝土面板防渗结构，因此上游边坡除了满足主坝稳定要求外，还要受沥青混凝土摊铺施工控制，采用1∶1.7。

坝后为堆渣场，分高程740.00m和768.00m两级平台，其中高程768.00m平台宽80.0m，长约350.0m；高程740.00m平台宽93.0m，长约260.0m。堆渣下游坡1∶2.5，每25.0m设一道马道，马道宽5.0m。高程768.00m以上为主坝坝体，以上坝高约23.9m，采用1∶1.5边坡。

下游边坡为适应环保要求，高程768.00m以下所有边坡由原干砌石护坡改为菱形浆砌片石骨架衬砌，骨架内绿色植被绿化。高程768.00m以上采用拱形浆砌石片石骨架防护，骨架间采用植被绿化。

7.2 边坡稳定分析

原设计根据SLJ 01—88第3.0.2条："沥青混凝土面板的坡度……宜不陡于1∶1.7"和混凝土面板堆石坝相关规定，主坝上游坝坡1∶1.7，下游坝面高程768.00m以上设上坝公路，以下坝后堆渣压重，上坝路之间和768.00m以下坝坡1∶1.5。

2009年12月DL/T 5411—2009发布实施，第7.0.1条"沥青混凝土面板的坡度，应满足填筑坝体自身稳定的要求，不宜陡于1∶1.7"，沥青混凝土面板设计坝坡采用1∶1.7，满足新版规范要求。

宝泉上水库场区基本烈度7度，主坝提高一级，设防烈度8度，地震水平向加速度0.19g，由于两岸坝肩坝顶平台回填至两岸开挖边坡，不存在下游边坡稳定，因此稳定分析仅选取河槽段坝0+326.54断面，断面最大坝高94.80m。坝基高程690.00～700.00m，冲洪积砂砾石层，上游坝坡正常运用工况黏土顶高程750.00m，库底回填石渣，施工期库底填渣与坝体基本同步填筑至高程745.20m；下游坝坡施工期下游堆渣与坝体基本同步上升，堆渣平台顶高程768.00m。

根据《混凝土面板堆石坝设计规范》（DL/T 5016—1999）的规定，面板堆石坝采用软岩堆石料筑坝和在软基上建坝，坝坡由坝坡稳定计算确定，当地震设计烈度为8～9度时，应进行相应稳定计算。上水库主坝坝基高程690.00～700.00m，上游库底填渣高程745.20m，下游堆渣高程768.00m，坝体基本采用硬岩筑坝，坝坡稳定计算工况及安全系数标准根据DL/T 5395—2007相关要求采用，见表7.2-1。

表7.2-1 计算工况及要求的安全系数

计算工况		上游水位/m	下游水位/m	上游坝坡沿高程750.00（745.20）m滑出	下游坝坡沿高程768.00m滑出	安全系数
正常运用条件	正常蓄水位	789.60	690.00		√	1.50
非常运用条件Ⅰ	竣工期				√	1.30
非常运用条件Ⅱ	正常蓄水位+8度地震	789.60	690.00	√	√	1.20

稳定计算采用黄河勘测规划设计有限公司和河海大学工程力学研究所编制的《HH—SlopeR1.0土石坝边坡稳定分析程序》，计算采用摩根斯顿法，堆石料非线性抗剪强度指标计算参数采用2005年委托清华大学针对现场堆石料所做的《宝泉抽水蓄能电站上水库主坝坝料静动三轴试验及模型计算参数》报告中提供的试验参数，黏土铺盖参照其他工程，库底填渣和坝后填渣计算参数采用左岸覆盖层（含石量40%），$c=0$，各土石料计算参数指标见表7.2-2。

表7.2-2　　抗剪强度指标表

序号	材　料	干容重 /(kN/m³)	φ (°)	$\Delta\varphi$ (°)
1	垫层料	22.2	46.16	4.75
2	过渡料	21.9	45.06	5.41
3	主堆料	21.4	50.77	9.26
4	次堆料	20.6	40.43	5.72
5	黏土	20	25	
6	库底填渣	20	34.41	2.04
7	坝后堆渣	20	34.41	2.04

计算结果见表7.2-3。

表7.2-3　　边坡稳定计算结果

工况 / 断面	正常运用条件		非常运用条件Ⅰ		非常运用条件Ⅱ	
	上游坡	下游坡	上游坡	下游坡	上游坡	下游坡
允许最小安全系数	1.50	1.50	1.30	1.30	1.20	1.20
坝0+326.54断面		1.82		1.82	1.21	1.43

从计算结果可以看出，在规范规定的计算工况下，安全系数均满足规范最小安全系数的要求。

地震工况上游坡安全系数略大于规范要求最小安全系数，滑弧位于坝体上游垫层料内，为表层小滑弧，与坝坡实际可能产生的破坏不尽相符。通过工程实践总结，对粗粒料，靠近坝坡面的小主应力部位抗剪强度较高，一般不易沿坝表面滑动，设计采用假定圆滑法对上游坝坡稳定进行了复核计算，复核得抗滑稳定安全系数为2.06，满足上游坝坡稳定，且有足够的富裕度。

7.3　主坝有限元分析

上水库主坝最大坝高94.80m，属1级建筑物，地震设计烈度8度，按DL/T 5016—1999第11.2.1条和第11.2.3条规定，针对坝体的静力和动力应力应变、材料参数敏感性、局部地质明显变化段进行有限元分析计算。

有限元计算采用清华大学岩土工程研究所TOSS3D土石坝应力应变分析程序，TOSS3D

包含有线弹性、黏弹性、非线性弹性、弹塑性模型等多种岩土材料本构模型以及理想弹塑性、Clough-Duncan 非线性弹性、弹塑性损伤模型等多种土与结构接触面本构模型。

坝体堆石料的静动力学特性及计算模型参数利用室内大型高压多功能静动三轴试验机进行静动力三轴等项试验获得，在此基础上，模拟坝体施工过程和蓄水过程，进行坝体的二维、三维静动力非线性有限元应力变形分析。

7.3.1 主坝有限元计算参数试验成果分析

试验主要通过坝料静动三轴试验分析模型计算参数，主要包括如下内容。

（1）对上水库主坝的主要坝料和坝基覆盖层材料进行了大型或中型静力三轴试验，测定了其应力—应变—体变关系，进行试验的土石料包括：坝体主堆石料、次堆石料、过渡料、垫层料、排水带料、河床覆盖层料、左岸覆盖层料 1（含石量 80%）、左岸覆盖层料 2（含石量 40%）共八种材料。

（2）强度及模型计算参数：根据上述大型常规三轴试验成果，分别求取了各种材料的强度参数、邓肯张 E－B 非线性弹性模型计算参数、沈珠江双屈服面弹塑性模型计算参数和清华非线性解耦 KG 模型计算参数，为坝体的有限元稳定和应力变形计算分析提供依据。

（3）动剪切模量与动阻尼比试验：对坝体主堆石料、次堆石料、过渡料、垫层料、河床覆盖层料和排水带料共六种材料，通过一系列动三轴试验测定其动剪切模量和动阻尼比，并求取计算用模型参数。

（4）动残余变形试验：对坝体主堆石料、次堆石料、过渡料、垫层料、河床覆盖层料和排水带料共六种材料，通过一系列动三轴试验测定其动残余变形，并求取计算用模型参数。

试验于 2005 年初进行，当时大坝填筑高程在 710.00m 左右，试验土料由施工现场开采运至北京实验室，可以反映施工真实状况下坝体应力应变。

7.3.1.1 强度及模型静力计算参数

根据常规三轴试验结果整理得到材料的抗剪强度参数，对堆石体常采用非线性强度指标，黏聚力 c 取为 0，试验成果见表 7.3－1。

表 7.3－1　各种材料的强度参数

材　料	线性强度参数指标		非线性强度参数指标	
	c/kPa	φ/(°)	φ_0/(°)	$\Delta\varphi$/(°)
主堆石料	136.0	38.3	50.77	9.26
次堆石料	83.0	34.4	40.43	5.72
过渡料	62.0	38.7	45.06	5.41
垫层料	60.0	39.4	46.16	4.75
排水带料	46.0	35.0	41.12	5.19
河床覆盖层料	41.0	32.9	36.43	2.33
左岸覆盖层料 1（含石量 80%）	36.0	34.1	37.01	2.34
左岸覆盖层料 2（含石量 40%）	39.0	31.7	34.41	2.04

邓肯张 E-B 模型属于非线性弹性模型，φ_0、$\Delta\varphi$、R_f、k、n、k_b、m 和 k_{ur} 八个模型参数可由常规三轴试验确定，一般取 $k_{ur}\approx(1.5\sim2.0)k$，试验得到的各种土料的邓肯张 E-B 模型计算参数见表 7.3-2。

表 7.3-2　　邓肯张 E-B 模型计算参数表

材料	φ_0/(°)	$\Delta\varphi$/(°)	R_f	k	n	k_b	m
主堆石料	50.77	9.26	0.778	798.1	0.343	285.6	0.153
次堆石料	40.43	5.72	0.701	571.1	0.135	174.6	0.087
过渡料	45.06	5.41	0.774	710.2	0.129	209.1	0.174
垫层料	45.16	4.75	0.769	715.2	0.254	241.9	0.160
排水层料	41.12	5.19	0.804	859.4	0.255	495.9	0.079
覆盖层料	36.43	2.33	0.710	301.3	0.383	166.1	0.247
左岸覆盖层料 1（含石量 80%）	37.01	2.34	0.710	224.1	0.284	128.5	0.070
左岸覆盖层料 2（含石量 40%）	34.41	2.04	0.690	222.6	0.432	116.9	0.459

沈珠江双屈服面模型属于弹塑性模型，采用体积屈服面和剪切屈服面两个屈服面来描述土体的屈服特性，模型共有 φ_0、$\Delta\varphi$、R_f、k、n、C_d、n_d、R_d 和 E_{ur} 九个模型参数，由一组常规三轴压缩试验结果确定，除 C_d、n_d 和 R_d 外，其余参数均同邓肯张模型共用，计算参数见表 7.3-3。

表 7.3-3　　沈珠江双屈服面弹塑性模型计算参数表

材　料	φ_0/(°)	$\Delta\varphi$/(°)	R_f	k	n	C_d	n_d	R_d
主堆石料	50.77	9.26	0.778	798.1	0.343	0.00341	0.966	0.750
次堆石料	40.43	5.72	0.701	571.1	0.135	0.00814	0.847	0.746
过渡料	45.06	5.41	0.774	710.2	0.129	0.00369	1.064	0.670
垫层料	45.16	4.75	0.769	715.2	0.254	0.00559	0.866	0.710
排水层料	41.12	5.19	0.804	859.4	0.255	0.00257	1.001	0.795
覆盖层料	36.43	2.33	0.710	301.3	0.383	0.01265	0.584	0.736
左岸覆盖层料 1（含石量 80%）	37.01	2.34	0.710	224.1	0.284	0.01940	0.464	0.743
左岸覆盖层料 2（含石量 40%）	34.41	2.04	0.690	222.6	0.432	0.01050	0.468	0.722

清华非线性解耦 KG 模型研究了变形参数的增量回归方法，计算参数见表 7.3-4。

7.3.1.2　动剪切模量与动阻尼比试验成果

通过对主堆石料、次堆石料、过渡料、垫层料、河床覆盖层料和排水带料六种材料的系列动三轴试验测定其动剪切模量和动阻尼比，求取模型参数见表 7.3-5。

表 7.3-4　　清华非线性解耦 KG 模型计算参数表

材料	K_v	m	H	G_s	d	s	B	η_{u0}	β
主堆石料	325.3	0.250	0.80	921.2	0.354	0.488	1.05	2.077	0.050
次堆石料	295.1	0.310	0.95	495.4	0.394	0.420	1.17	1.650	0.026
过渡料	318.1	0.276	0.92	647.4	0.346	0.498	1.14	1.939	0.028
垫层料	324.2	0.220	0.91	823.4	0.314	0.506	1.08	1.960	0.056
排水层料	469.1	0.27	0.91	790.4	0.410	0.470	1.10	1.873	0.079
覆盖层料	145.8	0.491	0.62	179.4	0.474	0.482	0.94	1.540	0.009
左岸覆盖层料 1（含石量 80%）	109.4	0.391	0.668	150.5	0.496	0.466	0.93	1.61	0.039
左岸覆盖层料 2（含石量 40%）	218.0	0.441	0.653	156.5	0.530	0.472	0.92	1.53	0.053

表 7.3-5　　各种材料动剪模量和阻尼比参数

材　料	干密度/(t/m³)		k_2	n	k_1	λ_{max}
	设计	试验				
主堆石料	2.14	2.14	2212	0.48	39.9	24.3
次堆石料	2.06	2.06	1779	0.47	24.2	28.1
过渡料	2.19	2.15	1656	0.60	36.0	20.0
垫层料	2.22	2.20	1739	0.61	29.5	20.2
河床覆盖层料	2.00	2.00	1280	0.61	30.4	23.3
排水带料	2.11	2.11	1173	0.63	24.7	23.5

7.3.1.3　动残余变形试验成果

通过对主堆石料、次堆石料、过渡料、垫层料、河床覆盖层料和排水带料六种材料的系列动三轴试验测定其动残余变形，求取模型参数见表 7.3-6。

表 7.3-6　　各种材料动残余变形参数

材　料	干密度/(t/m³)		c_1	c_2	c_3	c_4	c_5
	设计	试验					
主堆石料	2.14	2.14	1.11	1.21	0	6.50	0.737
次堆石料	2.06	2.06	0.95	0.92	0	3.01	0.582
过渡料	2.19	2.15	0.91	0.88	0	5.40	0.939
垫层料	2.22	2.20	1.73	1.33	0	1.03	0.144
河床覆盖层料	2.00	2.00	3.91	1.14	0	3.96	0.372
排水带料	2.11	2.11	0.54	1.15	0	2.27	0.753

7.3.2　主坝静力应力应变分析与安全评价

在主坝有限元计算参数试验成果分析的基础上，土石料分别采用邓肯张 E-B 模型、沈珠江双屈服面模型、清华非线性解耦KG模型，面板沥青混凝土材料分别采用弹性模型和黏弹性模型，模拟坝体的施工和水库的蓄水过程，对坝体进行了静力非线性有限元应力变形分析，研究上水库主坝堆石体及面板的应力和变形特性，对工程的安全性进行评价。

7.3.2.1　二维计算剖面与计算网格

坝体二维计算分析选取坝体的最大剖面坝0＋326.50（*B*17—*B*17剖面）作为典型断面进行计算分析，为比较分析考虑不同范围的坝后堆渣对大坝及其上游面板应力和变形分布的影响，并为坝体三维计算分析中计算断面的选取提供依据，对所选取的坝体最大剖面（*B*17—*B*17剖面）分别采用了三种计算范围，下文中分别简称为方案Ⅰ、方案Ⅱ和方案Ⅲ。在上述的3个剖面中，坝体部分完全相同，主要区别为它们所考虑的坝后堆渣的范围不同，其中：

方案Ⅰ：考虑了下游堆渣区的全部。

方案Ⅱ：考虑了下游部分堆渣区的影响（具体取高程768.00m堆渣平台宽度20m，下游坡1∶2.5）。

方案Ⅲ：只考虑了下游碾压堆渣区的影响。

单元以四结点四边形单元为主，辅以少数三角形过渡单元。其中，方案Ⅰ对应的计算网格共包括单元总数566，节点总数604；方案Ⅱ对应的计算网格共包括单元总数517，节点总数553；方案Ⅲ对应的计算网格共包括单元总数488，节点总数523。

7.3.2.2　三维计算剖面与计算网格

上水库主坝整体具有一反拱形式的坝轴线，为反映坝体空间特殊形状的影响，在三维计算中，除了坝体的主体部分之外，还选取坝体两端库岸面板段和坝前库底的一部分作为计算区域，三维有限元计算分析采用考虑了部分下游堆渣区影响（具体取高程768.00m堆渣平台宽度20m，下游坡1∶2.5）的计算分析区域，该有限元计算网格共包含节点总数11183，单元总数10879，沿坝轴线（圆弧状）方向的计算断面共分30个断面。

7.3.2.3　左岸冲沟影响的三维计算

选取左岸典型坝段采用三维静力有限元法，计算分析了左岸坝段岸坡基础冲沟对坝体尤其是沥青混凝土面板应力和应变性状的影响，计算的区域选取左岸0＋000.00～0＋070.00，三维计算网格共包括4567个节点，4078个单元。

7.3.2.4　右岸面板连接处的二维计算分析

选取右岸弧形面板和直线形面板连接处的两个典型剖面，进行了二维有限元计算分析，研究了连接过渡段由于混凝土导墙以及廊道处面板下部压缩覆盖层厚度的突变所致的不均匀变形对面板应力和应变性状的影响。

7.3.2.5　施工顺序与计算分级

有限元计算根据坝体填筑过程和水库蓄水过程共分5大级。

（1）地基覆盖层。

（2）上游坝脚线与下游坝脚线以内范围坝体堆石填筑，上游库底填渣、下游堆渣的填筑随主坝同步上升。主堆料、垫层料和过渡料平起作业，整个坝体填筑均衡上升，计算中上述坝体的填筑过程又分为多个荷载分级进行模拟；另外，对于全部考虑下游堆渣的计算方案，为了模拟堆渣的先期填筑过程，还增加了若干个针对下游堆渣的荷载分级。

(3) 沥青混凝土面板施工。

(4) 库区黏土铺盖层的填筑。

(5) 水库的蓄水过程：初步蓄水至 758.00m，5 个月完成；后期蓄水 758.00～789.60m，初步考虑按 3.0m/d 的平均加载，每 3m 隔 2 天，1 个月完成。

对所有的计算方案，均考虑和模拟了上述坝体填筑和水库蓄水过程。

7.3.2.6 静力计算模型参数

在非线性有限元计算基本分析方案中，沥青混凝土面板采用线弹性模型，坝基覆盖层料和各种坝体堆石料均采用邓肯张 E－B 非线性弹性模型来描述。为研究本构模型对计算结果的影响，还采用沈珠江双屈服面模型进行了二维和三维计算。

各种材料邓肯张 E－B 和双屈服面本构模型的基本计算参数组合见表 7.3－7。

表 7.3－7　材料计算参数——第 1 组（基本参数组合）

材料	ρ /(kg/m³)	R_f	φ_0 /(°)	$\Delta\varphi$ /(°)	K	K_{ur}	n	E－B模型		双屈服面模型		
								m	K_b	d	C_d	R_d
主堆石料	2140	0.778	50.77	9.26	798	1197	0.343	0.153	286	0.966	0.00341	0.75
次堆石料	2060	0.701	40.43	5.72	571	857	0.135	0.087	175	0.874	0.00814	0.746
覆盖层料	2000	0.710	36.43	2.33	301	452	0.383	0.247	166	1.064	0.00369	0.67
覆盖层料 2	2000	0.690	34.41	2.04	223	334	0.432	0.459	117	0.468	0.01050	0.722
垫层料	2220	0.769	45.16	4.75	715	1073	0.254	0.160	242	0.866	0.00559	0.710
过渡料	2190	0.774	45.06	5.41	710	1065	0.129	0.174	209	1.001	0.00257	0.795
排水层料	2110	0.804	41.12	5.19	859	1289	0.255	0.079	496	0.584	0.01265	0.736
堆渣料	1600	0.747	32.00	4.00	200	300	0.250	0.180	140	0.48	0.015	0.73
碾压堆渣料	2060	0.700	35.00	2.10	250	375	0.400	0.350	130	0.55	0.0122	0.74
上游铺盖黏土	2100	0.783	36.09	9.92	264	396	0.490	0.400	134	0.520	0.012	0.74
面板沥青混凝土	2650	弹性模型：E=1000MPa，ν=0.4										

注　覆盖层料 2 为左岸坝基覆盖层料，含石量取 40%。

考虑坝料的变异性，对坝料的变形参数进行了敏感性计算分析，参数敏感性分析所采用的几组参数组合见表 7.3－8。

表 7.3－8　静力计算其他参数组合

参数组合	由基本参数的变化	目　的
1	基本参数组合，库区为碾压堆渣	基本参数组合
2	库区碾压堆渣取堆渣的计算参数	库区堆渣的影响
3	各堆石料的 K、K_{ur}、K_b 增加 20%，φ_0 增加 2°，$\Delta\varphi$ 增加 1°	参数敏感性分析
4	各堆石料的 K、K_{ur}、K_b 增加 50%，φ_0 增加 4°，$\Delta\varphi$ 增加 2°	
5	面板黏弹性：E_1=4150MPa，E_2=140MPa，η_1=36944.4MPa·h，η_2=7027.78MPa·h，ν=0.3	面板的黏弹性及温度的影响
6	面板黏弹性：E_1=206.27MPa，E_2=103.6MPa，η_1=3129.1MPa·h，η_2=80.78MPa·h，ν=0.3	

7.3.2.7 静力计算方案

计算方案编号由计算维数、本构模型名称、计算的材料参数组合和下游堆渣考虑范围或计算剖面复合而成。静力计算的各种方案汇总见表 7.3-9。

表 7.3-9　　静力计算方案及计算内容一览

序号	方案编号	本构模型	材料参数	计算方案	备　注
1	P-2D-EB-1-Ⅰ	E-B	第 1 组	下游堆渣Ⅰ	坝后堆渣敏感性计算分析，方案Ⅱ为基本计算剖面
2	P-2D-EB-1-Ⅱ			下游堆渣Ⅱ	
3	P-2D-EB-1-Ⅲ			下游堆渣Ⅲ	
4	P-2D-SH-1-Ⅱ	双屈服面	第 1 组	下游堆渣Ⅱ	本构模型对比
5	P-3D-EB-1-Ⅱ	E-B	第 1 组		基本三维方案
6	P-3D-EB-2-Ⅱ		第 2 组		库区堆渣影响
7	P-3D-SH-1-Ⅱ	双屈服面	第 1 组		本构模型对比
8	P-2D-EB-3-Ⅱ	E-B	第 3 组		参数敏感性分析
9	P-2D-EB-4-Ⅱ		第 4 组		
10	P-2D-VE-5-Ⅱ	堆石体 E-B 面板黏弹性	第 5 组		面板黏弹性计算
11	P-2D-VE-6-Ⅱ		第 6 组		
12	P-3D-VE-5-Ⅱ		第 5 组		
13	P-3D-VE-6-Ⅱ		第 6 组		
14	P-3D-EB-1-冲沟	E-B	第 1 组	左岸局部冲沟坝段	左岸冲沟影响的局部三维计算
15	P-2D-EB-1-右 k	E-B	第 1 组	剖面 $k—k$	右岸面板连接段
16	P-2D-EB-1-右 d		第 1 组	剖面 $d—d$	

说明：剖面 $k—k$ 对应桩号为坝 0+568.38，剖面 $d—d$ 为坝 0+600.37 断面处沿廊道向剖面。

方案编号的具体形式为：

P+“—计算维数”+“—本构模型名称”+“—材料参数组合号”+“—下游堆渣考虑范围或计算剖面”。其中，P 为“Plan”的简写，代表方案。

计算维数：为“2D”和“3D”，分别代表二维和三维有限元计算。

本构模型名称：为“EB”、“SH”或“VE”，代表计算中堆石料和沥青混凝土面板所使用的本构模型，“EB”表示堆石料采用邓肯张 E-B 模型，沥青混凝土面板使用弹性模型；“SH”表示堆石料采用沈珠江双屈服面模型，沥青混凝土面板使用弹性模型；“VE”代表表示堆石料采用邓肯张 E-B 模型，沥青混凝土面板使用黏弹性模型。

材料参数组合号：计算中使用的材料参数的组合。

下游堆渣考虑范围或计算剖面：对下游堆渣的考虑范围分别为“Ⅰ”、“Ⅱ”和“Ⅲ”分别代表考虑全部堆渣、部分堆渣和仅考虑碾压堆渣的情况；对计算剖面分别为“冲沟”、“右 k”和“右 d”，分别代表左岸典型坝段冲沟影响、右岸面板连接段 $k—k$ 剖面和 $d—d$ 剖面的计算分析。

如计算方案编号为“P－2D－EB－1－Ⅱ”的计算方案，表明该计算方案为二维计算方案、堆石料采用E－B模型、沥青混凝土面板使用弹性模型、使用第1组计算参数组合，考虑部分下游堆渣的影响进行计算。再如“P－3D－EB－1－冲沟”的计算方案，表明该计算方案为三维计算方案、堆石料采用E－B模型、沥青混凝土面板使用弹性模型、使用第1组计算参数组合，采用左岸典型坝段进行计算分析，研究了左岸岸坡基础冲沟对坝体和沥青混凝土面板应力和应变性状的影响。

7.3.2.8 计算成果

静力计算各种方案结果的典型数值汇总见表7.3－10。

表7.3－10 静力计算结果汇总表

计算方案	竣工期位移/cm		蓄水期							
	水平向下游最大位移	最大沉降变形	水平向下游最大位移/cm	最大沉降变形/cm	面板最大挠度/cm		面板顺坡向最大拉应力/MPa		面板顺坡向最大应变/%	
					17—17剖面	整体	17—17剖面	整体	17—17剖面	整体
P－2D－EB－1－Ⅰ	22.1	86.9	27.3	87.5	25.4	—	3.41	—	0.51	—
P－2D－EB－1－Ⅱ	38.4	103.1	43.3	103.9	27.4	—	3.41	—	0.51	—
P－2D－EB－1－Ⅲ	65.4	119.5	70.8	120.9	26.3	—	3.96	—	0.59	—
P－2D－SH－1－Ⅱ	21.5	77.1	22.5	79.4	23.0	—	2.70	—	0.41	—
P－3D－EB－1－Ⅱ	42.3	103.4	46.5	104.0	26.5	32.4	1.71	4.38	0.267	0.557
P－3D－EB－2－Ⅱ	42.3	103.5	46.5	104.1	25.9	32.3	1.67	4.37	0.261	0.561
P－3D－SH－1－Ⅱ	21.3	77.9	22.3	79.3	22.4	28.4	1.21	2.91	0.207	0.416
P－2D－EB－3－Ⅱ	29.4	82.8	33.1	83.6	22.5	—	3.17	—	0.48	—
P－2D－EB－4－Ⅱ	16.9	62.6	19.8	63.1	18.4	—	2.63	—	0.40	—
P－2D－VE－5－Ⅱ	38.4	103.1	43.2	104.0	27.4	—	4.35	—	0.852	—
P－2D－VE－6－Ⅱ	38.4	103.1	43.2	104.0	26.7	—	0.31	—	1.03	—
P－3D－VE－5－Ⅱ	42.3	103.4	46.5	104.0	26.1	32.8	2.23	4.75	0.386	0.876
P－3D－VE－6－Ⅱ	42.3	103.4	46.5	104.0	26.4	33.1	—	—	0.576	1.158
P－3D－EB－1－冲沟	7.4*	49.6	8.2*	75.3	—	38.6	—	4.62	—	0.675
P－2D－EB－1－右k	2.1	9.9	2.4	24.2	—	13.6	—	1.41	—	0.22
P－2D－EB－1－右d	—	1.8	—	13.5	—	3.4	—	2.31	—	0.23

注 1. 表中最大位移均是指发生在坝体中的最大位移，不包括发生在下游堆渣中的位移。
2. *表示顺坡向最大位移值。

7.3.2.9 成果结论

坝后堆渣敏感性分析、二维、三维坝体和面板应力应变分析、沥青混凝土面板黏弹性计算成果分析如下。

（1）坝后堆渣敏感性分析表明：

下游堆渣对坝体下游次堆石区的应力和变形有较大的影响，可显著提高坝体下游坝坡的稳定性，对坝体上游主堆石区尤其是沥青混凝土面板应力和变形的影响不大，考虑部分堆渣区的计算工况Ⅱ已基本反映了下游堆渣对坝体变形的影响，可作为三维计算的基本剖面。

（2）二维计算结果表明：

1）主坝坝体变形的分布规律主要受到坝基覆盖层、库底碾压堆渣和次堆石料这三种变形模量较小材料的影响。坝体最大竖直沉降发生在坝体中部，水平位移均指向下游，最大水平位移发生在坝体中部的下游坝坡处，坝体在施工期和蓄水期的最大沉降量为103.1cm和103.9cm，相应最大水平位移为38.4cm和43.3cm。

2）坝体在竣工期和蓄水期的大主应力最大值为1.7MPa和1.85MPa，小主应力最大值为0.8MPa和0.9MPa，坝体剖面中大部分区域的应力水平小于0.65MPa，说明坝体从稳定角度看也是安全的。

3）蓄水期上游面板的挠度在其底部末端最大，其值约为27.4cm；面板底部的反弧段基本为受拉区，倾斜直线段应力和变形均较小，面板顺坡向拉应力、拉应变的峰值均出现在反弧段上部的起点附近，拉应力的峰值为3.41MPa，拉应变的峰值为0.51%。

4）沈珠江双屈服面模型与邓肯张E-B模型的二维计算结果相比，所得坝体包括沥青混凝土面板应力和变形的分布规律十分相似，由沈珠江双屈服面模型计算所得坝体变形以及面板变形、应力和应变的数值较小。

5）堆石体变形参数的敏感性计算分析表明，随着堆石体变形模量和强度参数的增加，坝体水平向和竖直向位移均明显减小，沥青混凝土面板的挠度、顺坡向拉应力和拉应变也逐步减小，因此控制上坝坝料质量，提高压实度，是有效控制坝体变形和减少沥青混凝土面板挠度、最大拉应力和拉应变的手段。

（3）三维条件下坝体和面板的应力变形特性计算结果分析：

1）坝体的最大变形发生在坝体的最大剖面（17—17剖面）处，竣工期坝体中的最大水平位移为42.3cm，发生在下游坝坡的中部；最大竖直位移为103.4cm，发生在下游次堆石中，蓄水期坝体最大水平位移增大为46.5cm；最大竖直位移增大为104.0cm，它们发生的位置和竣工期基本相同。

2）坝体的最大剖面二维、三维计算的坝体沉降变形相差不大，但由于坝体向下游呈反拱状的影响，三维计算结果略大；在三维条件下计算得到的面板变形相对较为均匀，计算得到的最大拉应力和最大拉应变峰值相对较小。

3）坝体左岸坝0+070.00（左岸5—5剖面）计算得到的面板的拉应力和拉应变数值最大，这是由于该处靠近河床部位覆盖层较厚，覆盖层材料含泥量较大，该处坝体下部变形量较大，沥青混凝土面板的位移具有相对较大的变化率，拉应力和拉应变峰值均出现在反弧段与直线段交点附近，顺坡向拉应力的峰值为4.06MPa，顺坡向拉应变的峰值为0.557%，根据计算成果，设计在该部位采取压实或部分置换此处河床覆盖层料，局部的岩石陡岸坡进行适当消坡，以减小此处沥青混凝土面板变形的变化率，降低拉应变的峰值，并在反弧段底部设置加强网格、加厚防渗层。

4）由于库区堆渣并不为坝体的直接组成部分，对坝体及面板应力和变形的计算结果影响较小，但对上水库库底的变形有较大影响，对库区采用堆渣的计算方案，库底在竣工期和蓄水期的最大沉降变形分别为约 30cm 和 80cm，为防止过大不均匀沉降导致黏土铺盖发生裂缝，设计对库盆基础开挖、回填提出了明确的技术要求。

5）沈珠江双屈服面模型与邓肯张 E－B 模型的三维计算结果相比，所得坝体包括沥青混凝土面板应力和变形的分布规律十分相似，但所得数值相对较小。

6）坝体中大部分区域的计算应力水平值小于 0.65MPa，从稳定角度看坝体是安全的。

（4）沥青混凝土面板的黏弹性计算分析：

1）对采用柔性沥青混凝土面板的堆石坝，坝体的内部应力及位移的大小和分布主要取决于堆石体的变形特性，面板所采用的模型和参数对其影响不大。

2）当考虑面板沥青混凝土的黏弹性特性时，面板的变形特性主要取决于坝后堆石体的变形，温度和时间对面板的挠度和应变计算结果的影响不大，面板的黏弹性响应主要体现在应力松弛方面。

3）面板沥青混凝土为典型的黏弹性材料，其力学特性对温度的变化较为敏感，一般低温情况仍为面板抗拉设计的控制工况。

4）沥青混凝土的力学性能取决于温度和应变速率，故首次蓄水时间一般应选在气候适宜的条件下进行，以避免首次蓄水坝体变形较大而低温条件下面板变形能力较小所造成的破坏，同时由于沥青混凝土的极限拉应变同应变速率有关，所以应控制水库初次蓄水的速率。

（5）左岸冲沟影响的三维计算分析：

在局部三维条件下，水库蓄水期上游面板的挠度在其下部段末端最大，约为 38.6cm，坡向拉应力和拉应变的峰值均出现在面板中部附近，顺坡向拉应力的峰值为 4.62MPa，顺坡向拉应变的峰值为 0.675%。与整体三维计算结果相比，局部三维条件下面板挠度、应力和应变分布规律一致，局部三维计算结果中的面板挠度、应力和应变最大值稍大。

（6）右岸面板连接处二维计算分析：

针对 k—k、d—d 剖面重点计算分析了混凝土廊道两侧由于可压缩层厚度的突然变化对沥青混凝土面板所可能带来的影响。计算结果表明，面板最大挠度为 13.6cm，发生在面板底端；面板最大拉应变为 0.22%，最大拉应力为 1.41MPa，均发生在廊道右上方，对沥青混凝土面板所可能带来的影响有限，施工过程中应注意对廊道两侧堆石料压实质量的控制。

7.3.2.10 可研补充阶段成果结论

2002 年可研补充阶段华东院所做坝体应力应变计算采用河海大学研制的 BCF 平面有限元比奥固结程序平面非线性有限元程序，沥青混凝土及填筑料的本构模型均采用邓肯张 E－B 模型并考虑卸荷影响，采用中点增量法求解此非线性问题，并用逐级加荷模拟土石坝施工与运行过程。

网格中共分八种材料类型，共计单元 194 个，节点 216 个。

荷载分级：

第一级：第一级荷载为地基；

第二级至第八级：坝体土石料六级施工；

第九级：沥青混凝土面板施工；

第十级：库区黏土填筑；

第十一级至第十三级：水荷载。

水荷载分三级，即：

748.00→758.00m（第十一级）；

758.00→773.30m（第十二级）；

773.30→789.60m（第十三级）。

计算参数参照类似工程及其他有关资料，拟定材料设计参数及成果见表7.3-11～表7.3-13。

表7.3-11　　材料设计参数表

材料	R_f	K	N	G	F	D	K_{ur}	n_{ur}
坝基覆盖层	0.46	500	0.31	0.42	0.16	4.67	1099	0
碾压土石料	0.99	480.0	0.36	0.41	0.03	1.32	450.0	0
主堆石	0.80	800.0	0.46	0.49	0.16	2.78	1640.0	0
库区堆渣	0.65	720	0.44	0.49	0.16	2.78	1570.0	0
过渡层	0.80	850.0	0.46	0.49	0.13	3.8	1700.0	0
垫层	0.80	900	0.46	0.49	0.13	3.8	1800	0
沥青混凝土	0.57	300.0	0.33	0.49	0	0	600.0	0
接触面单元	0.50	2000.0	0.5	0	0	0	180000.0	0
黏土	0.86	480.0	0.25	0.41	0.03	2.75	688	0

表7.3-12　　材料设计参数表

材料	φ_0	$\Delta\varphi$	C/MPa	γ/(g/cm³)
坝基覆盖层	52.0	9.9	0	1.9
碾压土石料	42.5	0	0	1.95
主堆石	53.4	9.6	0	2.12
库区堆渣	52.0	9.9	0	2.0
过渡层	54.2	9.3	0	2.18
垫层	55.0	9.0	0	2.26
沥青混凝土	26.0	0	0.02	2.4
接触面单元	30.0	0	0	0
黏土	22.0	0	0.012	1.98

表 7.3-13　　二维有限元应力应变计算成果表

项　目	最大值及出现位置	竣工期	蓄水期
坝体水平位移/cm	向上游侧最大值	5.61	1.69
	出现位置（高程：m）	728.20	707.00
	向下游侧最大值	54.68	59.70
	出现位置（高程：m）	728.20	728.20
坝体垂直位移/cm	最大值	100.2	101.89
	出现位置（高程：m）	739.80	739.80
坝体大主应力/MPa	最大值	1.96	2.11
	出现位置	基础底部	基础底部
坝体小主应力/MPa	最大值	0.88	0.94
	出现位置	坝体底部	坝体底部

面板变形及应变：蓄水后面板的挠度随着水压力的增加而增加，底部最大垂直位移为14.79cm，挠跨比为0.13%。沥青混凝土护面与库底连接部位的最大拉应变较大，约为3.78×10^{-3}。

与施工阶段最大断面平面计算成果比较：垂直位移计算值基本一致，水平位移较施工阶段计算值偏大，面板拉应变偏小，这和材料参数的选择有直接的关系。

7.3.2.11　主要计算成果与监测成果对比分析

截至2007年12月5日，安装预埋土体位移计读数正常，观测到的坝体最大水平位移量170mm。

蓄水期最大水平位移量为175mm，于2008年5月16日测得。

有限元二维计算的竣工期和蓄水期最大水平位移为分别为38.4cm和43.3cm，发生在下游坝坡的中部；三维条件下竣工期和蓄水期最大水平位移为分别为42.3cm和46.5cm，与观测结果比较，计算值偏大。

7.3.3　主坝动力有限元计算

静力计算程序可进行土石坝和面板堆石坝的动力反应分析，本构模型采用沈珠江提出的非线性黏弹性模型，分析方法采用分段等效线性化方法。这一方法的基本思想是，把整个地震过程分成若干个时段，对每个时段，先假定动剪模量和阻尼比，采用逐步积分的分析方法，时间差分按Wilsonθ法进行；在该时段计算得到的动剪应变可能与假定的动剪模量和阻尼比不匹配，因而需进行2～3次迭代；在该时段结束后按经验公式计算出该时段内各单元残余变形增量，并把它们转换成初应变或初应力后进行静力计算，得出节点位移、单元应变和应力的变化。如此逐个时段进行计算，就能得出整个过程的动力应力应变和变形的发展过程。

7.3.3.1　输入地震波

根据DL/T 5016—1999和DL 5073—2000的规定：设计烈度为8度以上坝高大于70m的土石坝，应采用拟静力法进行抗震稳定计算，同时用有限元法对坝体、坝基进行动力分析，综合判定其抗震安全性。

动力计算中采用的地震波输入时程曲线共3组，分别简称为坝址波、规范波和实测波，每组地震波含顺河向、横河向以及竖直向3条地震波。其中规范波为根据DL 5073—2000的规定由人工合成得到的地震波，坝址波由类比工程得到，实测波为澜沧-耿马实测地震波。

各输入地震波顺河向分量峰值加速度均为2.00m/s²；坝址波在坝轴向和竖直向的峰值加速度分别为1.92m/s²和1.28m/s²；规范波在坝轴向和竖直向的峰值加速度分别为2.11m/s²和1.34m/s²；实测波在坝轴向和竖直向的峰值加速度分别为1.04m/s²和0.57m/s²。坝址波的持续时间为13s，加速度较大的时间范围约8s；规范波的持续时间为20s，加速度较大的时间范围约17s；实测波持续时间为15s，加速度较大的时间范围约5s。

7.3.3.2 动力计算材料参数及方案组合

动力计算采用沈珠江建议的修正非线性黏弹性模型，动力反应计算部分包含有5个模型参数，分别为k_1、n、k_2、μ_d和λ_{max}；残余变形计算部分包括有5个模型参数，分别为c_1～c_5。

材料动力计算参数的基本参数组合见表7.3-14，其中主堆石料、次堆石料、两种坝基覆盖层料、垫层料、过渡料和排水带料共七种坝料的动力计算参数根据大型动三轴试验结果确定，其他材料的动力模型计算参数由工程类比根据经验得到。

表7.3-14　动力反应分析材料参数组合1——基本参数

材料名称	k_2	λ_{max}	μ_d	k_1	n	c_1	c_2	c_3	c_4	c_5
主堆石料	2212	24.3	0.35	39.9	0.48	1.11	1.21	0	6.50	0.737
次堆石料	1779	28.1	0.35	24.2	0.47	0.95	0.92	0	3.01	0.582
覆盖层料	1280	23.3	0.35	30.4	0.61	3.91	1.14	0	3.96	0.372
覆盖层料2	1280	23.3	0.35	30.4	0.61	3.91	1.14	0	3.96	0.372
垫层料	1739	20.2	0.35	29.5	0.61	1.73	1.33	0	1.03	0.144
过渡料	1656	20.0	0.35	36.0	0.60	0.91	0.88	0	5.40	0.939
排水带料	1173	23.5	0.35	24.7	0.63	0.54	1.15	0	2.27	0.753
堆渣料	1280	23.3	0.35	30.4	0.61	3.91	1.14	0	3.96	0.372
碾压堆渣料	1280	23.3	0.35	30.4	0.61	3.91	1.14	0	3.96	0.372
上游铺盖黏土	1575	17.0	0.48	4.83	0.47	0.25	1.01	0	4.50	1.12
面板沥青混凝土	30000	20.0	0.20	7.60	0.26	0.0085	0.0075	0	0.023	0.0001

注　覆盖层料2为左岸坝基覆盖层料，含石量取40%。

材料参数的选取对计算结果影响很大，考虑到试验结果具有一定的离散性和随机性，可能与实际工程中的材料特性具有一定差异；另外对如面板沥青混凝土等材料其动力计算参数在文献中可供参考的资料较少，因而针对计算参数进行敏感性分析。

7.3.3.3 动力计算方案

由于计算的方案较多，为了表述的方便，对动力计算定义了一套计算方案的编号规则，见表7.3-15。

表 7.3－15　　敏感性分析参数组合

参数组合	由基本参数的变化	目的
1	基本参数	
2	面板 k_2 变为 20000	分析面板动剪模量对面板应力应变的影响
3	面板 k_2 变为 40000	
4	所有材料 c_3 取 2	分析残余变形参数的影响
5	所有材料 c_3 取 2	
6	所有材料 c_1 和 c_4 取基值的 70％	
7	所有材料 c_1 和 c_4 取基值的 50％倍	
8	主堆石料、次堆石料、过渡料、垫层料 k_2 取 1500，n 值取 0.5	分析堆石料动剪模量参数的影响
9	静力参数：堆石料的 K，K_{ur}，K_b 增加 50％，φ_0 增 4°，$\Delta\varphi$ 增加 2° 动力参数：各材料的 c_3 取 2，c_1 和 c_4 取基值的 0.5 倍	分析静力参数对面板及坝体特性的影响

动力计算方案的编号由计算维数、动力计算的材料参数组合和输入地震波名称复合而成。方案编号的具体形式为：

P＋“－计算维数”＋“－动力材料参数组合号”＋“－输入地震波组合号”。其中：P：“Plan”的简写，代表方案。

计算维数：为“2D”和“3D”，分别代表二维和三维有限元动力计算。

动力材料参数组合号：计算中使用的动力材料参数的组合，具体见表 7.3－16。

输入地震波组合号：为“G”、“B”或“S”，分别代表输入地震波为规范波、坝址波和实测波。

表 7.3－16　　动力计算方案及计算内容一览表

序号	方案编号	材料参数	地震波	维数	说明
1	P－2D－1－B	第 1 组	坝址波	二	基本计算方案
2	P－2D－1－G		规范波		
3	P－2D－1－S		实测波		
4	P－3D－1－B	第 1 组	坝址波	三	
5	P－3D－1－G		规范波		
6	P－3D－1－S		实测波		
7	P－2D－2－G	第 2 组	规范波	二	参数的敏感性计算分析
8	P－2D－3－G	第 3 组			
9	P－2D－4－G	第 4 组			
10	P－2D－5－G	第 5 组			
11	P－2D－6－G	第 6 组			
12	P－2D－7－G	第 7 组			
13	P－2D－8－G	第 8 组			
14	P－2D－9－G	第 9 组			
15	P－2D－1－SL	第 1 组	实测波 0.28g		

7.3.3.4 二维有限元分析

二维动力反应分析各基本计算方案计算结果见表7.3-17。

表7.3-17 二维动力计算坝体反应(动力参数组合1)

方案编号	坝体内加速度反应				坝体残余变形/m	
	顺河向		竖直向		顺河向	竖向
	最大值/(m/s^2)	放大系数	最大值/(m/s^2)	放大系数		
P-2D-1-B	3.36	1.68	1.70	1.33	0.46	0.39
P-2D-1-G	2.44	1.22	1.60	1.20	0.45	0.33
P-2D-1-S	2.82	1.41	1.11	1.93	0.36	0.22

注 动力参数组合基于静力计算基本参数组合。

坝体动应力分析结论如下:

(1)从最大加速度放大系数等值线分布图可以看出，加速度反应在坝体内总体反应较弱，但在接近坝顶和堆渣内时有所放大。

(2)在覆盖层和排水带内加速度放大系数减小较快，特别是顺河向加速度放大系数，覆盖层和排水带起到了一定的减震作用。

(3)各种地震波作用下坝体内产生的残余变形整体较大;其中，坝址波引起的坝体残余变形最大，其次是规范波，实测波引起的坝体残余变形最小。

(4)由残余变形后的轮廓图可以看出，地震后坝体上游、库底和下游堆渣部位有较大的震陷。

(5)下游堆渣区的各种反应和库底堆渣内的竖向反应较大。

各种地震波作用下二维动力计算的面板应力和变形的最大值见表7.3-18。

表7.3-18 二维动力计算面板反应最大值(动力参数组合1)

方案编号	挠度/m	顺坡向应力/MPa		顺坡向应变/%	
		拉	压	拉	压
P-2D-1-B	0.67	9.02	3.37	1.35	0.42
P-2D-1-G	0.65	8.87	0.26	1.33	0.01
P-2D-1-S	0.50	7.71	1.93	1.15	0.22

由表7.3-18可以看出:

(1)在地震作用下面板挠度、顺坡向拉应力和和拉应变同原静力方案的计算结果相比均有较大的增加。

(2)在叠加地震所导致的面板挠度后，面板的总挠度分布较为均匀，最大拉应力和拉应变的最大值均发生在面板下部的反弧段，与静力计算发生的位置基本一致。

7.3.3.5 三维有限元分析

三维动力反应分析各基本计算方案计算结果见表7.3-19、表7.3-20。

表 7.3-19　三维动力计算坝体内反应（动力参数组合 1）

方案编号	加速度反应						坝体残余变形/m	
	坝轴线方向		顺河向		竖直向		顺河向	竖向
	最大值/(m/s²)	放大系数	最大值/(m/s²)	放大系数	最大值/(m/s²)	放大系数		
P-3D-1-B	2.99	1.56	1.86	0.93	1.61	1.26	0.43	0.31
P-3D-1-G	2.63	1.25	3.10	1.55	2.14	1.60	0.44	0.32
P-3D-1-S	1.94	1.87	2.50	1.25	1.66	2.90	0.36	0.22

表 7.3-20　三维动力计算面板反应最大值（动力参数组合 1）

方案编号	挠度/m	顺坡向应力/MPa		顺坡向应变/%	
		拉	压	拉	压
P-3D-1-B	0.61	7.78	2.40	0.96	0.52
P-3D-1-G	0.64	7.79	2.61	0.97	0.54
P-3D-1-S	0.50	6.94	2.90	0.86	0.34

由三维动力反应分析所得到的最大加速度放大系数在坝体剖面上的分布规律同二维计算基本相同，数值略大于二维计算成果。

7.3.3.6　参数敏感性分析

各方案坝体和面板反应的参数敏感性分析计算结果见表 7.3-21、表 7.3-22。

表 7.3-21　二维动力计算参数敏感性分析坝体反应

方案编号	坝体内加速度反应				坝体永久变形/m	
	顺河向		竖直向		顺河向	竖向
	最大值/(m/s²)	放大系数	最大值/(m/s²)	放大系数		
P-2D-1-G	2.44	1.22	1.60	1.20	0.45	0.33
P-2D-2-G	2.34	1.17	1.60	1.20	0.44	0.34
P-2D-3-G	2.50	1.25	1.59	1.19	0.45	0.36
P-2D-4-G	2.52	1.26	1.65	1.23	0.56	0.46
P-2D-5-G	2.28	1.14	1.59	1.19	0.47	0.33
P-2D-6-G	2.40	1.20	1.59	1.19	0.42	0.32
P-2D-7-G	2.22	1.11	1.61	1.21	0.40	0.30
P-2D-8-G	2.02	1.01	1.51	1.13	0.46	0.39
P-2D-9-G	2.30	1.15	1.80	1.35	0.26	0.22
P-2D-1-S	2.82	1.41	1.11	1.93	0.34	0.22
P-2D-1-SL	2.42	1.21	1.08	1.89	0.39	0.25

表 7.3-22　　二维参数敏感性分析动力计算面板反应最大值

方案编号	挠度/m	顺坡向应力/(MPa)		顺坡向应变/(%)	
		拉	压	拉	压
P-2D-1-G	0.65	8.87	0.26	1.33	0.01
P-2D-2-G	0.65	8.87	0.33	1.33	0.01
P-2D-3-G	0.65	8.91	0.65	1.33	0.04
P-2D-4-G	0.72	9.70	3.49	1.43	0.43
P-2D-5-G	0.62	8.71	0.31	1.30	0.04
P-2D-6-G	0.61	8.88	1.16	1.33	0.08
P-2D-7-G	0.59	8.85	1.47	1.32	0.21
P-2D-8-G	0.67	8.84	10.3	1.32	1.27
P-2D-9-G	0.41	8.42	1.52	0.84	0.14
P-2D-1-S	0.50	7.71	1.93	1.15	0.22
P-2D-1-SL	0.51	7.75	5.58	1.16	0.75

由表 7.3-21、表 7.3-22 可以看出：

(1) 面板模量参数 k_2 对坝体总体动力计算结果的影响不大。

(2) 材料残余体变指数 c_3 降低（残余体应变随应力水平增加而变大），坝体中的最大加速度放大系数和残余变形均有较大增加，面板最大挠度、顺坡向拉应力和压应力有所增加。

(3) 随着残余体变和残余剪应变系数 c_1 和 c_4 的降低，坝体的残余变形均有所减小，顺河向加速度放大系数稍有减少，竖直向加速度放大系数变化不大；面板挠度有所减小，顺坡向拉应力和拉应变几乎没有变化，顺坡向压应力稍有增加。

(4) 坝料的动剪模量参数降低后，坝体加速度放大系数有所减小，残余变形稍有增加，这与上述材料参数变化后坝体的整体刚度减小，动模量降低有关。

(5) 动剪模量的变化对面板挠度、顺坡向拉应力和拉应变的影响不大，顺坡向压应力和压应变有所增加。

(6) 材料静力参数对坝体和面板的动力反应有较大的影响，其原因是静力参数变化使得作为动力计算起点的静力状态发生了变化。

(7) 当输入地震波的峰值增大后，计算所得坝体的最大加速度放大系数有所减小，残余变形稍有增加，面板挠度和顺坡向拉应力拉应变变化不大，顺坡向压应力和压应变有所增加。

7.3.4　坝体有限元稳定分析

抗剪强度折减有限元法利用弹塑性有限元法求取边坡等土工结构物的整体安全系数。

7.3.4.1　计算条件

计算采用抗剪强度折减有限元法进行坝体边坡的二维和三维稳定分析，计算参数见表 7.3-23，其中主堆石料、次堆石料、覆盖层料、覆盖层料 2、垫层料、过渡料和排水层料七种坝料的强度参数 c' 和 φ' 根据大型三轴试验结果确定。

表 7.3-23 材料计算参数表

材料	c'/kPa	φ'/(°)	φ/(°)	E/MPa	ν	γ/(kN/m³)
主堆石料	136	38.3	13.3	79.8	0.3	21.4
次堆石料	83	34.4	9.4	57.1	0.3	20.6
覆盖层料	41	32.9	7.9	30.1	0.3	20.0
覆盖层料 2	39	31.7	6.7	22.3	0.3	20.0
垫层料	60	39.4	14.4	71.5	0.3	22.2
过渡料	62	38.7	13.7	71.0	0.3	21.9
排水带料	46	35.0	10.0	85.9	0.3	21.1
堆渣料	35	26.8	1.8	20.0	0.3	16.0
碾压堆渣料	21	32.3	7.3	25.0	0.3	20.6
上游铺盖黏土	89	23.0	0.0	26.4	0.3	21.0
面板沥青混凝土	300	35.0	10.0	1666.7	0.3	26.5

注 覆盖层料 2 为左岸坝基覆盖层料，含石量取 40%。

计算中未考虑地震的影响，计算剖面分 2 种情况：①考虑部分下游堆渣的影响，其具体采用的计算剖面与静力计算的剖面Ⅱ相同。②不考虑下游堆渣和下游碾压堆渣的影响，采用仅考虑坝体本身的计算剖面，以下称为计算剖面Ⅳ。

7.3.4.2 计算成果及分析

用抗剪强度折减有限元法进行边坡稳定分析的优点包括：不需假定潜在滑裂面的形状和位置，计算中能自动找出潜在的滑裂面；能考虑土与结构物的相互作用及塑性变形，因而能计算较复杂的边界及荷载条件，且能根据变形协调条件进行应力调整。

采用计及条块间作用力的计算方法时，正常运用条件下 1 级建筑物坝坡稳定最小安全系数为 1.50，两剖面计算均满足设计要求，见表 7.3-24。

表 7.3-24 稳定分析计算结果

剖面	安全系数	
	二维	三维
剖面Ⅱ（考虑下游碾压堆渣和部分堆渣）	1.86	2.05
剖面Ⅳ（不考虑下游碾压堆渣和部分堆渣）	1.76	1.87

7.4 主坝坝基开挖及地质缺陷处理

按照 DL/T 5395—2007 坝基处理一般要求，坝基处理应满足静力和动力稳定、允许沉降量和不均匀沉降量等方面的要求，保证坝安全运行。

坝基按要求开挖经检测合格后直接回填，不需要采取支护措施。

7.4.1 开挖原则

根据补充可研和招标设计研究的结果，坝基开挖标准为：

(1) 坝基开挖控制标准以干密度和基础含石量为主，要求整平碾压干密度不小于 2.0t/m³，同时控制基础含石量不少于30%后可进行填筑；变形模量检测和动力触探检测为辅。

(2) 碾压后基础探坑检测不满足要求（包括基础含石量小于30%）时，要求挖除，挖除范围不小于探坑面积的3倍，挖深2.0m。受基础探坑检测数量的限制，对于开挖过程中未有检测到的部位，若发现（一般目测）含石量低于30%和土质透镜体均应挖除，挖除后采用碎石含量不少于30%的碎石土换填并分层碾压密实，碾压后的干密度不小于 2.0t/m³。

(3) 冬季施工时，坝基开挖满足要求后，不能及时填筑的坝基，填筑时应清除表层厚 0.2～0.3m 的冻土层。

(4) 主坝左、右坝肩覆盖层台地，基础表面要自然顺坡，不得有倒坡和大的起伏，坡比不得陡于1：1.0。两岸坝肩下部反弧段基础沿坝轴线向开挖坡度按不陡于1：5与河槽段基础连接；其他部位开挖满足开挖坡的稳定即可。

(5) 左岸坝肩坝 0+000.00～坝 0+184.32 之间高程 725.00m 以上、右岸坝肩坝 0+413.66～坝 0+600.37 之间 715.00 以上基础清至基岩，其他部位基础清除覆盖层 3.0m，局部结合地形清基深度适当加大，对土质透镜体，基础含石量少于30%的覆盖层应予以挖除。

7.4.2 坝基处理检测项目及控制标准

(1) 干密度及颗分检测，检测频率为主堆石区坝基采用 50m×50m 网格布置，次堆石区 100m×100m 网格布置，基础开挖至建基面高程后，进行原位探坑试验，基础控制标准：碎石含量不得低于30%，碾压后的干密度不得低于 2.0t/m³，若还不满足要求，应予以挖除，范围不得小于探坑面积的3倍，挖深2.0m，并采用碎石含量不少于30%的碎石土进行换填，分层碾压密实。

(2) 变形模量检测，检测频率为左、右岸坝肩各一组，一组两个，检测布点选择在主堆区靠近上游趾板区域覆盖层较差的部位；控制标准为坝基排水带上部不小于35MPa；根据现场开挖实际状况，河床为密实冲洪积卵砾石层，右岸坝肩覆盖层部分胶结或半胶结，较致密，左岸坝肩基础覆盖层性质复杂，存在高压缩性土，因此现场取消右岸坝基变模检测，保留左岸坝基检测组数。

(3) 动力触探检测，参照《岩土工程勘察规范》（GB 50021—2001）的相关规定，动力触探检测标准击数按不小于20击控制，频度为主坝河槽部位主堆4个点，次堆4个点；左岸坝基主堆区和坝轴线转弯地段布置5个点；右坝基主堆转弯地段布置2个点；库区布置在风门口、靠近主坝坝肩、环库公路结合转弯地段共4个点；现场根据设计、监理指定，主坝坝基最终按主堆区检测13个点，次堆区检测4个点控制。

(4) 现场检测情况分析。根据现场动力触探检测结果，动力触探检测深度15.0m，最小11击，最大60击，一般在25～35击之间，平均31击。变形模量最小20.37 MPa，最大26.88MPa，平均23.6 MPa。鉴于坝基基础不同深度组成有一定差异，动力触探值也有一定差异，因此作为参考。根据现场地质情况，河床及右岸地基相对较好，含石量较高，且有胶结体，较差的地段主要为主坝左岸，因此坝基变形模量检测主要位于左岸，根据检测结果，个别基础较差地段变形模量略低，基本位于左岸的高压缩区一带，对高压缩区设计将其挖出换填，由于变形模量检测点数有限，重点对基础含石量偏低的覆盖层进行检测，因此变形模量检测仅作为参考。

根据上述情况，主坝坝基检测以干密度和基础含石量控制为主，变形模量检测和动力触探检测为辅。

7.4.3 坝基开挖

根据基础开挖现状及检测指标按开挖原则控制。

针对局部开挖揭露地质与原推测基岩线有出入处，基础开挖处理原则如下：

(1) 左坝肩（坝 0+000.00～坝 0+122.78 间）地质揭露存在两古冲沟（见相关地质描述），高程 725.00m 以上基础下挖 5～10.0m 仍不见基岩，因此现场开挖调整为：保留覆盖层在高程 770.00m 处留 3.0m 宽马道，以下按 1∶0.6 边坡开挖至高程 747.00m，高程 747.00 留 2.0m 宽马道，高程 747.00m 以下，按 1∶0.6 坡比开挖，开挖至穿坝排水廊道后按排水廊道要求开挖，非穿廊道基础段冲沟挖至高程 730.00m 以下按边坡 1∶1.0 控制。

(2) 左坝肩Ⅲ-2 区出现了高压缩性土，将其高程 715.00m 以上的高压缩性地层全部挖除，周边控制开挖坡比不陡于 1∶1.0，高程 715.00m 以下含石量增加、相对密实区域保留不再挖除，挖除区域采用土加石回填，要求含石量不小于 50%，控制压实度不小于 95%，干密度不小于 2.0t/m^3，回填至高程 730.00m 后改填主堆。

(3) 右坝肩按设计要求 715.00m 以上挖到基岩，现场揭露右坝肩高程 730.00m 以下部分覆盖层胶结较好，机械开挖比较困难，因此调整为：按设计要求清除表层覆盖层，边坡不陡于 1∶1.0 不再开挖。

(4) 坝肩在高程 730.00～729.60m 多为馒头组泥灰岩岩石坡，夹有部分页岩和灰岩，岩石互层，层面倾角小于 5°开挖过程中由于岩石层理的特性和风化破碎、页岩遇水崩解。出现大量高度 0.5～2.0m 灰岩岩石台阶。处理原则：台阶尖角距上游面板距离超过 15.0m 大致顺坡后直接填筑，否则应针对台阶进行顺坡开挖处理。

7.4.4 坝基探洞封堵

可研阶段在大坝两岸坝肩边坡上布置有两个探洞，左岸坝肩探洞底高程 736.00m，位于$\in_1 m^3$（馒三）地层，属灰黄色、灰绿色泥灰岩与灰黄色、黄绿色钙质页岩、泥岩互层。右岸坝肩探洞底高程 778.00m，位于$\in_1 mz^1$（毛庄一）地层，下部为紫红色含白云母砂质页岩，偶夹 1～2 层中厚层状泥灰岩、灰岩；上部为紫红色含白云母粉砂岩与鲕状灰岩互层。两探洞各深 71.00m，洞尺寸为 2.0m×2.0m。

探洞位于坝肩，不存在防渗问题，根据探洞上部岩体覆盖层厚度，确定距探洞洞口 10.0m 范围内回填 C15 素混凝土，其余部位不再处理。

7.4.5 坝肩岩体渗水处理

在主坝坝肩左岸穿坝排水廊道 0+880 上部岩体边坡，高程 745.00～750.00m 出现大面积地下渗水。为防止渗水进入坝体，在渗水附近设集水盲池，池壁顶高程 743.00m，宽 0.30m，池底基础坐于岩基，外坡 1∶0.2，内坡垂直，池壁采用 C15 混凝土，池内回填干摆石，干摆石采用库区开挖毛庄第二层灰岩，块石最小厚度不得小于 20cm，盲池池底埋设 2 根 $\phi100$ 的钢管并引向排水廊道，排水钢管进口用孔径 5mm 的钢丝网包扎以避免堵塞。

7.5 坝基排水

整个上水库的排水系统由以下几部分组成：坝坡、库岸的碎石排水垫层（即沥青混凝土下卧层）及库岸碎石层下部埋设 PVC 管；库底过渡层及过渡层内埋设塑料盲管、PVC 排水管；库底排水廊道；坝基（含坝后堆渣场）排水带；坝后堆渣坡脚排水棱体。

排水系统基本为两路：第一路为主坝坝体、主坝沥青混凝土面板下渗水、主坝坝肩渗水、库盆内基础渗水均通过坝基的排水带通向坝后堆渣场的排水带、排水棱体通向坝后东沟；第二路为库盆内所有库岸、库底及副坝上游渗水和地下水，其中库岸通过库岸碎石层下面的 PVC 排水管，库底部分通过排水管网汇集到库底排水廊道，然后由库底排水廊道穿过主坝排向坝后的东沟内，库底另一部分则直接通过库底的过渡料进入坝基的排水带由坝基排向坝后。

7.5.1 坝基排水带设计

坝 0＋071.00～坝 0＋568.38 范围基础全断面布设排水带料。其中主河槽坝 0＋265.86～0＋354.20 间主堆区排水带厚 4.0m，次堆区排水带厚 5.0m；坝 0＋071.00～坝 245.86、坝 0＋374.20～坝 0＋568.38 间排水带厚 2.0m，坝 0＋245.86～坝 0＋265.86、坝 0＋354.20～坝 0＋374.20 为渐变过渡带。

排水带粒径 5～200mm，渗透系数不小于 1cm/s（级配曲线见坝体分区设计），石料自距坝址约 25km 处的孟村和马村外购，非基岩基础排水带和覆盖层间设两道反滤层，分别为 0.50m 厚 4B（0.1～20mm）、0.50m 厚 4C（5～60mm），滤水保土，保护覆盖层细颗粒不被带至排水带层，增加基础沉降量。4C 料来自龟山料场灰岩料加工配制而成，4B 料来自孟庄外购。

坝脚在坝 0＋286.52～坝 0＋326.54 段设减压沟，沟底部高程 680.00m，底宽 5.0m，自下而上设 1.0m 厚 4B、1.0m 厚 4C，排水带料 3D、两层土工布、0.10m 厚中砂。

根据现场开挖和料源供应状况，坝基排水带在施工期做了如下调整：

（1）主堆区坝轴线桩号 0＋245.86～0＋374.20 坝基原 4.0m 厚排水带调整如下：坝上桩号 0＋000.00（坝轴线处）～坝上 0＋040.00 段排水带厚由 4.0m 渐变至 3.0m，坝上 0＋040.00～0＋045.00 段由 3.0m 渐变为 2.0m，坝上 0＋045.00 以上厚均为 2.0m。

（2）两岸坝坡高程 725.00 以上的排水带料（3D）优化为过渡料（3A），填筑碾压标准按过渡料（3A）执行。过渡料在非基岩基础和覆盖层间仍设两道反滤层，分别为 0.50m 厚 4B（0.1～20mm）、0.50m 厚 4C（5～60mm），滤水保土，保护覆盖层细颗粒不被带至排水带层，增加基础沉降量。

7.5.2 坝后堆渣场排水带及排水棱体设计

坝后堆渣场排水带上游与坝基减压沟连接、下游与排水棱体连接，将部分库区渗水、地下渗水、坝体渗水经排水棱体排至东沟。

排水带沿轴线长 280.19m，底宽 47.0～50.0m，两侧开挖边坡 1：1.0，基础开挖后要求采用 16～18t 振动碾碾压 8 遍。排水带综合坡比 7%，自下而上由 0.10m 厚中砂、两层土工布、5.0m厚排水带、两层土工布、0.10m厚中砂五层组成。排水带原设计要求采用粒径5～200mm的卵砾，渗透系数不小于1cm/s。土工布与大坝减压沟、下游排水棱体连接处，下层土工布深入减压沟、排水棱体下反滤料1.50m，上层土工布伸入大坝至坝下0+178.05m桩号，土工布技术要求见下表7.5-1。

表7.5-1　　土工布主要控制指标表

项　目		反滤土工布	备注
单位面积质量（布）/(g/m^2)		300	
厚度/mm		0.6～0.8	2kPa
抗拉强度/(kN/m)	纵向	≥14	5cm试样折算
	横向	≥14	
极限延伸率/%	纵向	≥60	
	横向	≥60	
梯形撕裂强度	纵向/kN	≥0.5	
	横向/(kN/m)	≥0.5	
CBR顶破/kN		≥1.5	
垂直渗透系数/(cm/s)		0.1	
等效孔径 O_{95}/mm		0.3	

上水库总渗漏量为14.9L/m^3，堆渣场计算排水量采用下式：

$$Q = kiA$$

式中　Q——排水量，m^3/s；

k——渗流系数，k=0.01m/s；

i——坡比，i=0.07；

A——计算宽度取47.0m，厚5.0m。

求得排水带排水能力为0.165m^3/s，满足设计要求。

堆石排水棱体位于坝后堆渣下游坡脚处，顶高程672.00m，高程665.0m以上上游坡与排水带以1∶1.5坡连接，下部以1∶1.0与基础覆盖层连接，与覆盖层接触面采用厚0.50m反滤料4B和厚0.50m反滤料4C过渡，滤水保土，保护覆盖层细颗粒不被带走。棱体下游坡1∶1.5，坡脚设1.0m×1.0m排水沟。

排水棱体堆石粒径100～400mm，基础坐于基岩。

根据现场开挖和料源供应状况，堆渣区排水带、排水堆石棱体施工期以设代通知型式调整如下：

（1）受现场料源影响，级配由原设计5～200mm调整为最大粒径500mm，小于5mm颗粒不大于10%，小于0.075mm颗粒不大于5%，其他要求不变。

（2）排水带厚度由原5.0m调整为4.0m。

（3）坝后堆渣排水带两侧开挖坡比由原设计1∶1.0调整为1∶0.5。

（4）排水棱体堆石粒径由原设计100～400mm调整为100～500mm。

7.5.3 坝肩边坡支护设计

主坝两个坝肩环库公路以上地层处于$\in_1 mz^2$（毛庄二）和$\in_1 mz^2$（徐庄组）地层。左岸坝肩有三个冲沟，右岸坝肩有一个冲沟。岩石地基边坡开挖坝顶以上岩石开挖边坡$\in_1 mz^2$（毛庄二）地层为1∶0.2，$\in_1 x^1$（徐庄组）页岩为1∶0.6，冲沟处的第四系覆盖层开挖边坡1∶1.0～1.5，一般每15m留一马道。

边坡开挖后，对整个边坡采用挂网喷混凝土支护（局部岩石比较完整地带素喷或不喷），支护参数岩石边坡为砂浆锚杆直径为ϕ22mm，间排距2.0m，锚杆长度一般3.5m，局部裂隙发育为5.0m，钢筋网片Φ6@150×150，喷C20混凝土厚0.1m，土质边坡锚杆长度为4.0m和5.0m两种间隔布置，局部钻孔困难改为自进式中空锚杆。

7.5.4 坝肩与库岸接合部冲沟回填处理

（1）处理说明及过渡层设计。主坝左岸坝肩和库岸接合部，右坝肩和库岸接合部分别有一冲沟。左坝肩冲沟底部平面最深60.0m，右岸冲沟平面最深50.0m，立面上形成V形。其中左岸冲沟未挖到基岩，右岸冲沟基本挖到基岩。由于两坝肩冲沟下切剧烈，在库岸接合部形成岩石陡坎，突变体形。根据坝体填筑断面设计两处冲沟采用主堆料回填，主堆料试验压缩模量100MPa，库岸基岩的变形模量均值为27.8GPa，两者变形模量相差较大，产生不均匀沉降有可能导致沥青混凝土面板在此处拉裂。

参照天荒坪抽水蓄能电站上水库工程经验：①沥青混凝土变形由沉降梯度控制，沉降梯度控制在1%以内，沥青混凝土护面可靠。②下卧层基础变模相差2倍以上，则须设过渡层，小于2倍不设过渡层。

上水库设计水位789.60m，沥青面板最低点高程742.95m，高差46.65m，计算时按50m考虑，相应作用于面板最大压强0.5MPa，要求沥青混凝土面板沉降小于1%并考虑2倍安全系数，假设库岸岩石边坡不可压缩，基础软硬相间坡比根据上水库冲沟现场出露状况按1∶0.5，则满足基础软硬相间处沥青混凝土面板的沉降梯度的最小压缩模量模应大于200MPa，回填的主堆料弹模为100MPa，因此设过渡层。

处理原则：半挖半填过渡，垂直面板向接坡坡比按不陡于1∶3.5控制，水平坡比1∶2.5，过渡填筑材料采用半刚性的干贫混凝土（水泥稳定碎石）。

（2）干贫混凝土（水泥稳定碎石）技术要求。水泥稳定碎石集料最大粒径31.5mm，含泥量小于5%，级配范围参照《公路沥青路面设计规范》（JTJ 014—97）中表5.1.4-1基层的要求，水泥用量4%～6%，现场经试验后确定每方水泥稳定碎石掺水泥90kg，分层碾压厚度不大于40cm，压实度不小于98%，7天无侧限抗压强度不小于4MPa，骨料其他技术要求参照高级公路和一级公路水泥稳定类基层料的设计技术指标。

水泥稳定碎石进行现场碾压试验，确定达到设计填筑标准的碾压设备、碾压遍数、行车速度、铺料厚度、水泥掺量等碾压最优机械参数和碾压施工参数技术指标。

7.6 坝后堆渣场

7.6.1 坝后堆渣场布置

坝后堆渣场布置在主坝下游，高程768.00m、740.00m各设一平台，其中高程768.00m平台宽80.0m，长约350.0m；高程740.00m平台宽93.0m，长约260.0m。堆渣下游坡1∶2.5，25.0m设一道马道，马道宽5.0m，下游边坡采用浆砌片石骨架衬砌，骨架内绿色植被绿化。堆渣场下游坡脚设堆石排水棱体，棱体顶高程672.00m。

堆渣场近坝体10.0m厚范围内要求分层碾压，层厚10.0m，其他部位不要求碾压。

坝后堆渣场设计容量323万m^3，实际容量约340万m^3，多出部分堆存在768.00m平台紧靠右岸下游坝坡侧，高程791.00m、780.00m各设一道平台，边坡1∶2.0，采用菱浆砌片石骨架护坡，具体布置详见相关图纸。

7.6.2 坝后堆渣场坡面护砌及排水设计

坝后堆渣场坡面采用菱形格浆砌片石骨架衬砌，骨架中到中尺寸为4.95m×4.95m，骨架节点设10mm×10mm泄水孔，排水孔埋深0.50m，骨架内植被绿化。每个块片石护坡单元宽13.50m，每单元设一道0.60m宽人行台阶，两单元间设2cm宽伸缩缝。

坝后堆渣场每一级马道上设排水沟，每一级排水沟都和坝后堆渣场主排水沟相连。排水沟采用浆砌石结构，断面尺寸为0.5m×0.5m。

7.7 料源平衡

7.7.1 料场情况及评价

上水库主坝的主堆、垫层、过渡层、反滤料、排水带以及其他建筑物的混凝土骨料、沥青混凝土骨料约268万m^3骨料（需自然方约241万m^3）均从龟山料取料。龟山料场为一大型古滑坡体，位于狼山西端，宝泉抽水蓄能电站引水发电系统下水库进/出水口的上方。滑坡体北部以F14断层为切割边界，东部以寒武系馒头组、毛庄组、徐庄组中的挠曲为边界，西部及南部至峪河岸边。东西长550～800m，南北宽260～350m，滑坡体最大厚度210m，平均厚约110m，体积约2100万m^3。西部及南部向峪河方向（下库）临空，形成悬崖峭壁，高达150m。

滑坡体岩性以张夏组灰岩、白云岩为主，主要地层岩性自西向东依次为馒头组泥灰岩；毛庄组粉砂岩、页岩和灰岩；徐庄组页岩、灰岩与砂岩互层；张夏组灰岩、白云岩。除北部表层及局部岩石较破碎，灰岩表层已钙质胶结外，其余基本保持原岩结构。滑坡体总体表现为向东及北东倾斜的单斜构造。

在龟山滑坡体南侧，沿汝阳群石英砂岩顶面、馒头组泥灰岩及滑带中有泉水出露，其流量一般0.7～1.2L/s，雨季最大3～5L/s，冬春季节有时出现断流。泉水出露高程638.00m。

料场开采古滑坡体上部，一方面有利于古滑坡体的稳定，另一方面可作为上水库大坝及库区堆石料、垫层料、过渡料、反滤料及混凝土人工骨料等。由于工程区域附近缺乏天然砂砾料场，以上所需的各级配料经人工砂石系统加工而成。该滑坡体地形上缓下陡，植被发育，坡积物少，地下水埋深在高程700.00m以下。龟山古滑坡体为推移式滑坡，若开挖滑坡体后缘出露位置较高、势能较大的下滑区岩体，可有效地提高龟山古滑坡体的稳定性，同时开挖的岩石可用作上水库大坝及库区堆石料。经计算，龟山滑坡体开挖至高程800.00m时，开挖方量可满足工程量的要求。开挖卸载方式采取等高程自上而下逐层开挖方案。

龟山料场地层岩性主要为张夏组中厚层、厚层状鲕状灰岩、白云质灰岩以及白云岩。

岩石抗风化能力强，基本上为微风化至新鲜岩石，但由于龟山的整体滑动，滑体内裂隙发育，尤其是后缘拉裂带岩体破碎，破碎岩体之间充填有淋滤作用析出的钙质、泥和岩屑，根据前期料场GZK1和GZK2两个钻孔的RQD统计情况，滑坡体后缘岩体破碎严重。位于滑坡体后缘高程842.00m的PD12探洞地质情况揭示，0～57m为灰色灰岩，产状杂乱，局部有架空现象和滴水，岩块多呈棱角～次棱角状，岩块之间一般呈接触式钙质胶结或填充碎石、岩屑与灰白、灰黄色的钙泥质混杂物，胶结，填充不密实，岩石块度大小不均一，块度20～50cm的约占50%～60%，大于50cm约占30%，其余小于10cm；57～61m为灰色灰岩、白云质灰岩，岩体破碎，产状杂乱，岩块多呈棱角～次棱角状，局部有架空和滴水现象，岩块之间一般呈接触式钙质胶结或少量灰黄色泥质充填，岩石块度较小，一般为5～10cm，约占60%，其他为块度小于5cm的碎石；61～75m为灰色灰岩，产状杂乱，岩体较完整，节理稍发育，裂隙面有白色或浅黄色次生方解石附着或充填，岩石块度较大，个别块度大于80cm，块度在20～50cm约占70%以上；75～80m为灰色灰岩、白云质灰岩，产状凌乱，局部岩体较破碎，并有架空现象，岩石裂隙面有钙质附着，岩块之间局部有碎石、岩屑和泥充填，岩石块度10～30cm约占60%～70%；80～110m为灰色灰岩，产状杂乱，岩体较完整，节理稍发育，延伸长，局部有架空现象，架空处岩体较破碎，裂隙面一般有钙质或灰白、灰黄色钙泥质混杂物充填或次生方解石充填，岩石块度较大，一般大于1m，最大块度超过3m，其中109m处发育有一拉裂缝，裂缝走向290°，倾向SW，倾角85°，宽度最大达2m，上下贯通，岩体较破碎，拉裂面有钙质及灰黄色泥质附着，掘进过程中，该处空气质量明显改善，龟山顶部施工噪音能够传到洞内，而且有滴水现象，初步分析，该裂缝可能延伸到地表；110～125m为灰色灰岩、白云质灰岩，产状杂乱，但岩体相对完整，岩块之间充填有钙质及灰黄色泥钙质混杂物或次生方解石，岩体局部呈整体块状；125～134m左壁钙质胶结，充填有灰岩岩块，块度较小，一般10～30cm，层理发育，厚度3～5cm，层理面光滑，洞顶和左壁钙质胶结，岩石破碎，大小不一，其中块度3～5cm约占70%～80%，岩石利用率低。

根据目前已有地质资料分析，龟山料场岩体相对破碎，尤其是滑坡体后缘部分，粒径10～30cm较多，局部较完整，少部分块度小于10cm，破碎岩石之间有白色、灰黄色和灰白色方解石、钙泥质混杂物附着或充填，局部有架空现象或滴水。但中前部相对完整，可利用率较高。根据承包商对料场高程800.00m以上覆盖层已完成剥离，覆盖层以下有约4～5m厚的破碎岩体，灰岩多呈棱角状，钙质胶结溶洞及架空孔洞较多，探洞洞壁有淋滤钙质薄壳，厚度不等，局部有泥钙质胶结。剥离揭示的地质情况与前期勘探资料基本一致，综合分析，开挖过程中由于岩体破碎，可能会造成弃料的增加，增加开采量，但由于滑坡体高程700.00m以上皆为张夏组厚层、巨厚层鲕状灰岩、白云质灰岩，因此，储量上能满足施工要求。

前期曾对岩石的物理力学试验进行过多组试验，岩石的密度、湿抗压强度、软化系数、冻融损失率均能满足块石料质量技术要求。本次料场复查，又对岩石进行了物理力学试验，试验结果见表7.7-1、表7.7-2。

根据试验资料：饱和密度最小为2.59g/cm^3，最大为2.87g/cm^3；干密度最小为2.57g/cm^3，最大为2.86g/cm^3；石料的干抗压强度最小为31.4MPa，最大为181.2 MPa；饱和抗

表 7.7-1　　亀山料场岩石物理力学试验指标汇总表（复查）

试验指标		吸水率/%	饱水率/%	饱水系数	块体密度/(g/cm³)			颗粒密度/(g/cm³)	孔隙率/%	抗压强度/MPa		软化系数
					自然	干	饱和			干	饱和	
规程标准						>2.4					>40	>0.8
灰岩	组数	24	24	24	24	24	24	8	8	21	24	5
	范围值	0.16～0.38	0.24～0.45	0.69～0.91	2.69～2.84	2.69～2.83	2.70～2.84	2.76～2.88	1.75～2.53	31.4～177	34.0～134	0.57～0.93
	平均值	0.29	0.35	0.81	2.79	2.78	2.79	2.84	2.16	92.4	71.6	0.82
白云岩	组数	10	10	4	14	14	14	4	4	8	12	3
	范围值	0.20～0.56	0.26～0.64	0.72～0.90	2.67～2.84	2.66～2.83	2.68～2.84	2.76～2.87	1.74～3.61	33.9～177	26.2～104	0.67～0.92
	平均值	0.31	0.37	0.82	2.76	2.75	2.76	2.82	2.32	98.7	60.9	0.81
综合平均值		0.30	0.36	0.82	2.78	2.77	2.78	2.83	2.24	95.6	66.3	0.82

表 7.7-2　　亀山料场基底胶结物物理力学试验指标汇总表

试验指标		吸水率/%	饱水率/%	饱水系数	块体密度/(g/cm³)			颗粒密度/(g/cm³)	孔隙率/%	抗压强度/MPa		软化系数
					自然	干	饱和			干	饱和	
基底胶结物	组数	24	24	24	24	24	24	8	8	24	24	5
	范围值	0.63～2.29	0.71～2.38	0.90～0.96	2.60～2.75	2.57～2.73	2.60～2.75	2.68～2.75	2.54～6.72	49.1～126	12.8～60.2	
	平均值	0.96	1.02	0.93	2.66	2.65	2.68	2.73	3.36	77.9	33.5	0.43

压强度最小为 26.2MPa，最大为 202.5MPa；岩石的冻融抗压强度最小为 26.5MPa，最大为 138.6MPa，岩石抗风化能力强，基本符合建筑冻融抗压强度的要求。通过复查，进一步说明龟山滑坡体石料场完整岩石质量满足大坝及库区石料的技术需求。

由于龟山料场分布有角砾岩，考虑施工规模和强度，完全分拣的可能性不大，角砾岩能否作为主堆料源，必须通过试验验证，因此对角砾岩的基底胶结物进行了物理力学试验，共计 48 个试件，其中干、湿抗压强度各占 24 个试件，结果见表 7.7-1、表 7.7-2。

试验指标表明，角砾岩整体强度上属中硬岩石，但软化系数偏低，岩石的抗风化能力、耐水浸能力较差，属易软化岩石；从水理性质上看，吸水率、饱水率较高，饱水系数 0.92～0.94，属于抗冻性能较差的岩石。综上考虑，此类岩石不宜用作反滤料、排水料以及混凝土骨料等高质量料。由于试验样品取料位置大多位于滑坡体表层，部分样品有一定程度的风化。随着对龟山料场开挖高程的下移，角砾岩的胶结程度及物理力学性质会有所改变。2005 年 10 月经过进一步的试验和论证，龟山石料可以满足垫层料、反滤料及混凝土骨料的质量要求，而沥青混凝土骨料由于质量要求较高，当时的龟山料虽然好转，暂未有考虑取用，而考虑采用流水沟料场灰岩。随着龟山料开采高程的再一次下降，2006 年 12 月又开展了龟山料做沥青骨料的配合比复核试验，根据试验结果龟山料主要的鲕状灰岩、白云质灰岩（包括部分角砾岩）也可作为沥青混凝土骨料使用。但由于龟山料场鲕状灰岩和白云质灰岩在开采时容易和泥质岩一些软岩混掺，实际使用比较困难，因此虽然经过试验证明龟山料场的灰岩料可以用于沥青混凝土骨料，但实际很少采用，而主要依流水沟料场的灰岩料为主。

滑坡体高程 700.00m 以上皆为张夏组厚层、巨厚层状鲕状灰岩、白云质灰岩，因此，理论上高程 700.00m 以上皆可开采，该高程以上储量为 1237.4 万 m^3，高程 770.00m 以上总储量 487.4 万 m^3，高程 800.00m 以上总储量大于 250 万 m^3。经计算，卸载高程为 800.00m 时，即可满足开挖工程量的要求，但在开挖过程中由于岩体破碎，可能会造成弃料的增加，增加开采量，因此承包人在施工组织设计中，应当考虑施工道路下移的可能性。在开挖过程中，破碎岩石之间的白色、灰黄色和灰白色方解石、钙泥质混杂物由于物理力学指标相对较低，并且容易引起蚀变，应当尽量清除。

7.7.2 招标阶段料源平衡

招标阶段上水库料源平衡规划中堆石料（主堆、垫层、过渡层、反滤料、排水带）、骨料（混凝土及沥青混凝土骨料）约 268 万 m^3 从龟山料场取料，根据可行性研究地质分析成果，龟山料场总储量为 2400 万 m^3，高程 800.00m 以上可提供 250 万 m^3（自然方）灰岩，质量满足设计要求。

次堆和库底填渣约 256.5 万 m^3（需自然方约 211 万 m^3），采用库区和坝基开挖的石料填筑，全库计算开挖石方 230 万 m^3（自然方），满足库底填渣和次堆的填筑需要。

库区开挖石方主要由灰岩、页岩和泥灰岩组成，根据可行性研究地质分析成果，库内岩石为硬岩，可以满足大坝及库区填筑的要求。

7.7.3 施工阶段料源平衡

实际实施时，沥青混凝土骨料主要来自流水沟料场＋庞冯营料场灰岩（奥陶系）外购。混凝土骨料、4B 反滤料、部分垫层料由于受现场高质量收集、周转料场及库区毛庄

2组岩石开采、砂石料加工系统等各方面施工干扰及限制，采用外购。

7.7.4 施工图阶段料源平衡优化

由于库区毛庄2组岩石裂隙发育，局部有夹泥，且用料与开挖进度不匹配，周转料场占压库区开挖工作面，实际施工时库区毛庄2组岩石收集使用率很低，室内实验显示毛庄2组石灰岩加工混凝土骨料针片状含量大于15%，不满足设计要求。如动用备用料场寺沟，无用层剥离量较大。

随着对龟山料场进一步开挖，岩石风化程度减弱、角砾岩含量减少，为此设计针对龟山料场灰岩、白云岩、胶砾岩进行分组、混参物性试验。

7.7.5 垫层料、反滤4B、4C料试验

垫层料进行了现场碾压试验、渗透试验、击实试验、固结试验、三轴压缩试验、洛杉矶试验；试验结果显示龟山100%角砾岩和30%角砾岩+70%灰岩两类均满足设计要求。

反滤4C料进行了现场碾压试验，试验目的为检验试验石料碾压前后二次破碎情况，要求碾压后石料级配落在设计级配包络线范围内，试件为角砾含量约30%，试验结果显示龟山30%角砾岩+70%灰岩两类均满足设计要求。

反滤4B料进行了现场碾压试验、渗透试验、击实试验，试验目的是对比用龟山料场角砾岩含量约30%的原料加工的反滤料碾压前后二次破碎情况和渗透系数的变化，要求碾压后石料级配落在设计级配包络线范围内、渗透系数满足设计要求，试件为角砾含量约30%，试验结果显示龟山30%角砾岩+70%灰岩两类均满足设计要求。

7.7.6 普通混凝土骨料试验

普通混凝土骨料依据《水利水电工程天然建筑材料勘察规程》(SL 251—2000)、《水工混凝土砂石骨料试验规程》(DL/T 5151—2001)、《水工混凝土试验规程》(DL/T5150—2001)、《水工钢筋混凝土结构设计规范》(SDJ 20—78)，试验项目有粗、细骨料质量检验，混凝土标准试块抗压、抗渗、抗冻性能试验，试件类别有100%灰岩，30%角砾岩+70%灰岩、100%角砾岩加工的骨料各一组，取样数按有关规范执行，试验结果显示龟山30%角砾岩+70%灰岩、100%角砾岩、100%灰岩均满足设计要求。

7.8 主坝观测资料分析

7.8.1 主坝表面变形

为监测上水库主坝坝体外部变形情况，在上水库主坝坝顶防浪墙、坝顶防护墙、高程768.00m观测房顶及平台、高程740.00m平台、高程725.00m马道共布置了29个位移测点，仪器编号为D1-34～D1-63。

7.8.1.1 坝体表面沉降

从沉降量来看，2012年5月19日大坝表面各测点的沉降量约在5.4～74.1mm；2011年再次蓄水后水位较高，上升较快，沉降速率较快，平均沉降速率约在-4.9～48.1mm/年，2012年5月19日沉降量与安鉴时（2011年9月）相比，沉降量最大增加量为12.2mm，平均速率1.5mm/月，多数测点沉降变幅在5mm以内，总体上2012年沉降速率与2011年相比有减小趋势。

历史最大沉降量为74.6mm，发生在2012年4月18日D1-59测点；历史最大上抬

量为－1.7mm，发生在2008年7月16日D1－41测点，上抬量很小。

7.8.1.2 主坝表面顺河向水平位移

从位移量来看，2012年5月19日大坝表面各测点顺河向位移量约在－27.9～33.0mm，向上游位移最大量27.9mm发生在D1－46测点，观测日期2012年3月19日，向下游位移最大量33.0mm发生在D1－61测点，观测日期2012年2月1日，历史最大位移量均发生在近期，表明上库在目前蓄水期间，仍在向上、下游发生位移，2012年5月19日顺河向水平量与安鉴时（2011年9月）相比，最大变幅是－7.2mm，平均速率0.9mm/月，因2012年上库正常蓄水位在780.00m以下，从过程线上可以看出2012年顺河向位移速率与2011年相比有减小趋势。

2012年5月19日测值以坝顶、768.00m平台为界，坝顶防浪墙、坝顶防护墙和768.00m平台前排测点表现为向上游位移，其中防护墙位移量相对较大；768.00m平台下排、740.00m平台、725.00m马道上的测点绝大部分表现为向下游位移，其中以725.00m马道上测点向下游位移量值相对较大。分析主要为受堆石及块石堆渣沉降的侧膨胀效应影响所致，变形正常。

7.8.1.3 主坝表面坝轴向水平位移

从位移量来看，2012年5月19日大坝表面各测点坝轴向位移量约在－26.4～17.9mm，向左岸位移最大量17.9mm发生在D1－58测点，向右岸位移最大量27.2mm发生在D1－48测点。历史向左岸最大位移量为19.5mm，发生在2012年3月19日D1－44测点；历史向右岸最大位移量为27.2mm，发生在2012年5月5日D1－48测点，2012年5月19日位移量与安鉴时（2011年9月）相比最大变幅为－7.9mm，平均变化速率1mm/月，位移速率较小。

从目前测值可以看出，绝大部分测点位移表现为向中间位移，即右侧向左岸位移、左侧向右岸位移。安鉴后各测点位移量均很小。

7.8.2 主坝内部变形

主坝坝体内部沉降主要通过安装在坝体内的固定式水平测斜仪和振弦式沉降仪来监测。

7.8.2.1 主坝坝体内部沉降

由于主、次堆石区填筑材料的不同，导致主、次堆石区的沉降量相差较大，次堆石区沉降较大。

从坝体沉降量来看，2012年5月27日大坝堆石体内高程769.30m各测点的沉降量约在606～20mm，最大沉降615mm发生在B－B（桩号0＋306.00）断面的CS1－2－04测点。初蓄期平均沉降速率约在145～4mm/年。2008年4月主坝坝顶施工结束后，沉降量发生最大部位是坝0＋374.20断面，最大沉降为325mm，从2008年4月至2009年4月期间，坝0＋306.00断面实测沉降量以35mm/月的速率增加，2009年5月以后沉降变化速率较小，并逐渐趋于稳定。2011年蓄水后，上水库处于运行阶段，观测成果显示各断面在运行后沉降量有少量增加，总体上测点沉降速率在0～5mm/月，从整体上看大坝内部沉降变形逐渐趋于稳定。

坝体填筑速度及上覆堆石厚度对坝体沉降变化有较大的影响，两者相关性较好，在固定式水平测斜仪埋设初期，随着主坝填筑快速上升，坝体沉降值也增大较快，从测斜仪监测成果上看施工期最大沉降值为 1074mm，发生在主坝 0＋245.86 断面高程 740.00m 的 13 号测点。目前将上水库主坝坝后高程 768.00m 平台钢管标沉降纳入水平固定测斜仪计算，将水平固定测斜仪坝体内部相对沉降转换为绝对沉降，目前最大累计沉降量为 1017.5mm，未超过历史最值。目前主坝 0＋305.40 断面沉降量月变化速率在 0.8～5.9mm/月，主坝 0＋247.01 断面近期未出现沉降趋势，主坝 0＋307.15 断面沉降量与月变化速率在 0.3～2.3mm。从累计观测资料中可以看出在 2007 年 3 月大坝填筑基本结束后，主坝坝体内部沉降变形虽然仍然发生，但是变形速率已经非常缓慢，符合堆石坝流变变形规律。从固定式水平测斜仪近期沉降过程线及分布图可以看出：各断面测点的实测沉降值变化较小，主坝坝体内部沉降基本趋于稳定。

7.8.2.2 主坝坝体内部水平位移

主坝坝体内部水平位移主要通过安装在坝体内的土体位移计来监测。

（1）从位移量来看，2012 年 5 月 27 日坝体内部顺河向相对位移量约在 161.92（SR1-4-19）～－11.76mm（SR1-3-10）；历史向下游最大位移量在 175.03～0.98mm，历史向上游最大位移量在－34.15～0.74mm，最大年变幅为 SR1-4-19 测点在 2006 年的 139.93mm。从 2012 年监测成果中可以看出，坝体端点位移量相对变化较大，但测值变化均在 1.5mm/月以内，位移变化多为负值。

（2）从位移分布图看，同条测线大部分相邻测点间上下游位移变化较一致，个别测点 SR1-3-09 与 SR1-3-10、SR1-5-09 与 SR1-5-10、SR1-6-06 与 SR1-6-07、SR1-4-18 与 SR1-4-19 间位移变化差异性稍大。

SR1-2、SR1-4 的测点越靠下游，向下游位移量值越大；越靠近上游，向下游位移相对减少，规律正常。SR1-1、SR1-3 所有测点，越靠近下游，向上游位移量越大；SR1-5、SR1-6 表现为中间部位的测点向下游位移量越大，规律异常，分析认为主要是仪器误差问题。

根据所述，坝体内部水平位移各测点均为相对于上游固定端的位移，实际上固定端是个动点，表现出分布规律异常，不合常规堆石坝一般规律，同时也可看出与内部沉降相似，上游主堆石区变形与下游次堆石区存在较大差别。

7.8.3 主坝坝基及坝体渗压

为监测坝基渗流情况，在主坝坝基安装埋设了 27 支坝基渗压计，在主坝坝体不同高程及沥青混凝土面板下埋设了共 27 支渗压计。

坝基除 P1-127 外，渗压计测得的历史坝基渗压水头测值最大值在 0.01～0.96m（P1-106）之间，主要发生在各年度的 2 月；最小值为 0，表明无渗压。2012 年 5 月 29 日坝基渗压水头测值基本为 0。从量值上看，坝基的渗压总体较小。

P1-127 位于桩号坝 0＋306.00、坝下 0＋188.00、基础面以下 0.4m，处在坝后最远坡脚、山坡坡底位置，2012 年 5 月 29 日测值为 0，历史最大渗压水头为 3.80m（2006 年 7 月 15 日）。结合过程线看，P1-127 的测值受山体来水或降雨影响较大，在少雨季节则无渗压，表明此处坝基渗压正常，坝基排水通畅。

除 P1-98 以外，2012 年 5 月 29 日坝体渗压水头测值在 0～0.46m（P1-151）之间。

目前坝体个别测点有渗压水头，测点编号为 P1－100、P1－151，在后续观测中继续注意其变化。

综合上述，上水库主坝建成后，各项观测资料表明主坝运行正常，观测值均在设计允许之内，坝体是安全的。但下一步还需加强观测，一旦出现异常现象，应及时进行分析，必要时采取暂停蓄水放空水库进行检查等措施。

8 浆砌石副坝坝体及防渗结构研究

8.1 副坝布置及坝体结构

8.1.1 副坝平面布置

副坝布置在距主坝上游约760m处，为浆砌石重力坝，主要拦截库尾东沟上游固体径流并设置排水洞宣泄东沟洪水。副坝由非溢流坝段、溢流坝段组成。副坝坝址处右岸陡峻，岩石裸露，右岸坡缓，坡积物较厚。排水洞布置在右岸副坝上游距坝轴线约48m，布置上既要考虑开挖工程量较小，又要兼顾排水洞的布置及安全运行。综合以上各方面因素，溢流坝段布置在河床中部靠左岸，非溢流坝段布置在两岸。坝轴线为一字形，并与河流方向基本垂直。副坝坝轴线方位角NE54.43°，坝轴线控制坐标（独立坐标系）：

坝左 E 点：$X=3928580.867$，$Y=453327.759$

坝右 F 点：$X=3928365.650$，$Y=453026.792$

副坝最大坝高36.9m（施工期由于坝基覆盖层深槽向下挖6m，最大坝高修改为42.9m），坝顶高程791.90m，坝顶长度196.46m，坝顶宽度8.0m，临库侧770.00m以上为直坡，以下为1∶0.2的坡，背库侧坡比1∶0.7。副坝临库侧坝顶以下，背库侧771.50m以下均设有厚1.0m的钢筋混凝土防渗面板，防渗面板溢流坝段分缝宽度11.0m，其他坝段分缝宽度12.0m。

副坝在中间设有5孔开敞式溢流坝段，溢流坝段长66.0m，单孔宽12.0m，溢流坝采用台阶消能，台阶高度0.5～0.8m，台阶宽度0.35～2.0m，堰顶为WES曲线，堰顶高程789.60m，溢流坝上部设有空心板交通桥，溢流坝侧墙厚1.0m，侧墙高3.0m。溢流坝主要向东沟上游方向排泄库盆多余剩水。

副坝靠东沟上游溢流坝下，靠近自流排水洞口处设有消力池，消力池和溢流坝同宽，消力池底板高程759.00m，靠左坝肩侧长20.0m，靠右坝肩侧长30.0m，平均长25.0m。消力池底部高程759.00m，底板厚0.8m。消力池两侧侧墙顶部高程768.50m，侧墙厚1.0m，侧墙上部边坡自然边坡进行规整削坡，并挂网喷锚支护。

8.1.2 坝顶高程确定

坝高计算按照《砌石坝设计规范》（SL 25—2006）、《混凝土重力坝设计规范》（DL 5108—1999）进行。

坝顶高程计算见表8.1-1，计算副坝坝顶高程为790.54m，考虑与环库公路连接，仍取可研阶段实际采用的坝顶高程为791.90m。设计洪水位为控制工况，坝顶高程790.54m，防浪墙顶部高程791.74m。低于原补充可研设计坝顶高程791.90m（防浪墙顶高程792.10m），满足设计要求。本次考虑与环库公路连接，仍取坝顶高程为791.90m，考虑人行安全，临库侧坝顶做高 0.8m，厚 0.25m 的混凝土防浪墙，墙顶高程 792.80m。墙顶做高 0.3m 的钢管栏杆，坝顶宽度 8m。

表 8.1-1　　坝顶高程计算表　　单位：m

工况	水位	Δh			防浪墙顶高程	坝顶高程
		$h_{1\%}$	H_z	h_c		
正常蓄水位	789.60	0.74	0.18	0.7	791.22	790.02
设计洪水位	790.12	0.74	0.18	0.7	791.74	790.54
校核洪水位	790.23	0.48	0.12	0.5	791.33	790.13

注　表中防浪墙高按 1.2m 计算。

8.1.3　筑坝材料分区

坝址区多年平均气温 14℃，最冷月平均气温－0.9℃，最低气温－18.3℃，最高气温 43.0℃，多年平均降雨量 610.9mm，属温和地区。

大坝除在基础垫层、下游混凝土防渗板、溢流面、导墙和坝顶细部结构、廊道等采用常态混凝土外，其余部位均采用浆砌石。坝体混凝土除满足设计强度指标外，还应具有足够的抗渗、抗冻、抗冲刷等性能指标。因坝体各部位混凝土工作环境不同，故将坝体按其工作条件分区，分别提出混凝土的各项性能指标，达到既满足强度要求又节省材料的目的。根据坝体各部位混凝土工作条件不同等情况，应分别满足相应的抗渗、抗冻等性能指标。坝体材料分区见表 8.1-2。

表 8.1-2　　坝体材料分区表

部　位	材　料　标　号
副坝基础混凝土垫层	C15
临库侧混凝土防渗面板	C25、W6 F200（掺进口优质聚丙烯纤维）
背库侧混凝土防渗面板	C25、W4 F200（掺进口优质聚丙烯纤维）
溢流面层混凝土	C25、W4 F200（掺进口优质聚丙烯纤维）
溢流面侧墙混凝土	C25、W4 F200（掺进口优质聚丙烯纤维）
梁板结构混凝土	C25
廊道及坝顶细部混凝土	C25
坝体	C15 细石混凝土砌 600 号块石（施工期高程 782.00m 以上为 C15 混凝土、高程 773.00～779.00m 为 C15 堆石混凝土）
背库侧高程 771.50m 以上坝体护面	C15 细石混凝土砌 600 号粗料石（施工期改为 C15 混凝土）
坝顶路面混凝土	弯拉强度 5MPa

8.1.4　坝体防渗结构设计

（1）廊道系统布置。根据副坝基础排水、坝体排水及坝体原型观测布置的需要，在坝体内部设置一层廊道，河床廊道底板高程 757.00m，经斜坡上至高程 785.00m 高程，通过横向廊道与坝外交通连接。廊道下游面距坝面 3.0m，断面形状为城门洞形，结构尺寸

2.2m×3.0m。在廊道底板上、下游侧设20cm×20cm排水沟一道，排水沟和廊道集水井连接。

廊道经结构计算配置单层钢筋，受力筋Φ22@200，分布筋Φ16@200。

（2）止水系统布置。副坝上、下游坝面采用混凝土面板防渗，临库侧面板分缝宽度溢流坝段为11.0m，其他为12.0m，采用两道止水，第一道采用厚1.4mm紫铜止水片，止水片距上游坝面30cm，止水片每一侧埋入混凝土内的长度为20cm，第二道采用651型橡胶止水带止水，距紫铜止水片40cm。背库侧防渗板分缝宽度一般12.0m，采用一道紫铜片止水。

挡水坝段临库侧止水片下部埋入上游坝基面以下止水槽内（槽深50cm），上部至坝（堰）顶或防浪墙顶，背库侧止水片上部至高程771.50m，下部埋入下游坝基面以下止水槽内（槽深50cm）。溢流坝段临库侧止水片下部埋入坝基以下止水槽内50cm，上部至溢流堰顶30cm，并沿溢流面向下埋入下游坝基面以下50cm形成封闭止水系统。

（3）副坝坝体排水系统布置。根据上堵下排的原则，在坝上0+003.075设置一排坝体垂直排水孔，排水管下端通到排水廊道，上部非溢流坝段到坝顶（高程791.40m），溢流坝至堰顶混凝土下部（高程784.4m）。排水管采用无砂混凝土管，间距为3.0m，孔径200mm。坝内渗水通过廊道排水沟，进入集水井然后通过排水钢管排入库底排水廊道内。

（4）溢流坝及交通桥布置。溢流坝布置在副坝东沟河床中部，采用无闸门控制，溢流坝段长66.0m，共设5孔，单孔宽12.0m，堰顶高程789.60m。溢流坝堰面为WES曲线，堰面曲线方程为$Y=0.255806X^{1.85}$，堰顶上游采用三圆弧曲线与上游垂直坝面连接，溢流面下游采用台阶消能，台阶高度0.5～0.8m，台阶宽度0.35～2.0m，台阶最低高程761.00m。堰面与下游1：0.70坝坡台阶相切，切点位于高程787.87m、坝下0+003.45m处。溢流坝两侧侧墙厚1.0m，侧墙高3.0m。溢流坝上部设交通桥，桥墩宽度均为1.0m，交通桥宽度8m，交通桥采用钢筋混凝土空心板，跨度为13m。

溢流面堰面及消力台阶配置Φ16@150钢筋网片。溢流坝侧墙及桥墩配置Φ22@200受力筋，Φ16@200分部筋。

溢流坝上部交通桥车辆荷载采用汽车—20级、挂100校核，经计算交通桥空心板每块配筋顶面为8Φ8，底面为10Φ20，箍筋为$\phi 6$。

（5）副坝坝后排水布置。根据设计为防止上水库库盆环库公路周边高边坡雨水进入库盆内，库盆高边坡雨水通过设置在环库公路上的截水沟、排水沟大部分汇集到副坝坝后，通过副坝东沟侧的自流排水洞排到主坝坝后东沟内。由于副坝至自流排水洞高差较大，坡度较陡，为有效排泄环库公路以上高边坡来水，副坝在左坝肩坝后设置排水消力台阶，台阶高0.5m，宽0.9m，排水消力台阶和副坝东沟侧消力池连接，消力台阶为C25F150混凝土护面0.3m。副坝右岸坝下游坡排水利用坝后坡角自然形成沟底排向东沟侧消力池。

（6）副坝砂浆砌石改细石混凝土砌筑。在我国早期砌石坝均是采用水泥砂浆作为胶结材料，包括宝泉水库砌石坝也是一样。因此可行性研究及招标设计阶段副坝砌体胶结材料按100号水泥砂浆设计。

近年来细石混凝土作为胶结材料在浆砌石坝建设中得到广泛应用，胶结材料由细石混凝土代替水泥砂浆，节省了水泥用量，混凝土采用机械振捣使砌体更为密实，并可加快施工进度。与水泥砂浆砌体相比，细石混凝土砌体强度较大，受力性能也较好。下水库坝体砌石方量为 34 万 m^3，且分散在不同的工作面上，高峰期月砌石强度达 2 万 m^3。为保证工期，提高砌筑质量，将胶结材料由 100 号水泥砂浆改为 C15 细石混凝土对大坝的施工非常有利，胶结材料的改变对大坝的稳定应力计算影响不大。

副坝为浆砌石重力坝，根据下水库大坝砌石砂浆改为细石混凝土的情况，也将上水库副坝砂浆砌筑改为细石混凝土砌筑。

（7）副坝基础深槽。副坝为浆砌石重力坝，坝高 36.9m，坝长 196.9m，基础开挖到基岩，在基础开挖过程中在河床坝段，发现一冲沟，冲沟深 5～6.0m，局部 6.0m 多，沟宽 15～20.0m，沟长已经贯通整个坝基，并且延伸至副坝东沟上游的消力池段。由于该处地层为$\in_1 m^4$ 岩组：紫红色粉砂质页岩，岩层产状近水平，且薄层理发育，混凝土与基岩接触平坦。主要带来问题有两个：一是大坝加高，基础需要加宽；二是薄层岩层，大坝基础及基础层间稳定突出。经复核现有大坝处在不稳定状态，后经过分析验算研究，由于该处基础无加宽位置，利用坝后消力池并增加消力池基础厚度作为抗体解决抗滑稳定。

（8）副坝细部优化。

1）坝体内部原设计为 C15 二级配混凝土砌 600 号块石，施工中根据施工进度要求部分调整为：高程 773.00～779.00m 为 C15 堆石混凝土，高程 782.00m 以上为 C15 混凝土。坝体背库侧高程 785.00m 以上原为 C15 二级配混凝土砌 600 号粗料石，施工中调整为 C15 素混凝土。

2）副坝溢流坝交通桥原为预应力空心板调整为普通钢筋混凝土空心板结构。

（9）拦渣坝坝肩接合部。1 号、2 号拦渣坝两个坝肩原招标设计应与两岸岩石连接，但在开挖中。1 号拦渣坝两个坝肩覆盖层较厚，且上部覆盖层较高较陡，若坝肩全部挖到基岩，开挖量太大，同时会引起高边坡稳定问题，因此两坝肩未有挖到基岩。在 1 号拦渣坝两个坝肩上游靠边坡增设 15m 长的砌石裹头护坡，裹头外坡比 1∶0.75，裹头护坡与坝肩连接。

2 号右坝肩端部也为深覆盖层，设计右坝肩不再开挖到基岩，上游增加一段（10m 长）砌石裹护坝肩，护坡坡比 1∶1.0，下游末端设 20m 长护砌道路保护。

8.2 稳定应力分析

副坝为浆砌石重力坝，因此根据规范要求应以材料力学法的计算成果作为确定坝体断面的依据。

8.2.1 计算参数

（1）坝体容重 $\gamma=23.0kN/m^3$。

（2）水容重 $\gamma_w=10.0kN/m^3$。

（3）泥沙浮容重 $\gamma_s=9.0kN/m^3$，内摩擦角 15°。

（4）砌石体允许压应力（单位 kN/m^2），见表 8.2-1。

表 8.2-1　砌石体允许压应力　单位：kN/m²

胶结材料标号		C15 混凝土	100 号水泥砂浆
600 号块石	基本荷载组合	6900	4600
	特殊荷载组合	8000	5300

（5）扬压力折减系数，见表 8.2-2。

表 8.2-2　扬压力折减系数

坝　段	部　位	α
岸坡坝段	坝基	0.35
	坝体	0.25
河床坝段	坝体、坝基	0.25

（6）基础及坝体抗剪断指标，见表 8.2-3。

表 8.2-3　基础及坝体抗剪断指标

指 标 部 位		抗剪断参数	
		f'	c'/MPa
垫层混凝土与基岩	河床部位	0.6	0.5
	岸坡部位（弱风化岩）	0.6	0.5
坝体与垫层混凝土		0.6	0.5
坝体之间	100 号水泥砂浆 C15 混凝土	0.6	0.5

8.2.2　荷载及其组合

（1）基本荷载。

a. 坝体自重；

b. 坝体上游面静水压力，选择正常蓄水位或设计洪水位进行计算，下游面静水压力取其相应的下游水位；

c. 相应于正常蓄水位或设计洪水位时的扬压力；

d. 泥沙压力；

e. 相应于正常蓄水位或设计洪水位时的浪压力；

f. 相应于设计洪水位时的动水压力。

（2）特殊荷载。

a. 校核洪水位时的静水压力；

b. 相应于校核洪水位时的扬压力；

c. 相应于校核洪水位时的浪压力；

d. 相应于校核洪水位时的动水压力；

e. 地震荷载。

（3）荷载组合。设计荷载组合分为基本组合和特殊组合两类，基本组合由基本荷载组成，特殊组合由相应的基本荷载与一种或几种特殊荷载组成，荷载组合情况详见表 8.2-4、表 8.2-5。

表 8.2-4 荷载组合表

荷载组合	主要考虑情况	荷载
基本组合	正常蓄水位情况	a+b+c+d+e
	设计洪水位情况	a+b+c+d+e+f
特殊组合	校核洪水位情况	a+d+g+h+i+j
	地震情况	a+b+c+d+e+k
	施工期情况	a+d

表 8.2-5 副坝计算水位表 单位：m

正常蓄水位	上游水位（临库侧）	789.60
	下游水位（背库侧）	760.00（消力池底板高程 759.00）
设计洪水位（0.5%）	上游水位（临库侧）	790.43
	下游水位（背库侧）	763.02（消力池底板高程 759.00）
校核洪水位（0.1%）	上游水位（临库侧）	790.57
	下游水位（背库侧）	764.19（消力池底板高程 759.00）

8.2.3 计算成果控制标准

坝体抗滑稳定按抗剪断公式计算，抗滑稳定安全系数应满足表 8.2-6 的要求。

表 8.2-6 抗滑稳定安全系数表

安全系数	基本组合		特殊组合	
	正常蓄水位工况	设计洪水位工况	校核洪水位工况	地震工况
K'	3.0		2.5	2.3

坝体应力在各种荷载组合作用下应符合下列要求：

(1) 坝基面垂直正应力应小于砌体允许压应力，且最小垂直正应力应为压应力。

(2) 施工期下游坝基面的垂直正应力允许有不大于 0.1MPa 的拉应力。

8.2.4 计算内容

坝体抗滑稳定计算考虑下列三种情况：沿垫层混凝土与基岩接触面滑动；沿砌石坝体与垫层混凝土接触面滑动；砌石坝体之间滑动；沿坝下基岩内部层间滑动。

坝体应力计算内容主要包括坝体内部各高程断面及坝基面的应力。

8.2.5 计算原理及公式

(1) 坝体抗滑稳定按抗剪断强度公式计算：

$$K'=(f'\sum W+c'A)/\sum P$$

(2) 坝体应力按材料力学法公式计算：

$$\sigma_y=\frac{\sum W}{T}\pm\frac{6\sum M}{T^2}$$

8.2.6 计算依据和方法

利用《水利水电工程设计计算程序集》中“混凝土重力坝抗滑稳定及地基应力计算”程序计算各典型坝段剖面在各种荷载组合情况下坝体内部各高程断面及基础断面的稳定及应力。

8.2.7 副坝稳定应力计算结果

分别选取溢流坝段、河床挡水坝段、岸坡挡水坝段的典型断面，对不同高程的计算截面进行稳定应力计算，计算洪水标准，200 年一遇洪水设计，1000 年一遇洪水校核。计算结果详见表 8.2-7～表 8.2-12。

表 8.2-7　　溢流坝段稳定应力计算成果汇总表

荷载组合		计算断面	抗滑稳定安全系数	上下游面垂直正应力（计扬压力）/(kN/m²)	
				σ_{yu}	σ_{yd}
基本组合	正常蓄水位情况	垫层混凝土与基岩接触面（749.00m，不加抗体）	3.04	−14.8	766.0
		垫层混凝土与基岩接触面（749.00m，加抗体）	3.82	243.9	342.2
		垫层混凝土与基岩接触面（755.00m）	3.70	144.6	450.6
		砌石坝体与垫层混凝土接触面（756.50m）	3.89	172.2	380.9
		砌石坝体（100 号水泥砂浆）之间（770.00m）	5.10	81.0	336.8
		砌石坝体（100 号水泥砂浆）之间（784.40m）	19.0	31.7	89.0
	设计洪水位情况	垫层混凝土与基岩接触面（749.00m，不加抗体）	2.84	−134.5	845.8
		垫层混凝土与基岩接触面（749.00m，加抗体）	3.59	163.8	393.0
		垫层混凝土与基岩接触面（755.00m）	3.58	95.7	459.7
		砌石坝体与垫层混凝土接触面（756.50m）	3.73	123.5	389.7
		砌石坝体（100 号水泥砂浆）之间（770.00m）	4.70	37.9	376.3
		砌石坝体（100 号水泥砂浆）之间（784.40m）	14.87	2.0	115.2
特殊组合	校核洪水位情况	垫层混凝土与基岩接触面（749.00m，不加抗体）	2.87	−141.5	840.6
		垫层混凝土与基岩接触面（749.00m，加抗体）	3.63	155.2	392.6
		垫层混凝土与基岩接触面（755.00m）	3.60	86.0	457.2
		砌石坝体与垫层混凝土接触面（756.50m）	3.74	113.3	387.8
		砌石坝体（100 号水泥砂浆）之间（770.00m）	4.66	36.5	377.1
		砌石坝体（100 号水泥砂浆）之间（784.40m）	15.29	4.9	108.2
	地震情况	垫层混凝土与基岩接触面（749.00m，不加抗体）	2.47	−201.8	925.9
		垫层混凝土与基岩接触面（749.00m，加抗体）	3.09	131.5	433.1
		垫层混凝土与基岩接触面（755.00m）	3.05	22.6	553.3
		砌石坝体与垫层混凝土接触面（756.50m）	3.22	62.6	472.9
		砌石坝体（100 号水泥砂浆）之间（770.00m）	4.31	−3.2	408.5
		砌石坝体（100 号水泥砂浆）之间（784.40m）	15.63	11.5	105.2
	施工期情况	垫层混凝土与基岩接触面（749.00m，不加抗体）		791.6	248.3
		垫层混凝土与基岩接触面（749.00m）		748.5	79.0
		垫层混凝土与基岩接触面（755.00m）		629.2	55.7
		砌石坝体与垫层混凝土接触面（756.50m）		616.9	26.1
		砌石坝体（100 号水泥砂浆）之间（770.00m）		494.8	9.1
		砌石坝体（100 号水泥砂浆）之间（784.40m）		117.5	44.2

表 8.2-8　河床挡水坝段稳定应力计算成果汇总表

荷载组合		计算断面	抗滑稳定安全系数	上下游垂直正应力（计扬压力）/(kN/m²)	
				σ_{yu}	σ_{yd}
基本组合	正常蓄水位情况	垫层混凝土与基岩接触面（755.00m）	3.94	255.3	490.1
		砌石坝体与垫层混凝土接触面（756.50m）	4.06	258.9	476.9
		砌石坝体（100号水泥砂浆）之间（770.00m）	6.33	288.6	261.9
		砌石坝体（100号水泥砂浆）之间（785.00m）	36.35	101.2	187.4
	设计洪水位情况	垫层混凝土与基岩接触面（755.00m）	3.81	206.1	498.1
		砌石坝体与垫层混凝土接触面（756.50m）	3.90	209.6	483.4
		砌石坝体（100号水泥砂浆）之间（770.00m）	5.83	254.9	292.2
		砌石坝体（100号水泥砂浆）之间（785.00m）	27.62	83.5	199.8
特殊组合	校核洪水位情况	垫层混凝土与基岩接触面（755.00m）	3.83	196.8	492.9
		砌石坝体与垫层混凝土接触面（756.50m）	3.91	200.1	477.8
		砌石坝体（100号水泥砂浆）之间（770.00m）	5.78	253.3	293.3
		砌石坝体（100号水泥砂浆）之间（785.00m）	28.48	85.0	197.5
	地震情况	垫层混凝土与基岩接触面（755.00m）	3.18	95.3	627.2
		砌石坝体与垫层混凝土接触面（756.50m）	3.28	103.6	610.2
		砌石坝体（100号水泥砂浆）之间（770.00m）	5.11	187.2	347.5
		砌石坝体（100号水泥砂浆）之间（785.00m）	22.71	73.2	207.3
	施工期情况	垫层混凝土与基岩接触面（755.00m）		740.9	94.3
		砌石坝体与垫层混凝土接触面（756.50m）		729.8	96.3
		砌石坝体（100号水泥砂浆）之间（770.00m）		613.0	18.3
		砌石坝体（100号水泥砂浆）之间（785.00m）		147.6	169.6

表 8.2-9　岸坡挡水坝段（基底高程 765.00m）稳定应力计算成果汇总表

荷载组合		计算断面	抗滑稳定安全系数	上下游垂直正应力（计扬压力）/(kN/m²)	
				σ_{yu}	σ_{yd}
基本组合	正常蓄水位情况	垫层混凝土与基岩接触面（765.00m）	5.12	237.8	357.1
		砌石坝体（100号水泥砂浆）之间（770.00m）	6.33	288.6	261.9
		砌石坝体（100号水泥砂浆）之间（785.00m）	36.35	101.2	187.4
	设计洪水位情况	垫层混凝土与基岩接触面（765.00m）	4.79	204.0	386.9
		砌石坝体（100号水泥砂浆）之间（770.00m）	5.83	254.9	292.2
		砌石坝体（100号水泥砂浆）之间（785.00m）	27.62	83.5	199.8

续表

荷载组合		计 算 断 面	抗滑稳定安全系数	上下游垂直正应力（计扬压力）/(kN/m²)	
				σ_{yu}	σ_{yd}
特殊组合	校核洪水位情况	垫层混凝土与基岩接触面（765.00m）	4.75	201.6	388.6
		砌石坝体（100号水泥砂浆）之间（770.00m）	5.78	253.3	293.3
		砌石坝体（100号水泥砂浆）之间（785.00m）	28.48	85.0	197.5
	地震情况	垫层混凝土与基岩接触面（765.00m）	4.19	124.9	452.1
		砌石坝体（100号水泥砂浆）之间（770.00m）	5.11	187.2	347.5
		砌石坝体（100号水泥砂浆）之间（785.00m）	22.71	73.2	207.3
	施工期情况	垫层混凝土与基岩接触面（765.00m）		649.1	66.1
		砌石坝体（100号水泥砂浆）之间（770.00m）		613.0	18.3
		砌石坝体（100号水泥砂浆）之间（785.00m）		147.6	169.6

表 8.2-10　岸坡挡水坝段（基底高程 770.00m）稳定应力计算成果汇总表

荷载组合		计 算 断 面	抗滑稳定安全系数	上下游垂直正应力（计扬压力）/(kN/m²)	
				σ_{yu}	σ_{yd}
基本组合	正常蓄水位情况	垫层混凝土与基岩接触面（770.00m）	6.01	192.1	243.3
		砌石坝体与垫层混凝土接触面（771.50m）	6.90	282.1	239.7
		砌石坝体（100号水泥砂浆）之间（785.00m）	36.35	101.2	187.4
	设计洪水位情况	垫层混凝土与基岩接触面（770.00m）	5.51	154.3	272.7
		砌石坝体与垫层混凝土接触面（771.50m）	6.31	249.4	269.0
		砌石坝体（100号水泥砂浆）之间（785.00m）	27.62	83.5	199.8
特殊组合	校核洪水位情况	垫层混凝土与基岩接触面（770.00m）	5.47	152.0	273.7
		砌石坝体与垫层混凝土接触面（771.50m）	6.26	248.1	269.7
		砌石坝体（100号水泥砂浆）之间（785.00m）	28.48	85.0	197.5
	地震情况	垫层混凝土与基岩接触面（770.00m）	4.85	90.7	328.9
		砌石坝体与垫层混凝土接触面（771.50m）	5.54	187.5	319.4
		砌石坝体（100号水泥砂浆）之间（785.00m）	22.71	73.2	207.3
	施工期情况	垫层混凝土与基岩接触面（770.00m）		613.0	18.3
		砌石坝体与垫层混凝土接触面（771.50m）		576.1	22.0
		砌石坝体（100号水泥砂浆）之间（785.00m）		147.6	169.6

表 8.2-11　岸坡挡水坝段（基底高程 785.00m）稳定应力计算成果汇总表

荷载组合		计算断面	抗滑稳定安全系数	上下游垂直正应力（计扬压力）/(kN/m²)	
				σ_{yu}	σ_{yd}
基本组合	正常蓄水位情况	垫层混凝土与基岩接触面（785.00m）	36.03	90.4	180.9
	设计洪水位情况	垫层混凝土与基岩接触面（785.00m）	27.33	70.8	192.2
特殊组合	校核洪水位情况	垫层混凝土与基岩接触面（785.00m）	28.18	71.9	189.7
	地震情况	垫层混凝土与基岩接触面（785.00m）	22.51	62.5	200.9
	施工期情况	垫层混凝土与基岩接触面（785.00m）		147.6	169.6

表 8.2-12　坝基抗滑稳定计算成果汇总表

坝段及桩号		溢流坝段（0+102.0）				
计算高程/m		749.00	755.00	756.50	770.00	784.40
正常蓄水位	$R(\cdot)/\gamma_{d1}(t)$	935.4	747.7	706.5	337.2	87.5
	$\gamma_0\psi S(\cdot)(t)$	817.6	638.1	593.2	212.6	16.2
	结论	合格	合格	合格	合格	合格
设计洪水位	$R(\cdot)/\gamma_{d1}(t)$	913.9	726.4	685.1	336.0	86.7
	$\gamma_0\psi S(\cdot)(t)$	813.5	648.4	607.1	230.8	21.3
	结论	合格	合格	合格	合格	合格
校核洪水位	$R(\cdot)/\gamma_{d1}(t)$	906.5	719.0	677.7	335.8	86.6
	$\gamma_0\psi S(\cdot)(t)$	680.9	546.4	512.7	198.9	18.9
	结论	合格	合格	合格	合格	合格
地震工况	$R(\cdot)/\gamma_{d1}(t)$	943.4	748.2	706.6	337.2	87.5
	$\gamma_0\psi S(\cdot)(t)$	895.3	670.3	611.3	243.8	28.6
	结论	合格	合格	合格	合格	合格

其中溢流坝段施工期部分基础出现深槽，桩号 0+082.45～0+107.25 段，沟深 5～6.0m，局部 6.0m 多，冲沟底部高程为 749.00m，沟宽 20.0m，沟长已经贯通整个坝基，并且延伸至副坝东沟上游的消力池段。由于该段坝基出现深槽，大坝断面高度增加，设计坝基宽度不够，利用消力池基础作为抗体来加固副坝，为此将坝基及消力池范围内冲沟覆盖层全部挖出，并回填 C15 素混凝土回填到原设计建基面，然后利用坝后消力池基础作为抗体进行计算坝基稳定。从计算结果分析，溢流坝段深槽段在设计洪水位情况下稳定及应力均不能满足要求，设计、校核及地震情况下应力不满足要求，出现拉应力且应力值超限，利用坝后消力池（利用消力池及深槽基础长度 10.0m）后则能满足要求，其他各坝段稳定及应力均能满足规范要求。

（1）按 SL 25—2006 进行了坝体稳定应力计算，成果汇总如下。

（2）按 DL 5018—1999 进行了坝体稳定计算。大坝抗滑稳定控制标准为：坝址抗压强度极限状体抗力函数大于作用效应函数，坝体选定截面下游端点的抗压强度承载能力极限状态抗力函数大于作用效应函数，坝体混凝土与基岩接触面的抗滑稳定极限状态抗力系数大于作用效应函数，坝体混凝土层面的抗滑稳定极限状态抗力函数大于作用效应函数。坝踵垂直应力不出现拉应力，坝体上游面的垂直应力不出现拉应力，短期组合下游坝面的垂直拉应力小于等于 100kPa。

8.2.8 坝基深层抗滑稳定计算

（1）计算参数。副坝溢流坝段坝基下存在$\in_1m^3$岩组和$\in_1m^4$岩层分界面，此分界面凝聚力偏低（$C'=0.05$MPa），副坝坝体有可能沿此面产生接触滑动。地勘揭示，溢流坝段基础下有两层软弱层面，两层面出露高程分别为 750.40m 和 751.80m，倾向东沟上游，倾角约 1.5°。为此，选取溢流坝段同一断面，岩层分界面高程分别为 750.40m 和 751.80m 的断面为典型断面，进行副坝深层抗滑稳定复核计算。对应所切剖面的层理面基岩特性指标见表 8.2－13。

表 8.2－13　　坝基深层软弱面特性表

剖面桩号	层理面起始高程/m	层理面倾角/(°)	抗剪断强度	
			f	c/MPa
0+102.00	750.40	1.5	0.65	0.05
	751.80	1.5	0.65	0.05

对于基础岩层分界面，计算参数选择为：$f=0.65$，$c=0.05$MPa；下游面抗滑体岩层 $f=0.65$，$c=0.6$MPa。

（2）荷载组合。设计荷载组合分为基本组合和特殊组合两类，基本组合由基本荷载组成，特殊组合由相应的基本荷载与一种或几种特殊荷载组成，荷载组合情况详见表 8.2－14。

表 8.2－14　　荷载组合表

荷载组合	主要考虑情况	荷　载
基本组合	设计洪水位情况	a+b+c+d+e+f
特殊组合	校核洪水位情况	a+d+g+h+i+j

（3）计算依据和方法。

1）采用《混凝土重力坝设计规范》（SL 319—2005）附录 E 中“坝基深层抗滑稳定计算”计算方法。

2）采用《混凝土重力坝设计规范》（DL 5018—1999）第 8 章“结构计算基本规定”以及附录 F 中“坝基深层抗滑稳定计算”计算方法。

（4）计算原理及公式。

1）SL 319—2005 附录 E。采用双滑动面等安全系数法，采用抗剪断公式计算：

$$K'_1=\frac{f'_1[(W+G_1)\cos\alpha-H\sin\alpha-Q\sin\alpha(\varphi-\alpha)-U_1+U_3\sin\alpha]+c'_1A_1}{(W+G_1)\sin\alpha+H\cos\alpha-U_3\cos\alpha-Q\cos(\varphi-\alpha)}$$

$$K'_2=\frac{f'_2[G_2\cos\beta+Q\sin(\varphi+\beta)-U_2+U_3\sin\beta]+c'_2A_2}{Q\cos(\varphi+\beta)-G_2\sin\beta+U_3\cos\beta}$$

令 $K'_1=K'_2=K'$，求解 Q、K'值。

2）DL 5018—1999 附录 F。坝体极限状态设计公式：

$$\gamma_0\psi S(\gamma_G G_K,\gamma_Q Q_K,\alpha_K)\leqslant\frac{1}{\gamma_{d1}}R\left(\frac{f_K}{\gamma_m},\alpha_K\right)$$

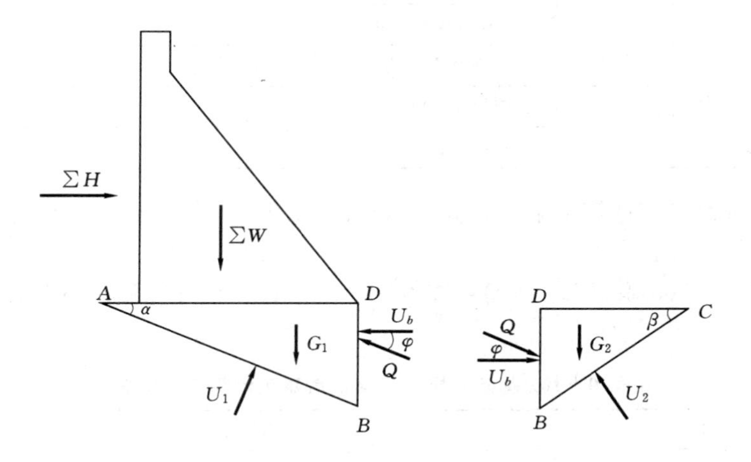

其中

$$R(\bullet)=\frac{(\sum W+G_1)(f'_{d1}\cos\alpha-\sin\alpha)+Q[\cos(\varphi-\alpha)-f'_{d1}\sin(\varphi-\alpha)]-f'_{d1}U_1+c'_{d1}A_1}{f'_{d1}\sin\alpha+\cos\alpha}+U_3$$

$$Q=\frac{f'_{d2}(G_2\cos\beta+U_3\sin\beta-U_2)+G_2\sin\beta-U_3\cos\beta+c'_{d2}A_2}{\cos(\varphi+\beta)-f'_{d2}\sin(\varphi+\beta)}$$

上水库副坝为 1 级建筑物，结构安全级别为Ⅰ级，γ_0 取 1.1；深层抗滑稳定中 γ_{d1} 取 1.2。各作用分项系数、材料分项系数见表 8.2－15、表 8.2－16。

表 8.2－15　　作用分项系数

序号	作用类别	分项系数
1	自重	1.0
2	净水压力	1.0
3	动水压力	1.05
4	渗透压力	1.2
5	浮托力	1.0
6	扬压力	1.1
7	残余扬压力	1.2
8	淤沙压力	1.2
9	浪压力	1.2

表 8.2-16 材料性能分项系数

序号	作用类别	分项系数
1	混凝土/基岩摩擦系数	1.3
2	混凝土/基岩黏聚力	3.0
3	基岩/基岩摩擦系数	1.4
4	基岩/基岩黏聚力	3.2
5	软弱结构面摩擦系数	1.5
6	软弱结构面黏聚力	3.4

(5) 深层抗滑稳定计算结果。计算洪水标准采用200年一遇洪水设计，1000年一遇洪水校核。

1) SL 319—2005附录E。计算结果见表8.2-17。从计算结果分析，均能满足规范要求。

表 8.2-17 桩号0+102基础岩层层里面抗滑稳定计算结果汇总表

坝基高程/m	K'			
	正常工况	设计工况	校核工况	地震工况
750.40	4.90	5.05	5.17	4.00
751.80	4.06	4.10	4.16	3.37

2) DL 5018—1999附录F。计算结果见表8.2-18。从计算结果分析，均能满足规范要求。

表 8.2-18 深层抗滑稳定计算结果汇总表

坝段及桩号		溢流坝段 (0+102)	
坝基高程/m		750.40	751.80
正常蓄水位	$R(\cdot)/\gamma_{d1}(t)$	935.2	839.8
	$\gamma_0\psi S(\cdot)(t)$	729.5	718.8
	结论	合格	合格
设计洪水位	$R(\cdot)/\gamma_{d1}(t)$	889.6	798.4
	$\gamma_0\psi S(\cdot)(t)$	759.7	749.1
	结论	合格	合格
校核洪水位	$R(\cdot)/\gamma_{d1}(t)$	881.4	789.2
	$\gamma_0\psi S(\cdot)(t)$	650.1	641.1
	结论	合格	合格

8.3 副坝坝基处理

8.3.1 坝基开挖及处理

副坝坝基坐落于$\in_1m^3$（馒头组）、$\in_1m^4$（馒头组）岩组上，两岸坝肩为$\in_1m^5$（馒头组）、$\in_1 mz^1$ 和$\in_1 mz^2$（毛庄组）岩组。坝顶以上两岸主要为$\in_1 mz^2$ 和$\in_2 x$ 页岩（徐庄组）岩组、局部地段为第四系。岩性组成特征如下。

（1）$\in_1 m^3$ 厚约 13m，岩性主要为灰黄色、灰绿色泥灰岩与灰黄色、黄绿色钙质页岩、泥岩互层，岩性较坚硬，不易风化，多形成陡坎。

（2）$\in_1 m^4$ 岩组：紫红色粉砂质页岩，薄层理发育，夹有1～3层薄层灰岩，顶部2～3m为灰绿色页岩。厚度13m。

（3）$\in_1 m^5$ 岩组：浅灰、灰紫色泥质条带灰岩，夹3～4层紫红色页岩，页理较发育。厚度8.0m。

（4）$\in_1 mz^1$ 岩组：下部紫红色含白云母砂质页岩、粉砂岩，夹1～2层中厚层状泥灰岩；上部为紫红色含白云母粉砂岩与鲕状灰岩互层。平均厚度13m。

（5）$\in_1 mz^2$ 岩组：为厚层状鲕状灰岩，上部为结晶灰岩、团块状灰岩，厚层状。厚25.0m，地形上已形成陡壁。

岩层面产状近水平，整体倾向350°，倾角1.5°～5°。断层：副坝坝基在河床及右岸分布一条走向40°近直立的小断层，断层带宽10～20cm，北西盘下降约1m左右，与坝基齿槽走向夹角约15°。对齿槽北侧边坡造成局部超挖。节理裂隙：坝基发育走向60～70°与走向330°的两组高倾角裂隙，其中走向40°裂隙延伸较长，将坝基岩体切割成近正方形块体，或条状块体。

按照DL 5108—1999要求："坝高小于50m时，可建在弱风化中部—上部基岩上。两岸地形较高部位的坝段，可适当放宽"。根据副坝地质条件，为了减少开挖工程量，副坝坝基建于弱风化层上部，深入弱风化层2m。坝基开挖要求为：①坝基强风化卸荷带全部挖除。②坝段的基础面上、下游高差不宜过大，若受地形地质条件的限制，需开挖成带钝角的大台阶状，其台阶高差不应超过3m。③两岸坝头坝顶高程以上陡坡部分的边坡开挖与环库公路边坡开挖相适应，对于坝区范围出现的危岩，应结合坝基开挖及施工布置，事先予以清除。

副坝基础开挖到深入弱风化层2m。临库侧面板基础在副坝基础以下3.0m，背库侧面板基础在副坝基础以下2.0m。

副坝基础开挖后基础设置1.5m（原设计2.0m）厚C15混凝土垫层。

施工期，在开挖副坝河床坝段（溢流坝段）时，在副坝桩号0+082.45～0+107.25段，出现一冲沟，沟深5～6.0m，局部6.0m多，冲沟底部高程749.00m，沟宽20.0m，沟长已经贯通整个坝基，并且延伸至副坝东沟上游的消力池段。由于该段坝基出现深槽，大坝断面高度增加，设计坝基宽度不够，影响坝基稳定。经方案比较采用利用消力池基础作为抗体来加固副坝。为此将坝基及消力池范围内冲沟覆盖层全部挖出，并回填C15素混凝土回填到原设计建基面，然后利用坝后消力池基础作为抗体。为保证消力池基础和副坝连接成整体，充分利用消力池基础抗体。在溢流坝和消力池连接部位布置3.00m长连接插筋，连接插筋两端各深入溢流坝和消力池1.50m，连接插筋为Ⅰ级ϕ20钢筋，间排距1.00m，梅花形布置。

其次在副坝冲沟两侧边缘，坝基范围内基岩由于受冲沟影响，基础岩石裂隙较为发育，在冲沟两边缘增加固结灌浆处理，新增固结灌浆孔深8.0m，孔间排距3.0m，固结灌浆参数及技术要求同副坝坝基原固结灌浆设计要求。

8.3.2 坝肩开挖支护

根据边坡坡高、岩体结构、风化卸荷及结构面产状，为和库盆连接，两岸坝基开挖边坡为1∶1.7，坝顶以上岩石开挖边坡$\in_1 mz^2$（毛庄二）地层为1∶0.2，$\in_1 x^1$（徐庄组）页岩为1∶0.6，第四系覆盖层开挖边坡1∶1.25，一般每15m留一马道。

边坡开挖后，对整个边坡采用挂网喷混凝土支护，支护参数岩石边坡为砂浆锚杆直径为ϕ22，间排距2.0m，锚杆长度一般3.5m，局部裂隙发育为5.0m，钢筋网片Φ6@150×150，喷C20混凝土厚0.1m。土质边坡锚杆长度为4.0m和5.0m两种间隔布置，局部钻孔困难改为自进式中空锚杆。

8.3.3 坝基固结灌浆

为改善坝基岩石的力学性能，加强坝基岩体的整体性，提高其强度和变形模量，降低渗流量，使坝址处较大的应力均匀传到岩石中，故对基础开挖面进行全断面固结灌浆。大坝基础开挖到深入弱风化层2m，为改善坝基岩石的力学性能，加强坝基岩体的整体性，提高其强度和变形模量，控制变形；并为降低基础沿坝底的渗流量；使坝址处较大的应力均匀传到岩石中，故进行基础固结灌浆。临库侧坝踵处布置3排固结灌浆孔，孔排距3.0m，孔深6m，背库侧坝脚处布置4排固结灌浆孔，孔距3.0 m，孔深8m。

固结灌浆压力采用0.4～0.7MPa，以不抬动基础岩体为原则，灌浆孔排与排之间和同一排孔内孔与孔之间分为二序施工。坝基透水率按不大于3Lu控制。

副坝坝基0+082.45～0+107.25段（溢流坝段），原设计坝基高程（755.00m）以下为深6～7.0m的覆盖层深槽，不满足大坝建基要求，施工过程中全部进行了挖除。在满足大坝建基条件后，槽内用C15三级配混凝土回填至原坝基高程。该深槽两侧存在裂隙，为保证坝基工程质量，在槽两侧进行了固结灌浆，新增固结灌浆孔深8.0m，孔间排距3.0m，固结灌浆参数及技术要求同副坝坝基原固结灌浆设计要求不变。

由于副坝下游面与库盆防渗体连接，防渗体下部设有碎石排水体，上库水体难以渗透到副坝坝基；同时，副坝上游除雨季或耗能抽水外基本无水，在汛期洪水持续时间一般较短，在坝基也很难形成渗透水头，因此副坝不设帷幕灌浆。

8.3.4 坝基排水

坝基排水孔设在坝轴线下游5.0m坝体排水廊道内（断面尺寸2.2m×3.0m，布置在廊道下游），待固结灌浆完成后实施。坝基排水孔孔径ϕ110mm，倾向下游12°，间距3.0m，排水孔孔深12.0m，排水孔实际施工总进尺480.64m。

在副坝桩号0+96.73廊道处设有集水井，坝基排水管的渗水通过排水廊道汇集到该集水井内，集水井尺寸3.5m×3.0m×2.2m，集水井内布置了3根Dg250排水钢管通向库内的库底排水廊道。

8.4 副坝溢流坝水力学分析

8.4.1 泄流型式选择

根据河南省宝泉抽水蓄能电站《可行性研究补充报告》，溢流面采用WES堰面曲线，堰面曲线方程为$Y=0.255806X^{1.85}$，堰顶上游采用三圆弧曲线与上游垂直坝面连接，曲线后接 1：0.7 的直线段，再接半径 R=20m 的反弧段，后接 5m 的水平段，高程 770.00m。根据 DL 5108—1999 附录 C，经水力学计算，过坝水流水舌抛距为 29.67m，即水舌外缘在坝轴线上游约 60m 处，土石方开挖量大，且排水洞进口在水舌范围之内，距洞脸仅 7m 多，对排水洞的安全运行及水流条件产生不利影响。

近 10 年来，台阶式溢流坝在我国得到了较快的发展，台阶式溢流坝由于台阶的存在，使下泄水流在台阶之间形成了绕水平轴旋滚，并与坝面主流发生强烈的掺混作用，使水流紊动加剧，掺气增强，消耗了部分能量，大大减小了下泄水流的能量，改善了坝趾处的水力条件，使过坝水流的消能设施得以简化，从而节省工程投资。

为了增大泄流能力，减小溢流坝段的宽度，减小开挖工程量。溢流面下游采用台阶消能。

8.4.2 副坝泄流能力计算

根据 DL 5108—1999 附录 C 开敞式溢流堰公式：

$$Q=m_{Z}\varepsilon\sigma_{m}B\sqrt{2g}H_{Z}^{3/2}$$

计算水位流量关系见表 8.4-1。

表 8.4-1　　水位流量关系表

库水位 H_w/m	789.6	789.8	790.0	790.2	790.4	790.6	790.8	790.9
下泄流量 Q/(m³/s)	0	10.87	30.74	56.48	86.96	121.5	159.8	180.0

由表 8.4-1 可知，在最高水位时，可以满足泄洪要求，并基本上可满足两台机组耗能抽水情况的泄流流量。

8.4.3 消能防冲设计

台阶消能计算。根据上述，为了增大泄流能力，减小溢流坝段的宽度，减小开挖工程量。溢流面下游采用台阶消能。

副坝台阶消能采用的是环库公路以内库盆集水面积 0.25km² 的洪水，校核洪水频率 0.1%，相应设计流量 Q=62.5m³/s，见表 8.4-2。台阶消能计算采用校核洪水频率 0.1%，相应设计流量 Q=62.5m³/s。

表 8.4-2　　东沟上水库特征水位复核表

p /%	入库洪峰 /(m³/s)	最高水位 /m	最大库容 /万 m³	最大泄流 /(m³/s)	起调水位 /m
0.1	99.1	790.23	789.96	62.5	789.60
0.5	78.0	790.12	787.10	46.9	
1	67.8	790.07	785.68	39.1	

根据《水电站设计》第 16 卷第一期文献“台阶式溢流坝的消能试验与计算”，试验模型是以嘉陵江东西关水电站溢流坝型为原形设计，坝高 19.5m，溢流坝剖面为标准的 WES 剖面，曲线后与 1：0.8 的直线段相切，直线段部分完全由连续的直角台阶组成，台阶顶与直线重合。对三种不同比尺、光滑溢流面及三种不同台阶高度，在不同单宽流量情况下做了试验，溢流坝的消能率见表 8.4-3。

表 8.4-3　　溢流坝的消能率

台阶高度/m	模型比尺	溢流坝下泄单宽流量/[$m^3/(s\cdot m)$]										
		0.45	0.89	1.79	3.57	7.14	14.3	21.4	28.6	35.7	42.9	48.9
0.0	1∶40			64.0	47.2	30.9	17.4	9.4	9.4	9.1	9.6	9.9
	1∶25	94.7	84.3	60.7	44.3	33.3	17.4	9.7	9.3	8.4	9.4	9.4
	1∶15	91.9	81.3	62.9	46.3	31.8						
0.5	1∶40			90.5	86.9	78.3	60.6	47.7	35.1	28.3	24.9	21.6
	1∶25	97.6	95.1	90.2	87.3	79.5	58.6	43.6	35.4	29.7	26.4	24.6
	1∶15	97.5	94.6	91.1	87.7	80.8						
1.0	1∶40				88.1	78.9	62.9	49.8	38.5	32.3	27.4	26.0
	1∶25	97.1	94.8	93.3	89.1	82.1	63.6	47.3	38.1	34.7	31.1	28.5
	1∶15	96.7	95.7	92.2	87.8	81.5	65.3					
2.0	1∶40				88.4	79.7	64.4	50.0	42.5	34.2	30.9	29.6
	1∶25	96.4	92.8	90.2	89.1	83.6	66.3	50.4	42.3	36.7	32.7	29.3
	1∶15	95.8	93.2	90.8	88.1	82.3	69.4					

从表 8.4-2 可以看出：①模型比尺对台阶溢流坝的消能率影响较小。②当台阶高度为定值时，消能率随着单宽流量的增加而减小。③相同流量的的坝面消能率（除小流量外）随坝面台阶高度的增加而增加。

宝泉副坝在校核洪水位时的最大单宽流量为 $1.04m^3/(s\cdot m)$，两台机组耗能抽水时的单宽流量为 $2.33m^3/(s\cdot m)$，从消能率来看，溢流坝标准段台阶高度选 1.0m 比较合适，台阶宽度为 0.7m，台阶顶角的连线坡比为 1∶0.7。台阶的始末端设有过渡段，始端 5 个台阶的高度依次为 0.5m，0.6m，0.7m，0.8m，0.9m，各台阶的宽度为高度的 0.7 倍。末端设有宽度依次为 1.5m，1.5m，2.0m，2.0m，2.0m，高度为 0.8m，6 个台阶。

由文献“台阶式溢流坝的消能试验与计算”得出的消能率 η 与糙率 n 的关系式为

$$\eta=-0.3916-0.2247\ln[(q/P^{1.5})(0.014/n)^{2.4}]$$

台阶溢流坝的台阶突出高度：

$$\Delta=T\cos\alpha$$

上游坝面的糙率：

$$n=\Delta^{1/6}/A$$

经计算 $n=0.038$，副坝台阶式溢流坝的消能率 $\eta>95\%$，当计算的消能率大于 95%时取 95%，以安全计，消能率取 90%。

当副坝下泄设计流量时，上游水位 790.43m，下游水位 763.02m，总水头 $H=(790.43-763.02)m=27.41m$，经过台阶消能后，剩余能量为

$$h_0=(1-90\%)\times27.41m=2.74m$$

流速

$$v=1.1\varphi\sqrt{2gh_0}=7.26m/s$$

经计算收缩水深 $h_c=0.21$m，跃后水深 $h=1.39$m，坝下台阶消能长度 $L_j=8.18$m。

由上述计算结果来看，经过台阶消能后过坝下泄水流流速已经较小，副坝上游岩石较完整，但为保护副坝与排水洞之间的岩面不被淘刷，保证坝基安全以及水流顺利进入排水洞，在坝下台阶消能段（消力池）采用混凝土板进行防护。

8.4.4 副坝消力池设计

8.4.4.1 消力池底板设计

副坝靠东沟侧溢流坝下设消力池，根据副坝溢流坝消能防冲计算结果，经溢流坝台阶消能后进入消力池的能量大部已经消耗，至消力池的流速为 7.79m/s（校核工况），已经不是很大了。虽然消力池处基础为基岩，但主要是以紫红色粉砂质页岩为主，薄层理发育，夹有 1～3 层薄层灰岩，顶部 2～3m 为灰绿色页岩。岩石遇水软化易崩解。为保护消力池基础，对消力池基础采用钢筋混凝土板防护。

消力池底板厚度应满足抗浮稳定要求，由于底板四周边界的约束作用，一般没有滑动问题，因此仅需对其抗浮要求进行稳定计算。根据 SL 319—2005 的要求，作用在底板上的上浮力包括渗透压力、脉动压力、底板上凸出体产生的上举力，以及下游消力池水深与水跃段内压力差。抗浮力包括底板的浮重和底板上的水重（不计入底板锚杆的抗浮力作用），其抗浮安全系数基本组合 $K_f>1.1$，特殊组合 $K_f>1.05$。

$$k_f=\frac{P_1+P_2+P_3}{Q_1+Q_2}$$

消力池底板厚取 0.8m，根据计算消力池底板抗浮安全系数基本组合 $K_f=1.18>1.1$，特殊组合 $K_f=1.15>1.05$ 满足要求。

为保证消力池底板稳定和充分利用消力池基础作为副坝抗力，在消力池底板布设基础锚杆，锚杆入岩深度 3.0m，入混凝土长度 0.6m，锚杆直径 $\phi16$，梅花形布置，间排距 1.5m。锚杆只是作为安全储备，不计入消力池底板稳定计算中的抗浮力。

消力池底板为 C25W6F200 钢筋混凝土，配双层钢筋，上下各为Φ 16@200×200 钢筋网片。

8.4.4.2 消力池侧墙及边坡支护设计

消力池靠东沟测和 1 号拦渣坝连接，临库侧和副坝溢流坝段连接，两侧靠副坝左坝肩依山而建，靠右坝肩和自流排水洞进口及两侧山体而建。根据地质情况，消力池基础和两侧边墙地层和副坝基本一样，以$\in_1m^4$（馒头组）$\in_1m^5$（馒头组）、$\in_1mz^1$ 和$\in_1mz^2$（毛庄组）岩组为主，坝顶以上两岸主要为$\in_1mz^2$ 和$\in_2x$ 页岩（徐庄组）岩组、局部地段为第四系。消力池两侧边墙馒头组岩石为主，岩体自身稳定，但局部有裂隙和部分第四系覆盖层。消力池基础高程为 758.20m，按设计断面开挖后，为保护边坡，在高程 768.50m 以下采用混凝土墙保护，高程 768.50m 以上采用喷锚支护。

护墙厚 1.0m，为 C25W6F200 钢筋混凝土，内外侧配钢筋Φ 16@200×200，护墙和边坡采用锚杆连接，锚杆直径 $\phi22$，长 5.0m，入岩 4.2m，间排距 2.0m，梅花形布置。局部塌孔地段改为 $\phi25$ 自进式中空锚杆。

消力池边墙高程 768.50m 以上整个开挖内边坡采用挂网喷混凝土支护，支护参数为砂浆锚杆（局部钻孔困难为自进式中空锚杆）直径为 $\phi22$，间排距 2.0m，锚杆长度一般 4.0m，钢筋网片Φ 6@100×100，喷 C20 混凝土厚 0.1m。

8.4.4.3 消力池构造设计

（1）消力池底板分缝。消力池设永久伸缩纵缝一道，纵缝距消力池起端距离 12.0m，每隔 13.1m 设横缝一道。消力池和副坝连接处为考虑利用消力池增加基础稳定，设置施工缝，并用预埋钢筋连接。消力池和 1 号拦渣坝之间为对接缝。消力池伸缩缝内填塞沥青杉板。

（2）消力池底板基础锚杆与链接钢筋。为保证消力池底板稳定和充分利用消力池基础作为副坝抗力，在消力池底板布设基础锚杆，锚杆入岩深度 3.0m，入混凝土长度 0.6m，锚杆直径 $\phi16$，梅花形布置，间排距 1.5m。

同时在副坝溢流坝与消力池底板基础之间连接钢筋，连接钢筋为Ⅰ级 $\phi20$ 钢筋，长 3.00m，连接钢筋两端各深入溢流坝和消力池混凝土 1.50m，间排距 1.00m，梅花形布置，距顶面、底面和侧面分别留 0.20m 厚保护层。

8.4.4.4 消力池基础开挖及处理

由于副坝在开挖河床坝段基础时，发现了一冲沟，冲沟深 5～6m，局部 6m 多，冲沟底部高程 749.00m，沟宽 20.0m，冲沟不仅贯通整个坝基，并且延伸至消力池基础。因副坝出现深槽后，给副坝稳定带来了问题，为保证副坝稳定，根据计算需要利用消力池底板基础作为抗力，为此将消力池范围内冲沟覆盖层全部挖出，并回填 C15 素混凝土回填到原消力池设计建基面，同时在副坝溢流坝和消力池底板基础之间设连接钢筋，使副坝和消力池连成整体。

截止到目前，副坝溢流坝消力池表面无裂缝。

8.5 坝体防渗结构

8.5.1 防渗结构

副坝为浆砌石重力坝，为满足上水库库盆防渗要求，并和库岸沥青混凝土、库底黏土防渗铺盖组成上水库防渗体系，鉴于副坝临库侧坝坡基本为直坡。副坝临库侧整个坝面防渗采用钢筋混凝土防渗面板，背库侧根据东沟上游千年一遇来水时上游水位在 771.50m 以下采用钢筋混凝土防渗面板。

副坝临库侧防渗面板面积为 4386m^2，背库侧防渗面积为 472m^2。根据各坝段的布置共分成 22 块面板，其中临库侧 17 块；伸缩缝间距一般挡水坝段为 12m，溢流坝段 11m。防渗面板厚度为 1.0m，防渗面板下设混凝土基础，基础宽 3.0m，高 2.0m。基础坐在基岩上并和副坝基础混凝土垫层连为整体，形成封闭。

防渗面板及基础采用 C25 混凝土，并掺加聚丙烯纤维防裂，抗渗等级按照规范要求采用临库侧 W6，背水侧 W4，抗冻等级采用 F200。面板伸缩缝内埋设止水，临库侧设两道止水，背库侧设一道止水。

防渗面板内布设单层Φ 14@150 钢筋网，基础设置Φ 14@150 钢筋。面板与坝体间采用锚筋连接，锚筋直径 $\phi22$，间排距 1m，单根长 2.7m，伸入砌石坝体 1.5m，并与面板表层钢筋网焊接连接。

8.5.2 防渗面板缺陷分析处理

8.5.2.1 缺陷情况

2007年上半年对上水库副坝钢筋混凝土面板进行检查，面板裂缝约84条，其中面板纵向裂缝49条（$L1\sim L49$），施工缝渗水22条（$S1\sim S22$），有渗水点的裂缝13条（$D1\sim D13$），裂缝长度一般为3～5m。纵向裂缝宽度一般为0.2～0.6mm，其中有3条裂缝最宽为1.8mm。

（1）第1条位于溢流坝段临库侧⑦号面板（板宽11.0m），桩号0+076.61，位于板边4.2m（不到板宽的一半5.5m），缝宽从0.5～1.8mm，缝长3.0m，高程757.10～760.10m。

（2）第2条位于溢流坝段临库侧⑧面板（板宽11.0m），桩号0+087.8，位于板边4.1m（不到板宽的一半5.5m），缝宽从0.5～1.8mm，缝长1.7m，高程757.00～758.70m，该裂缝处于混凝土面板低强段（设计混凝土强度C25，实际强度为C23.7MPa）。

（3）第3条位于溢流坝段临库侧⑩面板（板宽11.0m），桩号0+112.1，位于板边6.4m（超过板边一半5.5m），缝宽0.5～1.8mm，缝长22，高程760.00～782.00m，但中间有2处不连续。

施工渗水缝均为水平缝，有5条长度在10m以上，最长为8m，发生在12号面板，桩号坝0+132.0～0+140.73，高程762.30m，为施工冷缝渗水。

8.5.2.2 混凝土裂缝成因分析

（1）面板分缝设计合理性分析论证。产生混凝土裂缝的原因很多，除结构体形外，施工期原材料的控制、配合比、施工工艺控制、养护条件、外部环境、基础条件等都有很大关系。针对面板结构体形来说主要反映在面板的分缝宽度合理性方面。因为混凝土面板分缝宽度的大小对面板产生裂缝有一定影响。一般分缝宽度较大时，产生裂缝的几率高一些，分缝宽度较小时，出现混凝土裂缝的几率会小一些。混凝土板块分缝过密一是施工不方便；二是影响施工进度；三是增加过多的止水材料，除了增加投资外，止水一旦做不好更容易产生渗漏的隐患。其次面板分缝宽度还与坝体上游表面应力有很大影响，由于浆砌石重力坝本身一般不设横缝，面板分缝不合适将直接影响坝体表面的应力。因此面板分缝要综合考虑，但并不代表面板分缝后完全可以避免一点不产生裂缝，因为施工期的控制影响很大。因此SL 25—2006在总结了大量的资料，对浆砌石重力坝从防渗设计角度出发的混凝土面板分缝宽度取值一般宜在10～15m（见SL 25—2006第7.4条，SL 25—91版规范为10～20m）。宝泉上水库副坝防渗面板溢流坝段分缝宽度为11.0m，挡水坝段为12.0m，符合规范要求，并且取规范要求的下限。

截至目前我国已建3级砌石坝467座，2级砌石坝34座，坝高50m及其以上的有217座，超过100m的砌石坝4座（含宝泉），坝体防渗部分砌石坝采用坝体砌石加坝体灌浆或上游砂浆护面做防渗，部分采用混凝土防渗面板防渗，根据统计32座采用混凝土面板防渗的砌石坝，其面板分缝一般在10～20m。

在进行下水库面板防渗面板结构分析时，由于下水库大坝超过100m，面板板块又较长，板宽分缝设计时虽然按照规范要求及参考已建工程经验布置，但为防止因板块分的不合理而出现裂缝，或者对坝体表面应力影响较大。因此一是采取结构抗裂措施，在混凝土面板内参聚丙烯单丝纤维以增加混凝土抗裂的能力；二是对下水库由业主专门委托黄河水利技术学院进行了防渗面板分缝有限元专题研究，对面板分缝方案特别是温度变化进行了论证。分析结果为："温度荷载是研究分缝方案的重要因素。分缝与否对面板的受力有一定影响，但不起控制作用，面板分缝方案设计合理"。

由于上水库副坝结构和下水库主坝结构一样，坝高较低（42.9m），坝高不到下水库大坝的一半，根据规范要求可不做三维有限元分析，因此上水库副坝防渗面板的分缝及抗裂措施均参照下水库大坝设计。分缝宽度相对下水库大坝还略小一些，面板内掺聚丙烯单丝纤维以增加抗裂。

（2）面板裂缝原因分析。如上所述，混凝土面板产生的裂缝原因很多。

1）主要原因

①混凝土面板裂缝与基础约束有很大关系，基础约束越强越容易产生裂缝。副坝防渗面板基础为浆砌石结构，面板背后设置有连接插筋（间距1.0m），砌石坝本身未设伸缩缝，基础约束相对较强，当有约束时，混凝土热胀冷缩所产生的体积涨缩，因为受约束力的限制，在内部产生了温度应力，由于混凝土抗拉强度低，容易被温度引起的拉应力拉裂，从而产生温度裂缝。

其次副坝为浆砌石结构，副坝砌筑后如果防渗面板能够及时浇筑，其砌石基础对面板的约束相对会小一些，例如副坝缝较宽的⑦号面板，2005年4月23日开始砌筑副坝砌石，至2005年12月5日砌筑至高程771.00m，但同高程的⑦号面板于2006年6月才开始浇筑，相差近半年时间。

副坝面板有一部分是在接近冬季施工，基础温度低，而浇筑混凝土温度高，形成较大温差，也易导致混凝土拉裂。混凝土在硬化的过程中，由于干缩引起的体积变形受到约束时产生的裂缝，这种裂缝的宽度有时会很大，甚至会贯穿整个构件。

②由于各种原因，现场出现过混凝土面板浇筑后养护条件跟不上的现象。再加上副坝高程770.00m以下为1∶0.2的斜坡，高程770.00m以上为直坡，养护比较困难，混凝土浇筑后养护不及时或养护手段达不到，而养护不好则对混凝土整体质量影响特别显著，直接影响混凝土的抗裂能力，也是造成混凝土产生裂缝的原因之一。

③混凝土浇筑过程中水化反应产生大量的水化热，使混凝土内部温升较快，而混凝土外部散热速度快于内部，从而形成较大的内外温差，引起较大的内部温度应力。产生的大量水化热得不到散发，导致混凝土内差较大，使混凝土的形变超过极限引起裂缝。特别是夏季，当温度应力超过混凝土的抗拉强度时，混凝土易产生裂缝。上水库有时风速很大，部分面板在夏季高温季节施工，在风速过大或烈日暴晒的情况下施工，混凝土的收缩值大，也易造成裂缝产生。

2）次要原因。

①混凝土拌制、运输和浇筑应按照规定的标准进行。但在实际施工过程中很难做到，混凝土拌和的均匀性、拌和运输的时间长短、浇筑的顺序等都有可能改变混凝土的质量，引起浇筑后混凝土结构或构件的裂缝。现场振捣混凝土时，振捣或插入不当，漏振、过振

或振捣抽撤过快，会影响混凝土的密实性和均匀性，诱导裂缝的发生。混凝土内部气泡不能完全排除时，钢筋表面的气泡则会降低混凝土与钢筋的黏结力。钢筋若受到过多振动，则水泥浆在钢筋周围密集，也将大大降低黏结力。上水库副坝面板大部分面板为高空作业施工，现场施工及振捣都有一定困难。

②局部混凝土低强对混凝土裂缝的影响，其中产生最宽裂缝的⑧号面板裂缝位于混凝土低强部位，混凝土低强后抗拉强度降低，继而降低抗裂能力。⑧号面板设计强度为C25MPa，实际面板抗压强度为23.7MPa，低于设计强度约5%左右，差值不是很大，估计影响不是很大。

综上所述，面板混凝土已产生的裂缝都是上水库蓄水前产生的，上水库蓄水后，进过两年的稳定和运行，基本没有新的裂缝产生，原已产生的裂缝没有新的发展。

（3）面板裂缝宽度分析。上水库副坝面板竖向裂缝位置个别距离板边比较近，最小的只有1.27m，个别在板块的中心位置（12板块的为6.0m，11.0m板块的5.5m），但大部分裂缝都偏板块一侧，一般在距板块最小距离3.5～5.5m，有一定的规律性。由于产生裂缝的原因很多，其次这些裂缝一般都是表层裂缝（根据现场无损检侧最大裂缝深度10.5cm），初步分析和前述的面板产生裂缝原因大致差不多。根据国内已建工程，宝泉下水库大坝面板分缝及有限元分析研究结果和施工经验，目前国内的浆砌石坝面板分缝一般都在10～20m时，如果严格控制好施工环节，虽然不能避免裂缝的产生，但可以尽量减少裂缝。

（4）裂缝复查及处理评价。2007年7月至2008年2月，上水库副坝裂缝已按设计要求处理完毕，采用无损检测手段对几条较大裂缝进行深度检测结果，最大裂缝深度10.5cm，其次在根据裂缝在处理前（化灌）进行开槽结果（开槽宽、深各5cm），开槽后大部分裂缝也基本消灭。因此上水库这些现的这些裂缝，深度不是很大，一般在10cm以内。

根据对处理后裂缝再次复查结果，已处理裂缝未有发现扩展现象，其他也未有发现新的裂缝。因此上水库副坝裂缝处理满足设计要求，满足上水库蓄水安全运行要求。

通过对混凝土面板表观检查、坝体内廊道漏水量的观测和坝下游漏水情况的观察，混凝土面板表面裂缝没有新的发展，坝体内部廊道漏水量很小，坝下游表面基本没有漏水，可以判断上水库副坝面板已处理的裂缝对工程竣工后运行安全没有影响。

8.5.2.3 混凝土裂缝处理技术要求

（1）裂缝处理原则及要求。

1）混凝土建筑物的裂缝处理根据《混凝土坝养护修理规程》（SL 230—98）的规定执行。

2）上述所有外露混凝土建筑物裂缝，当缝宽小于0.1mm时裂缝不做处理，当缝宽大于0.1mm及有渗水的裂缝均采用先凿槽封缝再化学灌浆法处理。

3）裂缝处理的化灌浆材，采用LW型水溶性聚氨酯（专用厂家配置，低强高膨胀型）和HW型水溶性聚氨酯（专用厂家配置，高强低膨胀型）混合浆液，配合比为LW∶HW＝7∶3。充填法的裂缝处理材料采用弹性环氧砂浆。

4）裂缝处理的弹性环氧砂浆、环氧胶泥的强度不低于35 MPa，环氧的黏度（25℃）

一般为 6～26Pa·S，弹性环氧砂浆、环氧胶泥的配比必须在满足设计强度的情况下通过试验确定，弹性环氧砂浆、环氧胶泥及环氧基液等修补材料中的主剂（环氧树脂）和其他材料也可采用其他型号，并根据试验调整，修补材料也可采用成品料进行配置，各种修补材料的品质和贮存应符合有关规定，砂应满足混凝土用砂的要求。

（2）灌浆法施工主要技术要求。

1）仔细检查裂缝部位，清理缝面的浮尘和污物并冲洗干净，落实缝面的宽度、长度和深度。

2）注浆前先对缝面凿 U 形槽，槽宽、深为 5～6cm，槽凿好后，用水冲洗干净，在槽内涂刷基液，用弹性环氧砂浆（或环氧胶泥）埋设灌浆管（盒），并用弹性环氧砂浆进行灌浆前的封缝充填。

3）灌浆嘴布设，沿裂缝部位打灌浆孔，对深层裂缝，可钻斜孔穿过缝面，灌浆孔间距一般为 40cm，最大不超过 50cm，缝细则小，缝宽则大，孔径 12～14mm，孔深 12～16cm。

4）灌浆，待封缝材料有强度后进行化学灌浆，采用压力泵灌注聚氨酯材料，灌浆压力视裂缝开度、吸浆量、工程结构情况而定，一般为 0.3～0.6MPa，初选按 0.4MPa 控制，最大不超过 0.6MPa。灌浆顺序一般由下而上，由深到浅，由裂缝一端的钻孔向另一端的钻孔逐孔依次进行，灌浆压力由低向高逐渐上升，灌浆结束标准根据现场实际情况控制，有如下原则：一是单孔吸浆率小于 0.05L/min；二是浆液的灌入量已达到了该孔理论灌入量的 1.5 倍以上时都可结束灌浆；三是当邻孔出现纯浆液后，暂停压浆并结扎管路，将灌浆管移至临孔继续灌浆。

5）浆液固化后凿除灌浆管，用弹性环氧砂浆进行封闭整个缝面（U 形槽），并压实抹光，保证与混凝土表面平整。

（3）裂缝开槽充填法修补施工技术要求。

1）沿裂缝凿 U 形槽，槽宽、深 5～6cm，清除槽内松动颗粒，并清洗干净。

2）充填修补材料之前，槽面应涂刷树脂基液，涂刷树脂基液时使槽面处于干燥状态。

3）向槽内充填修补材料（弹性环氧砂浆），并压实抹光，保证与原混凝土表面平整。

（4）质量检查。

1）裂缝处理完毕 14d 后，钻检查孔进行压水试验，检查单孔透水率应小于 0.3Lu，不合格必须补灌，压水检查的孔口压力为 0.5MPa，抽样频率（条数）为 10%。

2）裂缝修补施工宜在 5～25℃环境条件下进行，不应在雨雪或大风恶劣气候的露天环境进行，灌浆宜在裂缝开度大时进行。

3）裂缝修补后干燥养护不小于 7d。

8.5.2.4 混凝土表面缺陷处理

混凝土表面缺陷主要为错台、漏浆、麻面、拉筋孔、表面破损等。对于错台采用角磨机打磨成不陡于 1：10 的斜坡；对漏浆采用扁铲剔除，对于麻面、表面破损部位凿至密实合格面后用高压水冲洗干净，然后用 M30 预缩砂浆修补，对于模板拉筋，采用角磨机平混凝土面切除，对于非过流面采用 1：2 水泥砂浆封面，过流面采用环氧砂浆封面。

8.6 观测资料分析

8.6.1 副坝表面变形

副坝表面变形有表面沉降、顺河向水平位移、及轴线水平位移。根据观测资料分析。

沉降量：2012年5月19日副坝表面各测点的沉降量约在6.8～9.9mm之间，最大沉降量9.9mm发生在D1－22测点，与安鉴时（2011年9月）相比最大变幅4.6mm，平均沉降速率0.58mm/月。历史最大沉降量为10.8mm（D1－22）；历史最大上抬量为1.8mm（D1－21）之间。由于测值较小，测值受观测精度影响跳动较明显。

顺河向：从位移量来看，2012年5月19日副坝表面各测点顺河向位移量约在5.7～9.9mm，向下游位移最大量9.9mm发生在D1－20测点。历史向下游最大位移量为19.5mm，发生在2010年2月21日D1－21测点；历史向上游最大位移量为－3.2mm，发生在2008年9月22日D1－21测点。从2011年9月安鉴后至2012年5月19日位移最大变幅为－1.9mm，变化量较小。

轴线水平位移：从位移量来看，2012年5月19日副坝表面各测点坝轴向位移量约在－0.9～－4.0mm，以向右岸位移为主，目前最大量－4.0mm发生在D1－21测点。历史向左岸最大位移量为6.3mm，发生在2009年1月19日D1－24测点；历史向右岸最大位移量为－8.4m，发生在2010年8月25日D1－21测点。从2011年9月安鉴后至2012年5月19日位移最大变幅为－7.2mm，观测数据受精度影响存在波动现象。

8.6.2 副坝坝基变形

副坝坝基区域共安装4套四点式多点位移计用于监测副坝坝基深部围岩变形情况。

从基础沉降量来看，2012年5月27日副坝基础各测点的沉降测值约在－5.91～3.31mm，最大沉降量－5.91mm发生在BX1－04的锚固点2，最大上抬量3.31mm发生在BX1－06的锚固点4。历史最大沉降量为－8.04mm，同样发生在BX1－04的锚固点2；历史最大上抬量为3.59mm，同样发生在BX1－06的锚固点4。

从数据及过程线来看，副坝*A*—*A*剖面基础发生了一定量的压缩变形即沉陷，坝踵、坝趾整体沉降量相差不多，仅坝趾的锚固点2沉降量稍大，但已趋稳。而B—B断面坝趾基础发生了一定量的上抬，上抬约4mm以内，分析认为可能是假定不动的锚固点1发生下沉导致，并非其余3个测点的真实变形，且趋势已趋于稳定，可适当关注其变化。

8.6.3 副坝坝体及坝基渗压

在副坝坝体及坝基共埋设了17支渗压计用于监测坝体与坝基的渗透压力。

根据观测资料分析，除坝基P1－16损坏外，其余渗压计（2012年5月29日）渗压水头在0～5.35m（P1－15）之间。历史最大渗透水头测值在0～8.56m（P1－14）之间；历史最小渗透水头为0，表明无渗压。从量值上看，坝基渗压P1－07、P1－14、P1－15、P1－17较大，在以后的观测中继续关注。

综合上述，副坝变形、渗压情况正常，观测值均在设计允许之内，坝体是安全的。但下一步还需加强观测，一旦出现异常现象，应及时进行分析，必要时采取暂停蓄水进行检查等措施。

8.7 拦渣坝及结构分析

8.7.1 1号拦渣坝设计

(1) 断面布置设计。1号拦渣坝为浆砌石透水重力坝，位于副坝东沟侧距副坝约90m，1号拦渣坝设在消力池上游（靠东沟），坝高6m，坝顶高程772.00m，坝长54.8m，坝顶宽2.0m，靠东沟侧为1∶0.2，靠下游侧（消力池侧）为台阶型式，台阶高宽比1∶1.0，坝体设有ϕ200UPVC排水管，间距2.5m。1号拦渣坝为M10浆砌60号块石。

坝轴线坐标为：

坝左S点：X=3928569.545，Y=453205.420

坝右T点：X=3928553.008，Y=453096.670

(2) 稳定计算。

1) 荷载及组合和副坝基本一样，不再详述。

1号拦渣坝计算水位见表8.7-1。

表8.7-1　　1号拦渣坝计算水位表　　单位：m

正常蓄水位	上游水位	772.00
	下游水位	767.00
设计洪水位（0.5%）	上游水位	773.54
	下游水位	767.00
校核洪水位（0.1%）	上游水位	773.80
	下游水位	767.00

2) 计算方法。1号拦渣坝稳定计算方法同副坝稳定计算方法一样。

3) 计算成果。1号拦渣坝（基底高程767.00m）稳定应力计算成果见表8.7-2。

表8.7-2　　稳定应力计算成果汇总表

荷载组合		计算断面	抗滑稳定安全系数	上下游垂直正应力（计扬压力）/(kN/m²)	
				σ_{yu}	σ_{yd}
基本组合	正常蓄水位情况	垫层混凝土与基岩接触面（767.00m）	25.12	38.5	53.4
	设计洪水位情况	垫层混凝土与基岩接触面（767.00m）	16.38	3.2	77.6
特殊组合	校核洪水位情况	垫层混凝土与基岩接触面（767.00m）	15.47	2.7	81.7
	地震情况	垫层混凝土与基岩接触面（767.00m）	20.35	26.2	62.3
	施工期情况	垫层混凝土与基岩接触面（767.00m）		110.7	23.9

(3) 基础开挖及坝肩处理。1号拦渣坝基础地层和副坝及其消力池差不多，设计应全部挖到基岩，由于坝不是很高，基础可以坐落在强风化基础上。但在和副坝、消力池同位置处基础也出现部分冲沟，开挖时将覆盖层全部挖除，换填和拦渣坝一样的浆砌石结构。

1号拦渣坝两个坝肩设计应与两岸岩石连接，但在开挖中，两个端头覆盖层较厚，且上部覆盖层较高较陡，若坝肩全部挖到基岩，开挖量太大，同时会引起高边坡稳定问题。因此两坝肩未有挖到基岩。为防止上游渗水破坏两坝肩接头，在1号拦渣坝两个坝肩上游靠边坡增设15m长的砌石裹头护坡，裹头外坡比1：0.75，裹头护坡与坝肩连接。

1号拦渣坝至消力池之间的边坡支护设计同消力池边墙以上支护设计。

8.7.2 2号拦渣坝设计

（1）断面布置设计。2号拦渣坝为透水式浆砌石重力坝，距副坝上游约310m，主要拦截东沟上游推移质，防止进入副坝前面的消力池和自流排水洞进口，影响自流排水洞正常运行。2号拦渣坝坝高18.0，坝顶高程810.00m，坝长80.0m，坝顶宽度3.0m，上游坝坡1：0.1，下游为台阶形式，台阶高1.0m，宽0.75m，坝体设有三排0.3m×0.3m排水孔，排水孔排距5.0m，间距2.5m。坝顶设1.0m×2.0m排水缺口，排水缺口间距2.5m，以利拦渣坝坝顶溢流。

坝体为M10浆砌60号块石。基础设有1.0m厚C15混凝土。

坝轴线坐标为：

坝左V点：X=3928797.000，Y=452996.600

坝右U点：X=3928803.000，Y=453107.000

（2）稳定计算。

1）荷载及组合和1号拦渣坝一样，见表8.7-3。

表8.7-3　2号拦渣坝计算水位表　单位：m

正常蓄水位	上游水位	810.00
	下游水位	792.00
设计洪水位（0.5%）	上游水位	810.71
	下游水位	792.00
校核洪水位（0.1%）	上游水位	810.99
	下游水位	792.00

2）计算方法。2号拦渣坝稳定计算方法同副坝稳定计算方法一样。

3）计算成果。2号拦渣坝（基底高程792.00m）稳定应力计算成果，见表8.7-4。

表8.7-4　稳定应力计算成果

荷载组合		计算断面	抗滑稳定安全系数	上下游垂直正应力（计扬压力）/(kN/m²)	
				σ_{yu}	σ_{yd}
基本组合	正常蓄水位情况	垫层混凝土与基岩接触面（792.00m）	7.24	106.1	126.0
	设计洪水位情况	垫层混凝土与基岩接触面（792.00m）	6.69	85.1	141.0
特殊组合	校核洪水位情况	垫层混凝土与基岩接触面（792.00m）	6.50	76.8	147.0
	地震情况	垫层混凝土与基岩接触面（792.00m）	5.98	60.2	161.9
	施工期情况	垫层混凝土与基岩接触面（792.00m）		397.3	0.2

(3) 基础开挖及坝肩处理。2号拦渣坝基础地层位于毛庄组地层，设计全部挖到基岩，基岩相对较好为弱风化基岩。

2号拦渣坝两个坝肩设计应与两岸岩石连接，但在开挖中，右坝肩端部为深覆盖层，坡度较高，如果要挖到基岩上开挖量很大。设计右坝肩不再开挖到基岩，上游增加一段（10m长）砌石裹护坝肩，护坡坡比1：1.0，下游末端设20m长护砌道路保护。

8.8 自流排水洞布置及结构分析

8.8.1 自流排水洞布置及结构计算

8.8.1.1 自流排水洞布置

上水库自流排水洞位于上水库副坝东沟上游，进口距副坝约49m，出口在主坝坝后，距主坝垂线距离约350m。洞轴线与副坝夹角约9.8°。断面为城门洞形，尺寸5.2m×5.7m，全断面衬砌厚0.5m，洞长716m，纵坡0.015。自流排水洞200年一遇洪水设计流量276m³/s，1000年一遇洪水设计流量为328m³/s。排水洞进口高程为760.00m，出口高程为749.26m。进口为喇叭形，排水洞出口下设消能及泄流设施，出口至坝后东沟下游高差约70.0m左右，之间采用台阶消能，平面上为转弯布置，转弯段布置在台阶消能泄水渠底部的消力池段，转弯半径为45.0m，转角36.09°。消力池以上为台阶消能矩形泄槽，长度为87.6m，宽度由10.17m渐变为28.0m；泄槽坡比1：1.7，台阶高1.0m，宽1.7m，侧墙高5.5m，侧墙厚0.8m，底板厚0.8m，泄槽底部设有0.15m厚无砂混凝土排水垫层，排水垫层内设有软式透水管，排水管间排距5.0m。在高程703.05m（与出口高差约46.0m左右）处设有消力池，消力池长21.98m，宽28.0m，侧墙高6.0m，厚0.8m，底板1.5m。经消力池消能后再接台阶式泄水渠送向下游东沟，泄水渠坡比1：4，为浆砌石结构，梯形断面，断面坡比1：1.5，泄水渠宽度31.0m，高4.7m，底板厚1.0m，边坡厚0.8m，泄水渠出口设有临时铅丝笼护脚。

8.8.1.2 排水洞洞线及洞型选择

自流排水洞位于副坝上游东沟49m处东沟右岸，东沟左岸为狼山，山顶海拔1080.00m，山体较宽厚，坡度一般为（自然坡）15°～30°；高程800.00m以上基岩裸露，以下多被坡积物、崩积物覆盖，覆盖层厚10～35m，一般未胶结。东沟右岸为关山，山顶海拔1283.00m，山体宽厚，自然坡25°～40°；750.00m以上基岩裸露，以下分布有半胶结～松散状坡积物、崩积物，覆盖层厚10～16m。从东沟两岸地形可以看出，洞线布置在右岸是合适的。

根据副坝上游及右岸地形，排水洞的埋深和上游天然径流的利用方式，排水洞比较了有压洞、无压洞和有压短管进口无压排水洞三种型式。

副坝上游山体陡峻，若采用有压洞，布置进口塔架造成山体大量开挖，并影响山体稳定。洞线（排水洞）直线布置，工作门布置在出口，也将会造成大量的开挖，同时需要修建塔架以及金属结构工程量将增加；而东沟平时无径流，洪水暴涨暴落；而副坝上游库容较小，无调洪能力，因此布置有压洞是不合适的。

采用有压短管进口无压泄水隧洞方案，虽然减少了出口部分的开挖等工程量，但依然存在有压洞进口塔架布置的问题。

采用无压洞较为理想，不考虑副坝以上库容的调洪作用，来水全经排水洞宣泄，进出口无须布置建筑物，因此采用无压排水洞方案；对排水洞过流能力有较高要求，因此选用过水能力较大的城门洞形。

8.8.1.3　排水洞断面设计

排水洞为1级建筑物，排水洞洞径的大小，直接影响到工程量和工程投资，因此对排水洞洞径的大小进行了多方案比较。

排水洞为无压洞，城门洞形。根据理论、经验公式计算，洞宽7m左右。结合进口布置形式，比较了洞宽分别为5m、6m的两个方案。洞宽5m时，隧洞进口水深7.6m，加上洞口余幅，隧洞宽高比达1：1.6。洞宽6m时，隧洞进口水深6.7m，加上洞口余幅，隧洞宽高比1：1.2。上水库地应力测试表明，水平地应力大于垂直地应力，隧洞可采用高度较小而宽度较大的断面。洞径5m的开挖断面面积比洞径6m的开挖断面面积大。综合分析，隧洞采用圆拱直墙形断面，开挖洞径断面尺寸6m×6.5m（宽×高）。

8.8.1.4　排水洞衬砌计算

（1）计算方法。按照《水工隧洞设计规范》（DL/T 5195—2004）规定，对于Ⅱ类、Ⅲ类围岩，宜采用结构力学方法计算。对于圆拱直墙式无压隧洞的衬砌，采用边值法计算，计算数据参数如下：

混凝土容重（kN/m^3）：25.00

混凝土强度等级：C25

内水水头：4.18m

检修期外水折减系数：0.7

灌浆压力（MPa）：0.2

底部单位弹抗系数（MN/m^3）：5000

左侧单位弹抗系数（MN/m^3）：5000

顶部单位弹抗系数（MN/m^3）：5000

围岩容重（kN/m^3）：26.00

围岩垂直压力系数：0.058

围岩侧向压力系数：0.00

结构荷载是否封闭对称：对称

洞高（m）：6.0

顶拱半径（m）：3.5

顶拱中心角（°）：52.0672

底板厚（m）：0.4

左侧墙厚（m）：0.4

顶拱厚（m）：0.4

左拱端厚（m）：0.423

侧墙与底板是否圆弧连接：方角

（2）计算结果。计算结果见表8.8-1、表8.8-2。最终确定侧墙与底板方角连接，衬砌厚度为0.40m，纵向分布钢筋$\phi14$，内外侧受力钢筋均为$\phi16$。

表 8.8-1　　排水洞结构计算内力计算成果汇总表

衬砌厚	工况	部位	轴力 /kN	剪力 /kN	弯矩 /(kN·mm)	备注
40cm	运行	底部	279.544	−306.563	112.882	
		左边	358.609	279.544	112.882	
		顶部	396.161	89.772	50.332	
		右边	358.609	279.544	112.882	
	检修	底部	−33.705	111.725	−28.878	

表 8.8-2　　排水洞结构计算成果汇总表

衬砌厚	工况	部位	内侧钢筋直径 /mm	外侧钢筋直径 /mm	最大裂缝宽度 /mm	超过限裂宽度点数 /个	备注
40cm	运行	底部	14	14	0	0	内侧 5 根/m 外侧 5 根/m
		左边	14	14	0	0	
		顶部	0	0	0	0	
		右边	14	14	0	0	
	检修	底部	14	14	0	0	内侧 5 根/m 外侧 5 根/m
		左边	14	14	0	0	
		顶部	0	0	0	0	
		右边	14	14	0	0	
	施工	底部	14	14	0	0	内侧 5 根/m 外侧 5 根/m
		左边	14	16	0.23	0	
		顶部	0	0	0	0	
		右边	14	16	0.25	0	

8.8.1.5　自流排水洞细部构造及基础设计

（1）洞身总长 716.06m，洞身衬砌采用 C25 混凝土，每 12m 设置一道伸缩缝，缝内设置一道橡胶止水带，填塞泡沫板。

（2）洞身施工开挖时为保证洞身围岩稳定采用挂网喷混凝土支护，钢筋网片Φ 8@150×150，喷 C20 混凝土，厚根据围岩不同采用 0.1m、0.15m 两种。根据围岩不同，锚杆采用 ϕ22、ϕ25 两种砂浆锚杆（局部钻孔困难为自进式中空锚杆），间排距 2.0m，锚杆长度 3.6m，入岩 3.4m。

洞身在洞顶 101.82 范围内进行回填灌浆，回填灌浆在衬砌内埋设 ϕ48 钢管，钢管伸出衬砌外 0.2m，回填灌浆压力为 0.3MPa，分Ⅰ序孔、Ⅱ序孔间隔布置。

8.8.1.6　自流排水洞进、出口结构设计

（1）排水洞进口段设计。根据地质情况，排水洞进口段基础和两侧边墙地层和副坝消力池基本一样，以$\in_1 m^4$（馒头组）$\in_1 m^5$（馒头组）、$\in_1 mz^1$ 和$\in_1 mz^2$（毛庄组）岩组为主。

进口段呈喇叭形扩散状，长 16.00m，起始宽度 12.78m，终止宽度 5.2m，底板顶面

高程 760.00m，底板和边墙厚 0.5m，侧墙高 8.5m，为 C20 钢筋混凝土，内外侧配钢筋Φ16@200×200。

进口段基础高程 759.50m，按设计断面开挖后，为保护边坡，在高程 768.50m 以下采用混凝土墙保护，高程 768.50m 以上采用喷锚支护，进口段起始处和终止处各设置一道齿槽，起始齿槽底部高程 757.00m，终止齿槽底部高程 759.00m。

底板和边墙设置锚杆，锚杆直径 ϕ20，长 3.6m，入岩 3.4m，间排距 2.0m，梅花形布置，采用 L 形短钢筋和混凝土内受力钢筋焊接在一起。局部塌孔地段改为 ϕ25 自进式中空锚杆。局部塌孔地段改为 ϕ25 自进式中空锚杆。

进口段边墙高程 768.50m 以上整个开挖边坡采用挂网喷混凝土支护，支护参数为砂浆锚杆（局部钻孔困难为自进式中空锚杆）直径为 ϕ25，间排距 2.0m，锚杆长度 3.0m、5.0m 两种，钢筋网片Φ8@150×150，喷 C20 混凝土厚 0.1m。

进口段边墙设置排水孔，排水孔采用 ϕ100mmPVC 排水管，伸入岩体 0.2m。

进口段与排水洞洞身之间设置伸缩缝，采用一道橡胶止水带封闭，缝内填塞泡沫板。

（2）排水洞出口段设计。根据地质情况，排水洞出口段基础和两侧边墙地层和副坝以 $\in_1 m^5$（馒头组）、$\in_1 mz^1$ 和 $\in_1 mz^2$（毛庄组）岩组为主。

出口段从 0+706.00～0+736.25，呈喇叭形扩散状，扩散角 7°，起始宽度 5.2m，终止宽度 10.17m，底板顶面高程从 749.26～749.19m。出口段共分三段，0+716.00～0+724.60 为第一段，底板厚度 1.0m，0+724.60～0+733.36 为第二段，底板厚度 1.5m；0+733.36～0+736.25 为出口圆弧段，圆弧半径 5.8m，第二段至圆弧末端基础均设齿槽，起始齿槽底部高程 745.53m，终止齿槽底部高程 744.53m，圆弧末端齿槽底板以下深 3.5m。圆弧下接台阶消能泄槽。出口侧墙高 7.0m，顶部高程 756.00m，侧墙厚 0.8m。

侧墙按设计断面开挖后，为保护边坡，在高程 756.00m 以下采用混凝土墙保护，高程 756.00m 以上采用喷锚支护。

出口段底板和边墙为 C25 钢筋混凝土，内外侧受力钢筋Φ22@160，分布钢筋Φ16@200。底板和边墙设置锚杆，锚杆直径 ϕ20，长 3.6m，入岩 3.4m，间排距 2.0m，梅花形布置，采用 L 形短钢筋和混凝土内受力钢筋焊接在一起。局部塌孔地段改为 ϕ25 自进式中空锚杆。

出口段边墙高程 768.50m 以上整个开挖边坡采用挂网喷混凝土支护，支护参数为砂浆锚杆（局部钻孔困难为自进式中空锚杆）直径为 ϕ25，间排距 2.0m，锚杆长度 3.0m、5.0m 两种，钢筋网片Φ8@150×150，喷 C20 混凝土厚 0.1m。

出口段与排水洞洞身之间、出口段两段之间设置伸缩缝，采用一道橡胶止水带封闭，缝内填塞泡沫板。

8.8.2 水力设计及消能防冲设计

8.8.2.1 自流排水洞过流能力计算

（1）计算方法。

1）无压涵洞过流能力计算。

$$Q=\sigma m b_k H_0^{3/2}\sqrt{2g}$$

2）有压涵洞过流能力计算。

$$Q=\mu\omega 2g(H_0+iL-\beta a)$$

$$\mu=1/[1+\sum\zeta+2gL/(C^2R)]$$

(2) 计算结果。排水洞为1级建筑物，设计标准采用200年一遇洪水设计，1000年一遇洪水校核。相应洪水流量分别为275m³/s、326m³/s。

通过水力计算，确定排水洞过水断面净尺寸为5.2m×5.7m（长×宽），根据计算为陡坡隧洞，其泄流能力由洞口泄流能力控制，下游水位对洞口出流无影响，均为自由出流。

排水洞洞身水深—流量，100年一遇按无压洞过流计算，200年一遇和1000年一遇按有压洞过流计算，设计洪水时排水洞洞身水深—流量关系见表8.8-3。

计算结果见表8.8-4～表8.8-7。排水洞在宣泄100年一遇洪水237m³/s时，洞内水深为3.90m，宣泄200年一遇洪水275m³/s，洞内水深4.37m，净空余幅度较大。因此，排水洞过流能力是足够的。

表8.8-3　排水洞洞身水深—流量关系表

部位	水深/m	流量/(m³/s)	流速/(m²/s)	洪水标准
排水洞	3.90	237	11.77	100年一遇
	4.37	275	12.12	200年一遇
	5.01	326	12.52	1000年一遇

表8.8-4　临界水深 h_k 和 i_k 临界底坡计算表

Q /(m³/s)	B_k /m	g /(m/s²)	A_k^3 /m³	A_k /m²	h_k /m	χ_k /m	R_k /m	C_k /(m^{1/2}/s)	$i_k=gA_k/(\alpha C_k^2R_kB_k)$	备注
238.8	5.2	9.8	30258.4	31.16	5.99	17.185	1.8133	78.8768	0.0052	$i=0.015$，$i>i_k$ 为陡坡、急流
352	5.2	9.8	65745	40.36	7.76	20.723	1.9476	79.8218	0.0061	

表8.8-5　排水洞洞泄流能力（无压）计算表

H_0 /m	σ	m	b_k /m	$2g$ /(m/s²)	$H_0^{3/2}$ /m	Q /(m³/s)	备　注
0	1	0.374	5.2	19.6	0	0	8.55＝5.7（洞内净高）×1.5
1	1	0.374	5.2	19.6	1.000000	8.61	
2	1	0.374	5.2	19.6	2.828427	24.353	
3	1	0.374	5.2	19.6	5.196152	44.739	
4	1	0.374	5.2	19.6	8.000000	68.88	
5	1	0.374	5.2	19.6	11.18034	96.263	
6	1	0.374	5.2	19.6	14.69694	126.54	
7	1	0.374	5.2	19.6	18.52026	159.46	
8	1	0.374	5.2	19.6	22.62742	194.82	
8.55	1	0.374	5.2	19.6	25.00053	215.25	

注　当洞口上游水深 H_0/a（洞高）≥1.5时按有压流计算。

表 8.8-6　排水洞泄流能力（有压）计算表

H_0 /m	A /m²	χ /m	R /m	C /m$^{1/6}$	$2g$ /(m/s²)	L /m	$\Sigma\zeta$	μ	i	β	A /m	Q /(m³/s)
8.55	27.6835	20.0788	1.3787	75.36	19.6	716.0592	0.15	0.58	0.015	0.85	5.7	271.5531
9	27.6835	20.0788	1.3787	75.36	19.6	716.0592	0.15	0.58	0.015	0.85	5.7	275.7502
10	27.6835	20.0788	1.3787	75.36	19.6	716.0592	0.15	0.58	0.015	0.85	5.7	284.8558
12	27.6835	20.0788	1.3787	75.36	19.6	716.0592	0.15	0.58	0.015	0.85	5.7	302.2451
14	27.6835	20.0788	1.3787	75.36	19.6	716.0592	0.15	0.58	0.015	0.85	5.7	318.6870
16	27.6835	20.0788	1.3787	75.36	19.6	716.0592	0.15	0.58	0.015	0.85	5.7	334.3212
18	27.6835	20.0788	1.3787	75.36	19.6	716.0592	0.15	0.58	0.015	0.85	5.7	349.2563
18.377	27.6835	20.0788	1.3787	75.36	19.6	716.0592	0.15	0.58	0.015	0.85	5.7	352.0006
18.38	27.6835	20.0788	1.3787	75.36	19.6	716.0592	0.15	0.58	0.015	0.85	5.7	352.0223
18.39	27.6835	20.0788	1.3787	75.36	19.6	716.0592	0.15	0.58	0.015	0.85	5.7	352.0948
18.4	27.6835	20.0788	1.3787	75.36	19.6	716.0592	0.15	0.58	0.015	0.85	5.7	352.1673

表 8.8-7　排水洞泄流能力计算结果汇总表

排水洞	洞口上游水头 H_0/m	洞宽 b/m	流量 Q/(m³/s)
无压	2	5.2	24.353
	4	5.2	44.739
	6	5.2	96.263
	8	5.2	194.82
	8.55	5.2	215.25
有压	8.55	5.2	271.5531
	10	5.2	284.8558
	12	5.2	302.2451
	14	5.2	318.687
	16	5.2	334.3212
	18	5.2	349.2563
	18.377	5.2	352.0006
	18.38	5.2	352.0223
	18.39	5.2	352.0948
	18.4	5.2	352.1673

8.8.2.2　排水洞出口消能设施设计

（1）排水洞出口消能设施布置。排水洞出口下设消能及泄流设施，出口至坝后东沟下游高差约 70.0m 左右，之间采用台阶消能，平面上为转弯布置，转弯段布置在台阶消能泄水渠底部的消力池段，转弯半径为 45.0m，转角 36.09°。消力池以上为台阶消能矩形泄槽，0+736.25～0+810.64，长度为 87.6m，宽度由 10.17m 渐变为 28.0m；泄槽坡比

1∶1.7，台阶高1.0m，宽1.7m，侧墙高5.5m，侧墙厚0.8m，底板厚0.8m，泄槽底部设有0.15m厚无砂混凝土排水垫层，排水垫层内设有软式透水管，排水管间排距5.0m。在高程703.05m（与出口高差约46.0m左右）处设有消力池，消力池范围k0+810.64～k0+832.62，消力池长21.98m，宽28.0m，侧墙高6.0m，厚0.8m，底板1.5m。经消力池消能后再接台阶式泄水渠送向下游东沟，泄水渠坡比1∶4，为浆砌石结构，梯形断面，断面坡比1∶1.5，泄水渠宽度31.0m，高4.7m，底板厚1.0m，边坡厚0.8m，泄水渠出口设有铅丝笼护脚。

（2）排水洞出口消能水力设计。台阶式溢流坝由于台阶的存在，使下泄水流在台阶之间形成了绕水平轴旋滚，并与坝面主流发生强烈的掺混作用，使水流紊动加剧，掺气增强，消耗了部分能量，大大减小了下泄水流的能量，改善了坝趾处的水力条件，使过坝水流的消能设施得以简化，从而节省工程投资。

为了增大泄流能力，减小泄槽的宽度，减小开挖工程量。排水洞出口消能设施采用台阶消能+消力池消能。

1）消力池及上游泄槽消能设计。消力池上游泄槽为台阶型式，台阶消能计算采用校核洪水频率0.1%，相应设计流量$Q=328m^3/s$。排水洞在校核洪水位时的最大单宽流量为$11.71m^3/(s\cdot m)$，单宽流量介于表8.4-3（参考副坝台阶消能部分）中的7.14～14.3，从消能率来看，泄槽标准段台阶高度选1.0m，台阶宽度为1.7m，台阶顶角的连线坡比为1∶1.7。计算方法副坝台阶消能，经计算$n=0.041$，副坝台阶式溢流坝的消能率$\eta=92\%$，安全起见取90%。

当泄槽下泄设计流量时，上游水位749.47m，下游水位705.65m，总水头$H=(749.47-705.65)m=43.82m$，经过台阶消能后，剩余能量为：

$$h_0=(1-90\%)\times43.82m=4.38m$$

流速

$$v=1.1\varphi\sqrt{2gh_0}=9.18m/s$$

经计算收缩水深$h_c=1.24m$，跃后水深$h=4.18m$，坝下台阶消能长度$L_j=20.35m$。

2）消力坎上水深计算。排水洞出口经过阶梯消能后进入消力池，但由于消力池与下游东沟仍有很大高差，因此水流经过消力坎后需要进一步消能使其水流顺利送入东沟内。

根据DL 5108—1999附录C开敞式溢流堰公式计算坎上水深：

$$Q=m_Z\varepsilon\sigma_mB\sqrt{2g}H_Z^{3/2}$$

水位流量关系见表8.8-8。

表8.8-8　　水位流量关系表

坎顶高程/m	705.65	705.65	705.65	705.65	705.65	705.65	705.65	705.65
坎上水位高程/m	706	706.5	707	707.5	708	708.5	709	709.05
坎上水深/m	0.35	0.85	1.35	1.85	2.35	2.85	3.35	3.85
流量系数	0.324	0.327	0.33	0.337	0.339	0.341	0.342	0.345
下泄流量 $Q/(m^3/s)$	10.81	70.42	80.96	130.82	187.63	238.02	320.32	328.67

由表8.8-8可知，在最高水位时，可以满足泄洪要求。

3）消力池下游泄流明渠消能计算。台阶消能计算采用校核洪水频率0.1%，相应设计流量$Q=328m^3/s$。

排水洞在校核洪水位时的最大单宽流量为$10.55m^3/(s \cdot m)$，单宽流量介于7.14～14.3，从消能率来看，泄流明渠台阶高度选0.5m，台阶宽度为2.0m，台阶顶角的连线坡比为1∶4。

经计算$n=0.024$，泄流明渠的消能率$\eta=53\%$，安全起见取50%。

当泄流明渠下泄校核流量时，消力池坎上水深1.18m（水位709.05m，含行近流速），目前排水洞消能设施出口高程为675.02m，总水头$H=(709.05-675.02)m=34.03m$，经过台阶消能后，剩余能量为：

$$h_0=(1-50\%)\times 34.03m=17.015m$$

流速

$$v=1.1\varphi\sqrt{2gh_0}$$
$$=18.08m/s$$

经计算收缩水深$h_c=0.58m$，跃后水深$h=5.95m$坝下台阶消能长度$L_j=37m$。

经计算消能设施出口仍有较大的能量，鉴于目前东沟整治工程尚未开始，消能设施出口末端的消力池暂不做，结合东沟整治工程统一考虑。

（3）排水洞出口消能设施结构设计。

1）消力池上游泄槽结构布置。消力池以上为台阶消能矩形泄槽，范围从0+736.25～0+810.64，长度（斜长）为87.6m，宽度由10.17m渐变为28.0m。泄槽坡比1∶1.7，台阶高1.0m，宽1.7m。泄槽底板和侧墙均为C25F100钢筋混凝土结构，底板厚0.8m，侧墙高6.0m，侧墙顶宽0.8m，底宽1.0m，侧墙和底板配受力筋Φ22@160，分布筋Φ16@200。

泄槽每隔12.1m设置一道伸缩缝，每段泄槽上部底板均设置前趾，前趾采用与底板同标号混凝土浇成整体，上一段泄槽底板搭接在下一段泄槽底板前趾上。伸缩缝中部设置一道橡胶止水带，缝内填塞沥青杉板。

底板下部设有0.15m厚C15无砂混凝土排水垫层，排水垫层内设有ϕ100PVC软式透水管，排水管间排距5.0m，排水管从泄槽末端一个台阶出口通至消力池。

2）消力池设计。消力池范围0+810.64～0+832.62，长21.98m，宽28.0m，侧墙和底板均为C25F100钢筋混凝土结构，底板底面高程701.85m，消力池底板厚原设计1.5m，施工期优化为0.8m。顶面高程702.65m，厚0.8m，侧墙拐弯外侧顶面高程710.50m，拐弯内侧顶面高程709.50m，顶部宽度0.8m，底部宽度1.0m。消力池底板和侧墙受力筋Φ22@160，分布筋Φ16@200。消力池底板以下原为0.15m厚C15无砂混凝土，并在无砂混凝土中布置软式透水管，由于基础开挖出来后岩石条件较好，取消了无砂混凝土和软式透水管，钢筋混凝土底板直接坐落在基岩上。

消力池与下游泄流明渠之间设置渐变段，渐变段范围0+832.62～0+839.09m，基础为拦水坎，坎顶高程705.65m，坎顶宽度1.0m，下接1∶1台阶，台阶宽度和高度均为1.0m，拦水坎前后趾均设置齿槽以增加稳定性，齿槽基础高程699.50m。拦水坎采用C25F100钢筋混凝土，周圈设置钢筋。渐变段边墙由竖直渐变至1∶1.5，采用C25F100

钢筋混凝土，受力筋Φ22@160，分布筋Φ16@200。

消力池与上游泄槽、下游拦水坎之间以及消力池在中部设置伸缩缝，缝中部设置一道橡胶止水带，缝内填塞沥青杉板。

拦水坎坎身在高程702.65m设置一排ϕ100PVC排水管，以排泄消力池内积水。

3）消力池下游泄流明渠设计。消力池拦水坎至下游东沟沟底仍有30多m高差，在引导水流进入东沟的过程中仍需进行必要的消能。拦水坎下游0+839.09～0+946.25段，高程701.00～675.02m范围设置M7.5砂浆砌50号块石台阶排水梯形泄流明渠。泄流明渠开挖底坡1∶4，两侧边坡1∶1.5。台阶宽度2.0m，高度0.5m，底板宽28m，厚1.0m，两侧护墙厚0.8m，高4.5m，坡度1∶1.5，底部和护墙之间设置一道伸缩缝。泄流明渠每隔12m设置一道伸缩缝，缝内填塞沥青杉板。泄流明渠末端0+946.25的位置设置一个齿槽，齿槽宽1.5m，深2.0m，底部高程673.18m。泄流明渠两侧边墙高2.5m处设置0.1m×0.1m排水孔，排水孔间距2.0m。

4）消力池下游泄流明渠出口衔接设计。排水洞消能设施出口距离东沟河道上游约14m的高差，为了保证自流排水洞泄流正常进入东沟，在现有已建工程向下游延伸，至河道底部增设消力池，以保护排水洞出口泄槽基础不被冲毁。

设计在原自流排水洞出口泄槽末端向下延伸，仍采用台阶消能型式，至东沟河床处设消力池。泄水渠为浆砌石结构，侧墙高5.0m，表面加混凝土防冲护砌板。消力池长24.0m，宽30.0m，消力坎高1.0m，消力池侧墙高5.0m。消力池出口设24.0m长海漫，海漫采用浆砌石护砌，海漫末端设一段铅丝笼护脚。

8.8.3 基础处理设计

（1）排水洞出口消能及泄流设施，基础为土夹石基础，为避免产生不均匀沉陷，对密实性较差的土夹石将其全部挖出，然后采用素混凝土和砌石回填。

（2）消力池以上泄槽坡陡（1∶1.7），为保证泄槽基础稳定，垂直底板设置砂浆锚杆，锚杆直径ϕ22，入岩4.9m，间排距2.0m，梅花形布置，采用L形短钢筋和混凝土内受力钢筋焊接在一起。局部塌孔地段改为ϕ25自进式中空锚杆。

（3）消力池底板和拦水坎基础也设置基础锚固砂浆锚杆，锚杆直径ϕ22，入岩4.9m，间排距2.0m，梅花形布置，采用L形短钢筋和混凝土内受力钢筋焊接在一起。局部塌孔地段改为ϕ25自进式中空锚杆。

9 南阳回龙抽水蓄能电站概况

9.1 概述

南阳回龙抽水蓄能电站位于河南省南阳市南召县城东北16km的岳庄附近，电站所在位置系回龙沟上游。电站装机120MW，最大毛水头416.00m，工程主要建筑物包括上水库、下水库、引水发电洞、地下厂房、地面开关站等。上水库位于岳庄村东南直线距离约1.2km的山头上，为回龙沟左岸支沟石撞沟沟头洼地，接近分水岭部位，为一小型集水盆地，坝址位于库盆北西的峡谷出口，坝址以上流域面积0.144km^2。上水库大坝为碾压混凝土重力坝，总库容118万m^3（设计正常蓄水位以下），最大坝高54m，坝长208m，正常蓄水位899.00m，正常低水位885.00m，死水位876.40m。

回龙抽水蓄能电站工程任务单一，是解决南阳地区的供电调峰问题而专设的调峰电站，上水库为抽水蓄能电站的蓄水上水库，主要为抽水蓄能电站提供蓄水上水库，无其他综合利用要求。上水库工程总体包括主坝、副坝、引水发电系统进/出水口、库盆防渗等建筑物。

9.2 工程等别及标准

9.2.1 工程等别及建筑物级别

回龙抽水蓄能电站装机容量为120MW，上水库总库容118万m^3，下库总库容168万m^3，根据《水利水电工程等级划分及洪水标准》（SL 252—2000）规定，确定本工程为Ⅲ等工程，上水库大坝最大坝高54.0m，建筑物级别为3级。

9.2.2 洪水标准

根据GB 50201—94和《水利水电工程等级划分及洪水标准》（SL 252—2000）的规定，确定上水库的防洪标准按50年一遇设计、500年一遇校核。

9.2.3 工程地质条件

根据国家地震局1990年版《中国地震烈度区划图》，坝址区地震基本烈度为小于Ⅵ度地震地区；根据国家地震局2001年《中国地震动参数区划图》，坝址区地震动参数为0.05。根据审查意见，本工程抗震烈度按6度设防。

9.3 枢纽总体布置

9.3.1 上水库

上水库位于岳庄村东南直线距离约1.2km的山头上，为回龙沟左岸支沟石撞沟沟头洼地，接近分水岭部位，为一小型集水盆地，坝址位于库盆北西的峡谷出口，坝址处为V

形谷，谷底宽约15m，左坝肩为一北东走向的山梁，右坝肩为一近东西方向的山梁，坝轴线位置是唯一的可选坝址。库盆右岸（即东侧）和后缘山体比较雄厚，两坝肩及库盆左岸（西侧）山体相对单薄，高程较低，一般在910.00m左右，有两处单薄山梁鞍部接近或低于正常蓄水位，且风化严重，需要修建副坝。

上水库主要建筑物有主坝、副坝、上水库进/出水口。由于坝址控制流域面积仅0.144km^2，故上水库不设泄洪建筑物。上水库主坝为碾压混凝土重力坝，坝顶高程900.00m，最大坝高54.00m，坝长208.00m，共分7个坝段。从左至右1～6号各坝段长30.00m，7号坝段长28.00m。上游坝面铅直，下游坝坡1：0.75，基本三角形顶点高程900.00m。坝顶宽5.0m（含上游防浪、下游防护墙），上游设防浪墙，下游设防护墙，墙高均为1.0m。

上水库副坝为常态混凝土重力坝，坝顶高程900.00m，最大坝高14.00m，坝长120.00m，共分8个坝段，每个坝段均长15.00m。上游坝面铅直，下游坝坡1：0.7，基本三角形顶点高程900.00m。坝顶宽5.0m（含上游防浪、下游防护墙），上游设防浪墙，下游设防护墙，墙高均为1.0m。

主坝右坝肩与上坝公路、环库公路相连接，左坝肩上游侧为引水发电系统进/出水口，主、副坝之间沿整个库区由一条宽4.5m宽的环库公路相连接。

从地形上来看，库周山梁单薄，外侧有深切邻谷，局部因节理带的切割而形成的垭口高程还低于正常蓄水位，经引水隧洞的开挖证实，贯穿于库区的节理密集带向地下延伸较远且具有良好的透水性，是库水外渗的良好通道。库盆开挖和勘探钻孔所显示的地下水分布高程，除库盆东南侧和东北侧地下水位高于水库正常蓄水位，且山体宽厚，岩体完整，不可能渗漏外，其他地段均有渗漏的条件。

上库特殊的地形特征、构造条件及地下水的分布规律，决定了上库库盆存在较严重的渗漏问题。上水库库盆破碎，透水严重，库盆清除全风化坡积物，采用全包防渗处理。库盆防渗系统采用断层构造带及坝前死水位以下用钢筋混凝土面板封闭、其他部位用喷混凝土的库盆全封闭防渗方案，封闭层下布设无砂混凝土和软管排系统。

9.3.2 下水库

下库坝址位于岳庄村西北约200m，九江河峡谷出口上游300m处，控制流域面积8.62km^2。该河段河道比降5.5%，坝址处底宽20～30m，河谷为V形谷，两岸基岩裸露，岩性为细粒花岗岩。库区同样为峡谷段，V形河谷，两岸基岩裸露，库底局部有洪积块石堆积。

下库大坝为碾压混凝土重力坝，坝顶高程507.30m，最大坝高53.3m，共分6个坝段；其中3号坝段为溢流及泄洪排沙底孔坝段，2号坝段布置电站尾水洞，其余均为挡水坝段。从左至右1号坝段长28m，2号坝段长34m，3号、4号及5号坝段各长26m，6号坝段长35m，坝顶总长175m。上游坝面铅直，下游坝坡1：0.75，基本三角形顶点高程507.45m。挡水坝段坝顶宽5.0m（含上下游防浪、防护墙），上游设防浪墙，下游设防护墙，墙高1.0m。

3号溢流坝段，溢流堰顶高程502.00m，溢流堰净宽度16.0m，上下游坝坡同挡水坝段，堰面采用WES剖面实用堰，为开敞式，最大泄量为288.71m^3/s。泄洪排沙底孔布置在本坝段内的左侧，单孔，孔口尺寸 2.5m×3.5m（宽×高），进口高程 467.00m，设平板工作门和事故检修门各一道，闸前为压力流，闸后为明流，底坡 1：10.0。出口采用斜鼻坎形式的挑流消能。

电站尾水洞斜穿 2 号坝段，与坝轴线夹角 70°，单孔，孔口尺寸 3.5m×3.5m（宽×高），进口高程 476.60m，平板工作门一道；在坝上游电站尾水洞进口前设有渐变段，采用扁平 3 孔钢筋混凝土箱涵结构，纵向两端搁在支墩和坝体上，箱涵上拦污栅起吊检修平台采用交通桥和上坝便道连接。

在 5 号坝段设有灌溉引水管，采用 DN100 钢管，进口高程 485.50m。

下库对外交通联系设有上坝公路，上坝公路和 207 国道相连。

下库左坝肩布置有回车场，左肩上游布置有左岸灌浆洞，下游为下库管理房；右坝肩设有灌浆平台。

下水库河谷呈“蛇曲形”弯曲，河流总体流向由北向南东流，回水长度 0.9km。库区为“V”形谷，谷底宽 20～25m，两岸山体雄厚，基岩裸露，岩性为 γ_5^3 似斑状花岗岩。沿九江河底断续分布有第四系全新统冲积块石河砂砾石。库区内发育 F4、F5、F20、F24、F26、F34 、F35、F36、F37、F38、F40 等多条断层，其中 F4 横穿库区，F24、F40 横穿坝基，裂隙节理较发育且多呈北西西向，局部形成节理密集带切割两岸山体，形成单薄垭口，容易形成渗漏通道。F34 、F35、F36、F37、F38 分布于左坝肩，F34 、F37 在左岸 PD02 探洞出露；F26 分布于右坝肩，在右岸 PD03 探洞出露。

除上述断层外，库区内还分布数条节理密集带，其中 L52 分布于库区中部横穿九江河，向西北延伸出图外，向南东于左岸延伸到回龙沟交于 F20 断层。

由于两坝肩山体都比较单薄，并受三组构造节理和节理密集带的切割，岩体破碎、风化，特别是顺河向的北东高倾角节理、断层的发育，对坝基及坝肩岩体渗漏均产生不可忽视的影响。据钻孔压水试验分析，河床及右岸岩体透水性相对较小，仅在上部 13m 范围内较为严重的透水层，其下部可作为相对隔水层。

下库库区两岸的山体绝大部分宽厚，且组成库岸的地层岩性为花岗岩，新鲜花岗岩不透水，九江河又为当地的最低侵蚀基准面，因此，大部分库段不会产生永久性渗漏。

左岸近坝库段 L52 节理密集带以南，山体相对单薄，正常蓄水位 502.00m 时，最窄垭口处仅宽 86m，最宽处也仅有 120m。其外侧为回龙沟，临近库岸的沟底高程 465.00～493.00m，低于正常蓄水位。回龙沟为 F20 大断层经过之处，岩体破碎，透水性强，隔水层顶界线已在河床高程以下。单薄山体处于 F20 断层上盘，山体内不足 80m 长度范围内发育 F24、F34、F35、F36、F37、F38 等数条 NNE 向断层，节理裂隙也十分发育，弱风化最大厚度可达 55m，从 ZK14 孔的压水试验及 PD02 探洞观察，山体透水性较强。因此，左岸 L52 节理密集带以下近坝库段是下水库最主要的漏水地段。

右岸近坝库段，九江河从西向东流，在坝前 65m 左右突然折向南，山体呈现出向北东凸出的山嘴。NNE 向的 F4、F40 断层切割右岸，其中 F40 断层斜穿 5 号坝段，但下游右岸山体雄厚，断层出露顶面高程均在 495.00m 以上。坝体下游右岸 NE 向的 L38～L45 等节理密集带较发育，与断层切割组合，库水具备向下游河谷渗漏的条件。从下库坝轴线工程地质图看，右岸 $q>5$Lu 的岩体厚度仅为 10～20m。根据地质方面的估算，正常蓄水位时右岸的总渗漏量仅为 30m³/d 左右。因此，下库库盆防渗应重点做好左岸的工程措施，右岸不作为防渗处理的重点。

根据上库库盆防渗采用混凝土面板与挂网喷混凝土面层结合的全封闭防渗方案，引水发电系统洞壁采用钢板衬护与钢筋混凝土衬砌相结合，其中高压洞段采用预应力高压灌浆衬砌（即按抗裂设计），低压洞段为限裂设计，最终估算下库允许渗漏量约为 924m³/d。

9.3.3 引水发电系统

引水发电系统由上水库进/出水口、引水隧洞、上调室、厂房、尾调室、尾水洞、下水库进出水口组成，洞线与厂房轴线斜交。

本电站为抽水蓄能电站，一是水头高，最大水头 461m，厂房前为高压洞，要求上覆围岩厚度大，否则容易产生渗透失稳和水力劈裂；二是高差大，洞线短，上游段洞线竖向布置困难；三是下游出口要穿越坝体，平面布置困难；四是要求洞线尽量避开大的地质构造（如断层及其影响带、裂隙卸荷带、软弱构造、不整合带等），以免影响围岩稳定；五是隧洞尽量避开穿越沟壑，以免增加建筑物基础和工程措施；六是平面上尽量布置为直线，如需转弯应满足最小转弯要求。

引水发电系统穿越的地层岩性为燕山晚期中、细粒花岗岩，引水洞线全长 1833.69m，其中，Ⅰ类围岩占 43.21%，Ⅱ类围岩 26.66%，Ⅲ类围岩占 11.1%，Ⅳ～Ⅴ类围岩占 15.99%。

（1）上水库进/出水口。上水库进/出水口布置在上水库左坝肩上游约 21m，为塔式结构，双向水流，与坝轴线夹角约 23.35°。设计发电流量为 2×18.36 m³/s，抽水流量为 2×15.80 m³/s，其建筑物包括：进/出水口箱涵、闸门井、交通桥等。

进/出水口箱涵采用扁平 3 孔钢筋混凝土箱涵结构，铺设于岩基上，箱涵进口高程 866.914m，箱涵长 20.8m，箱涵进口尺寸为 3 孔 3.4m×4.5m，经过 5.8m 的直段后逐渐渐变至末端为 3.5m×3.5m 的单洞。箱涵墙高进口为 7.93m，末端为 5.55m，水平扩散角为 15.956°，进口设有拦污栅。

闸门井为塔式结构，塔身高 38.5m，为矩形井筒结构，平面尺寸为 7.10m×7.0m，侧壁厚 1.8m，胸墙厚 0.98m，闸门井通到高程 900.00m，与坝顶同高，闸门井高 48.9m（其中基础高 17.0m），内设事故检修们，检修们尺寸为 3.5m×3.5m。闸门井顶部布置启闭机房排架。闸门井与岸边连接设有交通桥。

上水库进/出水口高程 867.00m，岩性为中、细花岗岩，地表岩体多呈弱风化，岩体完整，没有大的构造节理通过，但明挖段两侧的进口边坡地质条件较差，应加强工程处理措施，开挖边坡建议采取 1∶0.3～1∶0.6。

（2）引水隧洞。引水洞即高压洞，从进水口闸室末端（桩号 0+027.8）开始至厂房前主洞全长 942.23m（原设计为 957.93m，施工期下弯段改线后修改）。平面上在竖井以前与坝轴线夹角约 23.35°，在桩号引 0+068.3 处为上调室，然后从该处平面沿 NW29.79°方向至厂房。立面上经过上平段后，在桩号 0+052.2 处（高程 864.58m）接上弯段，上弯段半径为 17.5m，弧长 26.09m，转角在高程 874.14m 处往下为 381.36m 长的竖井，然后在高程 465.78 处竖井结束，下接下弯段，原设计下弯段半径和弧长同上弯段一样。施工期因该处出现大的断层后改线，下弯段由原来的一个大转弯改为两个小转弯，上转弯高程为494.8m，半径17.5m，转角42.69°，下转弯起点高程452.51m，转弯半径17.5m，转角44.45°，下转弯终点高程446.90m（桩号0＋113.00），过下弯段至厂房前为下平段，全长443.44m，其中下弯段过后为178.26m的斜坡，坡比为5%，高程由446.90m渐变至438.00m。在桩号引0＋370.00（原设计为0＋350.00，施工期由于在桩号0＋344处发现L36构造带，岔管位置向后移20m）处为岔管，由一洞变为两洞，岔管为卜形岔管，高压洞洞径岔管以前主洞为3.5m，岔管后主洞和支洞均变为2.2m。桩号0＋391.00至厂房前为钢衬，长165.18m。

岔管为深埋式高压岔管，由于上游水头较高，岔管体形复杂，因此要求岔管应布置在Ⅰ类、Ⅱ类围岩以上，岔管及其前后一定范围内的洞段，必须满足最小覆盖厚度、水力劈裂、渗透稳定的要求。根据国内外工程的经验，选择岔管位置时需考虑了以下几方面因素：钢筋混凝土岔管应位于新鲜、完整、紧密、坚硬的岩体中；岔管上的围岩的最小覆盖厚度应满足挪威经验准则；最小地应力准则，即要求围岩中的最小主应力或节理面上最小法向应力大于洞内内水压力，以防止水力劈裂而使岩体发生大量漏水；岔管区域的岩体应无剪切区、大的断层及一些节理比较发育的不连续构造，以便岩体能防止高压内水外渗。此外，岔管应放在相对不透水层，节省灌浆处理工作。

高压洞段分为上平段、竖井段（含上调室）、下平段和岔管段四部分。上平段（0＋000～0＋052.00），属Ⅲ类围岩（局部稳定性差），竖井段，长约412.7m，上调室长45.6m，岩体为整体结构，基本属Ⅰ类围岩。下平段0＋068～0＋454.00段，岩体新鲜完整，属Ⅰ类围岩，但在L51、L36、L15、L14等节理密集带于洞线相交部位，岩体破碎，为碎裂结构，属Ⅳ～Ⅴ类岩体。特别是下弯段，断层破碎，影响区域大，后期被迫改线。0＋454～0＋556段，隧洞埋深200～280m，岩体新鲜完整，属Ⅱ类围岩，在断层F25通过部位，岩体破碎，属Ⅴ类围岩。岔管段（桩号0＋348.00），岩体完整，属Ⅰ类围岩，岔管处的地应力条件和上覆岩体厚度均较好，可满足设计基本要求，但L15至地下厂房上游一段最小主应力值较低，需衬护。

高压洞段在自然状态下渗漏量估算为95L/s，其中下平段为76.3L/s，占80%。因此，下平段的防渗衬护形式是研究的重点。

引水洞开挖过程中遇到断层带时，采用断层塞进行处理。断层塞采用C30钢筋混凝土，厚1m，长度根据断层带的宽度确定，断层塞中配置4层Φ28@111钢筋。同时在断层带处理范围内设置ϕ28砂浆锚杆，排距1m，入岩5m。

当断层带处理宽度超过一个伸缩缝段长度，且小于14m时，调整伸缩缝间距；当大于14m时，断层塞按洞身伸缩缝长度分缝。

为保证预应力高压固结灌浆时衬砌能够开环，在衬砌与断层塞之间应做隔离层，例如涂石灰水或丁基薄膜等，具体采用何种材料应根据高压灌浆试验洞的试验结果确定。

(3) 上调室。调压室的位置宜靠近厂房，并结合地形、地质、压力水道布置等因素进行技术经济分析比较后确定。其次调压室位置宜设在地下。同时宜避开不利的地质条件，以减轻电站运行后渗水对围岩及边坡稳定的不利影响。

按上述原则，上调室布置在左坝肩，距左坝肩约26.0m，距坝轴线上游约4.7m，上调室是利用高压洞竖井的施工竖井改作而成。上调室为阻抗孔式，总高59.48m，其中井筒高45.62m，井筒直径5.0m，井壁厚0.5m，井筒底部和高压洞上弯段直接连接，阻抗孔直径1.80m。

上调室顶部高程906.62m，井口平面布置在左岸回车场上部905m平台上，平台尺寸为23m×20m，并设有上调公路与之连接。

(4) 地下厂房。地下厂房采用中部布置方案，与地下变电站结合布置，由主洞室、尾水闸门室、交通洞、高压电缆出线洞和排水廊道等组成。主洞室采用“一”字形布置，自左至右依次为副厂房段、机组段、安装间和主变开关段，总尺寸（长×宽×高）112m×16m×34.05m，不设母线洞，在厂房主洞室下游侧设母线廊道与主变室相连。

主变室开挖跨度由主变压器、主变运输道、母线廊道、GIS室等设备确定；主厂房开挖跨度由风罩尺寸、球阀、油压装置、电气设备等确定；安装间开挖跨度与主厂房一致，以方便吊车运行。最终确定一字形布置。主洞室下部开挖跨度16m，根据桥吊外形尺寸，确定岩壁梁以上开挖跨度17.2m。主变室与副厂房开挖跨度上下均为16m。除去结构需要喷混凝土层及防潮隔墙厚度，主洞室净尺寸为15m。

主厂房机组间距13m，安装高程438.00m。根据机墩风罩尺寸、电气仪表盘布置、桥机起吊范围、机组间吊物孔、楼梯等确定主厂房长26m；主厂房发电机层以下分四层，根据各层设备布置要求，其地面高程分别为：发电机层448.7m，母线层444.2m，水轮机层439.7m，球阀层435.3m。根据起吊发电机转子及主变压器所需要的高度，确定桥吊轨顶高程459.20m。根据桥吊本身高度及吊顶布置，确定拱顶开挖高程466.25m。主厂房总的开挖高度为34.05m。

安装间下游侧有1号交通洞，是运用期设备运送的唯一通道，因此，在设计安装间的尺寸时，除了要考虑满足一台机组安装检修的需要外，还要留有通道和运输车辆进厂装卸的面积，同时还要考虑桥机的极限位置，最后确定安装间长度为16m。其高程与发电机层相同为448.70m，该层下面设消防水泵和消防水池，其高程同母线层为444.2m。安装间顶拱高程与主厂房相同为466.25m，开挖总高度为22.05m。

主变室（包括GIS室）共两层：一层设两台220kV主变压器，SFC输入输出变压器，水冷却器，阀门室，油处理室，两端楼梯间等，这些均放置在下游侧。上游侧为主变运输道。二层在两台主变压器之间高程454.20m，设220kV GIS装置及其检修场，两端高程457.70m布置变频启动装置、平波电抗器、机压开关柜及工具间修理间等。主变室（包括GIS室）总长57m。根据GIS设备检修时起吊所需高度确定吊车轨顶高程461.70m，考虑吊车高度及吊顶布置，确定顶拱开挖高程466.25m，开挖总高度为17.55m。

副厂房根据电气设备布置共设4层，局部5层，长21m，顶拱开挖高程同主厂房为466.25m，开挖总高度26.55m。

按照厂内防火分区及水利水电设计防火规范，设置厂内安全通道。1号交通洞可作为主厂房及主变室靠主厂房一端的安全出口，高压出线洞可作为主变室另一端的安全出口，副厂房虽然距主厂房较近，但考虑到运用期副厂房是工作人员集中区，特在其端部设置2号交通洞，为通往尾闸室的安全通道。

电站区位于伏牛山东端，地形起伏较大，高程在400～1000m之间，属于中低山区，回龙沟发源于伏牛山南坡，总体上由北东向西南流入黄鸭河，电站区位于回龙沟上游，接近分水岭部位。引水线路总体走向327°，以F21断层为分界，上库一端属中山斜坡地形，山体呈台阶状，山基、沟谷走向以300°为主；下库一端属梁谷相间地形，风化残丘起伏，地面高程在400～540m之间，山脊、沟谷走向以30°为主。

该处上覆岩体厚度185～200m，覆盖条件较好。处于F25、L11之间的相对完整岩体中。但有两组大的节理，因此地下厂房的轴向建议选择在高程800.00～1100.00m之间，以便使两组主要节理与边墙和端墙成较大角度相交，有利于厂房围岩稳定。地应力对厂房的围岩稳定不起控制作用。

地下厂房区为燕山晚期花岗岩，岩性主要为中、细花岗岩，新鲜状态下多呈灰白、浅肉红色，细粒或中细粒花岗岩结构，块状构造。局部为细粒似斑状花岗岩，似斑状结构，块状构造。岩体中还分布与本区构造线一致的两组石英岩脉。矿物成分主要为钾长石、斜长石、石英及少量黑云母组成。岩性致密、坚硬，强度高。厂区应力监测显示：最大水平主应力：8～10MPa，N20°W；中间水平主应力：6.5～8.0MPa，N57°～77°E；最小水平主应力：4～6MPa，S81°～88°W。

（5）尾水洞及尾调室。尾水洞全长875.76m，从厂房出来为尾水管洞，长31.7m，为双管洞，洞径2.2m，然后接尾水闸门室（桩号引0＋598.3），经过31.7m后到尾水调压室（桩号引0＋630.00），尾水洞岔管与尾水调压室结合布置，过尾调室后尾水洞由双洞合为单洞，洞径3.2m，中心高程434.30m；过了尾调室经31.0m的平段后，尾水洞开始以6.52％的坡上升至桩号引1＋230.34，高程471.42m，此处由于尾水洞覆盖层很薄，穿出山体，改为埋管，埋管长54.11m，过埋管后尾水洞再次进入山体，纵坡不变，一直到桩号引1＋336.63处纵坡结束，改为平坡，尾水洞中心高程478.35。尾水洞在此平面有一转弯，转弯半径20.0m，转角16.19°，和下库坝轴线夹角70°；然后在引1＋361.78m处出洞，从此处到坝脚（桩号引1＋389.55）这一段为明管，断面为矩形，尺寸为3.5m×3.5m，然后进入坝体，经过29.84m后，和下库进出水口闸门井连接。

尾水洞及尾调室0＋571～0＋966段，洞线上覆岩体厚45～205m，岩体新鲜完整，属Ⅱ类围岩，尾调室位于此段；但该段穿越有F7、F11、F23三条断层及L11、L8节理密集带，与洞线相交部位岩体破碎，属Ⅳ类围岩。0＋966～1＋062m段，主要F21断层和裂隙有三组，围岩属Ⅲ类围岩（局部稳定性差）。1＋062～102.00m段，该段为F20-1断层，属Ⅴ类岩体（极不稳定）。1＋102～1＋231m段，由于受F20、F20-1断层的影响，该段岩体破碎，属Ⅳ类岩体。

1＋231～1＋286段，也即埋管段，该段位于回龙沟内，覆盖层厚12m左右，洞线在此处比较高，该段设计采用明挖埋管，由于洞口基本位于强风化地带，且上游进口在G207国道以下，按正常掘进困难，需加强工程措施，及时支护。桩号1＋286～1＋323段，岩体破碎，属Ⅳ类围岩。1＋323～1＋385段靠近坝体段，有三组节理，其余多为强～弱风化，属Ⅲ类围岩（局部稳定性差）。

尾水洞断层带同样采用断层塞进行处理。断层塞采用C30钢筋混凝土，厚0.8m，长度根据断层带的宽度确定，断层塞中配置一层Φ25@167钢筋。同时在断层带处理范围内设置ϕ22砂浆锚杆，排距1m，入岩4m。

另外在断层带处理范围内进行固结灌浆，灌浆孔伸入岩石5m，每排6孔，排距1.5m。

(6) 下库进/出水口。下库进/出水口结合下水库大坝布置，设计发电流量为2×18.36m^3/s，抽水流量为2×15.80m^3/s，电站尾水洞斜穿下库大坝2号坝段，与坝轴线夹角70°，在平面上弯转后与低压尾水洞段连接。

下库进/出水口闸门井为矩形井筒结构，布置在2号坝前并依托坝体布置，与坝轴线斜交夹角70°，突出坝体靠右岸长7.91m，左岸长5.33m，井宽7.10m，侧壁厚1.8m，胸墙后厚0.98m，闸门井通到坝顶，与坝顶同高，闸门井高48.9m（其中基础高17.0m），内设事故检修们，检修门尺寸为3.5m×3.5m。闸门井顶部布置启闭机房排架。

闸门井闸槽尺寸为0.60m×0.95m，在闸门后设有ϕ820×10通气钢管一直到坝顶，在胸墙内设有2道ϕ326×6水位测压管，闸门后设有一道ϕ326×6测压管。

进/出水口箱涵采用扁平3孔钢筋混凝土箱涵结构，箱涵进口高程476.60m，箱涵长20.8m，箱涵进口尺寸为3孔3.4m×4.5m，经过5.8m的直段后逐渐渐变至末端为3.5m×3.5m的单洞。箱涵梁高进口为6.7m，末端为5.7m。

箱涵一端支撑在支墩上；另一侧支撑在闸门井伸出的混凝土基础上。支墩为混凝土实体墩，墩厚2.5m，支墩纵向随地形为斜坡布置，从墩高6.4m，变到20.87m，墩子底部为倒梯形，插入基岩内。箱涵上部设拦污栅起吊架和清污平台。

下库进/出水口高程476.60m，岩性为斑状花岗岩，节理发育，岩体破碎，但不直接与水库接触，进出口结合坝体布置，无边坡稳定问题。

10 上水库高悬水库硬岩基础防渗方案研究

回龙抽水蓄能电站（以下简称回龙电站）上水库位于岳庄村东南直线距离约 1.2km 的山头上，为回龙沟左岸支沟石撞沟沟头洼地，接近分水岭部位，为一小型集水盆地，正常蓄水位 899.00m，下水库正常蓄水位 502.00m，上水库、下水库间水头差达到 397.00m，平面直线距离 1200m，上水库库周大部分地段山梁单薄，三面有深切邻谷，地形变化剧烈，从地形、地貌上分析，回龙电站上水库属于高悬水库。

上水库库区地质构造特征主要表现为节理裂隙和节理密集带，对上水库渗漏影响较大的节理带主要有 6 条，而许多节理密集带具有与断层相似的工程特性。从地形上来看，库盆由数条小沟谷组成，贯穿于库区的节理密集带是库水外渗的良好通道。库周山梁即为地表水及地下水的分水岭，库内地表水、地下水均向坝址峡谷出口处排泄，库周山梁以外向邻谷排泄。

库盆有效蓄水量直接影响到抽水蓄能电站正常运行和发挥电站其预期效益，回龙电站上库库盆来水主要通过电站机组自下库抽取，水库有效蓄水量非常宝贵，因此需要对上水库库盆防渗系统展开专题研究、论证。

10.1 库盆地质概况

上水库特殊的地形特征、构造条件及地下水的分布规律，决定了上水库库盆存在较严重的渗漏问题。

从地形上来看，库周山梁单薄，外侧有深切邻谷，局部因节理带的切割而形成的垭口高程还低于正常蓄水位，经引水隧洞的开挖证实，贯穿于库区的节理密集带向地下延伸较远且具有良好的透水性，是库水外渗的良好通道。库盆开挖和勘探钻孔所显示的地下水分布高程，除库盆东南侧和东北侧的地下水位高于水库正常蓄水位，且山体宽厚，岩体完整，不可能渗漏外，其他地段均有渗漏的条件。

根据地形地貌、水文地质、岩体结构等特征，把上水库划分为以下几个渗漏地段。

（1）坝基渗漏地段。本段地下水位均低于正常蓄水位；ZK01 钻孔地下水位埋深达 50 多 m，为高程 863.00m，ZK02 钻孔地下水出现异常现象，水位为 825.33m。L51、L54、L49 节理密集带切穿本段山梁。

（2）L36 节理密集带渗漏地段。位于 ZK01、ZK21 钻孔附近，中等透水段约占 50% 左右，地下水位在 860.00～865.00m 之间，低于水库正常蓄水位。

（3）左岸单薄山梁渗漏地段。位于 ZK05～ZK22 钻孔附近，地下水位在 886.00～890.00m 范围，低于水库正常蓄水位，钻孔压水试验，弱透水段占 80%以上。

（4）副坝渗漏地段。位于ZK23～ZK07钻孔附近，f2、L51节理密集带切穿本段山梁，地形上为单薄山梁，地下水位在877.00～884.00m之间，低于水库正常蓄水位。

（5）L48节理密集带渗漏地段。库盆开挖后表明L48节理密集带在库内分布不连续，向西终止于L51节理带，向东终止于L37节理带，在正常蓄水位处，构造迹象不明显，在分水岭处形成垭口地形，地下水位略低于正常蓄水位，因库外侧为深切沟谷，相对高差大，仍存在渗漏的条件，从钻孔压水试验结果及开挖后的构造特征看，L48节理带为弱透水特征。

10.2 防渗体系研究比选

上水库库盆防渗体系共研究比选了以下5种方案布置。

10.2.1 库周垂直防渗方案（1）

在主、副坝及环库主要渗漏地段设两排孔灌浆帷幕，孔距2 m，在通过节理密集带部位做加深处理，帷幕底端控制在弱透水层以下3～5 m，最深处为65 m。具体范围为：主坝右坝肩向外延伸40 m；主坝及主坝左坝肩至副坝右坝肩；副坝及副坝左坝肩向外延伸60m；库区东部山体L48节理密集带两侧各20 m布置灌浆帷幕；其他部位均不做处理。

垂直防渗主要依靠增大渗径来减少渗漏量。

10.2.2 库周垂直、库区局部混凝土板组合方案（2）

该方案是在方案（1）的基础上，对库盆范围内的节理带进行钢筋混凝土面板带状防渗处理。首先挖除节理带内夹泥石和松散的破碎岩体，沿节理带埋置软式透水管，然后在节理带及节理带两侧各12m范围内，浇筑C25钢筋混凝土面板，面板厚30cm，每8m设一道伸缩缝，用紫铜片止水。

库盆周边虽然有防渗帷幕，但库水会沿节理密集带向深部渗漏，节理密集带加上一定宽度的面板可有效阻止渗漏。

10.2.3 库周垂直、库区局部混凝土板及灌浆组合方案（3）

该方案是在方案（2）的基础上，在节理密集带两侧各增加三排固结灌浆孔，孔距2m，深8m。

10.2.4 库区混凝土板、局部喷混凝土组合全封方案（4）

该方案取消垂直防渗帷幕，对节理密集带的处理也采用钢筋混凝土面板带状防渗，面板布置型式与方案（2）相同，库盆其他部位为挂网喷C20混凝土面层，厚度15 cm。

为了降低库水位骤降时对钢筋混凝土面板和喷混凝土面层造成的扬压力，在面板和喷混凝土面层底部设置软式透水管网状排水系统，排水管分为主管直径300mm和支管直径100mm两种，间排距不大于15m，排水管收集的渗水由主坝坝体内的混凝土管排到坝下游的集水池内。同时，为抵消扬压力对面板和面层的作用力，在整个库盆范围内采用系统锚杆，锚杆型号为ϕ20，长2.5m，间排距根据库水位骤降时扬压力确定。根据渗流委托计算结果，这种布置方式能够满足要求。

为了避免喷混凝土面层出现裂隙，面层内布置Φ8@200钢筋网，并对水位变动区以上部位混凝土的抗冻等级按F200设计。

作为备用措施，坝后设泵站将集水池收集的渗水抽回到上水库。泵站暂定容量为

45kW，扬程80m，时抽水量$100m^3$。该泵站具体是否需要设置以及设置规模，将通过后期实际漏水量确定。

10.2.5 库区混凝土板全封方案（5）

该方案是整个库盆全部采用钢筋混凝土面板防渗，厚度30cm，面板布置型式、排水系统的设置等与方案（4）做法相同。

10.2.6 防渗方案研究与比选

（1）渗漏量计算与比较。根据上述采取的各种防渗措施，对上述各种方案进行渗漏量计算，以检验各方案渗流量的效果。渗漏量计算对前三种竖直方案和竖直和水平结合方案，采取三维有限元渗流分析，对后两种全包方案采用达西定律估算。据此可计算出各防渗方案的综合日渗漏量。达西定律公式如下：

$$Q=AKJ$$

式中 Q——渗流量，m^3/d；

A——渗流断面面积，m^2；

K——渗透系数，m/d；

J——渗流水力坡降，$J=H/L$，即水头与渗径长度的比值。

为安全计，计算不考虑岩体对渗漏的阻水作用，H取水头平均值，K取8.64×10^{-6}m/d。另外，库盆实际渗漏量与电站的运行方式有关，不同的时段库水位不同，渗漏量也不相同。根据规划，电站每天正常发电5h，间隔2h后，开始向上水库抽水8h，库水位处于变化状态。据此可计算出三种防渗方案的综合日渗漏量。各方案计算结果列于表10.2-1。

表10.2-1 上水库渗漏量计算成果表 单位：m^3/d

项目	方案（1）	方案（2）	方案（3）	方案（4）	方案（5）
正常蓄水位	7520	4873	2695	183	119
正常低水位	2566	1758	1044		
综合渗漏量	5766	3770	2285		

从表10.2-1计算结果看，对于方案（1），帷幕深度超过30m以后，对库盆渗漏量的影响已经极为有限，正常蓄水位时渗漏量的最终收敛值约在$3000m^3/d$左右，方案（2）、三从渗流量来看已经超出电站整个允许渗流量（允许渗流量为$1386m^3/d$），因此，从渗流量的角度来看这三种方案都是不可行的。

方案（4）、方案（5），计算出的渗流量都很小，都能满足允许渗流量的要求。因此下一步比较时将重点对这两种方案进行比较。

（2）施工条件比较。从施工角度看，方案（4）和方案（5）都属于常规性施工项目。两者相比，方案（4）在喷混凝土时底部较平缓部位密实度不易控制；方案（5）分缝较多，止水安装质量不易控制。

（3）抗渗性与结构运行比较。方案（4）喷混凝土比方案（5）钢筋混凝土面板的抗渗性和耐久性相对较差。

（4）经济比较。根据方案（4）和方案（5）工程量及投资估算，方案（4）比方案（5）建安投资可节约1330万元。

（5）防渗方案选择。综上所述，从上述计算渗漏量方面考虑，方案（4）和方案（5）都是可行的，渗漏量均能满足防渗要求；从防渗性能上比较，方案（4）抗渗能力、抗冻性、耐久性比方案（5）相对较差。综合比较，考虑到回龙抽水蓄能电站工程规模较小，两方案投资相差较多，选择方案（4）为推荐方案，方案（5）为备用方案。

11 上水库高悬水库硬岩基础渗排结构研究

11.1 混凝土防渗板

11.1.1 荷载分析

库盆防渗板主要布置在断层带及1区，对于板下岩石岩性差别不是很大的区域，混凝土板由于地基反力的作用，应力不是很大，对于板下岩石岩性差别较大的区域，如断层带内外岩石岩性差别较大，由于地基反力的不同，混凝土板的应力较大。所以混凝土板计算取断层带处的混凝土板进行计算。混凝土板顶面承受水重，上水库最大水深为899m－848.90m＝50.10m，即混凝土板承受水重为5.01×10^5N/m。

11.1.2 计算分析

进行混凝土板计算应考虑混凝土板下断层内岩石的地基反力作用，结合断层两侧完好岩石的地基反力，采用弹性地基梁的方法进行计算。

按平面问题处理，将地基简化为半无限平面体，对混凝土板按弹性地基梁（平面问题）计算表格继续计算。

对于混凝土板取单宽1m简化为地基梁进行计算，板厚按0.2m计。地基梁可根据梁的柔度系数t分为短梁与长梁两大类。

$$t=10\frac{E_0}{E}\left(\frac{L}{h}\right)^3=11161>50$$

式中　E_0——地基的弹性模量，2.0GPa；

E——梁（即混凝土）的弹性模量，28GPa；

L——梁长的一半，5m；

h——梁高，0.2m。

所以此地基梁在计算过程中按长梁计算见表11.1－1。

表11.1－1　长梁与短梁划分表

项　目	短　梁	长　梁
在均布荷载作用下	$0\leqslant t\leqslant50$	$T>50$

11.1.3 内力分析

（1）长梁特征长度。长梁是具有较大的柔度系数的梁，各种荷载的影响是以特征长度L作为尺度来衡量的。在平面应力问题中，特征长度L为：

$$L=\sqrt[3]{\frac{2EI}{E_0}}=h\sqrt[3]{\frac{E}{6E_0}}$$

$=0.265\text{m}$

在平面应变问题中，特征长度 L 为：

$$L=h\sqrt[3]{\frac{E(1-\mu_0^2)}{6E_0(1-\mu^2)}}$$

式中 μ——混凝土的泊松比，取 $\mu=1/6$；

μ_0——地基的泊松比，取 $\mu_0=0.35$。

$$L=0.256\text{m}$$

在平面应力和平面应变两种情况下求出的特征长度相近，可取平面应力情况下的特征，长度 $L=0.265\text{m}$，取整 $L=0.3\text{m}$ 作为计算值。

(2) 长梁内力。长梁承受水重，按全梁承受均布荷载计算，将梁分成边段（与梁端距离不大于 3L）和中段（与梁端距离不小于 3L）分别计算。

中段 p、Q、M 都是常数，$p=q$、$Q=0$。

$$M=0.21qL^2$$

式中 q——作用在梁上的均布荷载即水重，$5.01\times10^5\text{N/m}$；

L——梁的特征长度，0.3m。

$$p=5.01\times10^5\text{N/m}$$

$$Q=0$$

$$M=1.51\times10^4\text{N}\cdot\text{m}$$

边段，以端点为原点，用 X 表示计算截面与端点距离，用 ξ 表示计算截面与端点的折算距离，即 $\xi=\dfrac{X}{L}$。

应力计算见表 11.1－2。

表 11.1－2　　应力计算表格

ξ	0	0.2	0.4	0.6	0.8	1.0	1.2	1.4	1.6	1.8	2.0	2.2	2.4	2.6	2.8	3.0
$\overline{p}$	∞	132	111	100	94	92	91	91	92	93	95	95	96	96	97	97
$\overline{Q}$	0	9	13	14	13	12	10	9	7	6	4	3	2	2	1	0
$\overline{M}$	0	1	3	6	9	12	14	16	17	18	19	20	21	21	21	21

由计算表 11.1－2 可知，在边段中，越靠近中段的地方，弯矩的影响系数越大，剪力的影响系数也越大。

$$p=0.01\,\overline{p}q$$

$$Q=\pm0.01\,\overline{Q}qL$$

$$M=0.01\,\overline{M}qL^2$$

当 $\xi=0.6$ 即截面 $X=0.6\text{L}=0.18\text{m}$ 时，剪力 Q 最大：

$$Q_{max}=\pm0.01\times14\times5.01\times10^5\times0.3=2.10\times10^4\text{N}$$

当 $\xi\geqslant0.6$ 即截面 $X\geqslant2.4\text{L}=0.96\text{m}$ 时，弯矩 M 最大。

$$M_{max}=0.01\times21\times5.01\times10^5\times0.3^2=0.95\times10^4\text{N}\cdot\text{m}$$

(3) 长梁内力。

$$M_{max}=0.95\times10^4\text{N}\cdot\text{m}$$
$$Q_{max}=2.10\times10^4\text{N}$$

（4）钢筋配置分析。

$$A_s=\frac{f_c\xi bh_0}{f_y}$$

式中 f_c——混凝土强度设计值，12.5N/mm²；

b——梁的宽度，1.0m；

h_0——梁的截面有效高度，0.1m；

f_c——钢筋强度设计值，310N/mm²；

ξ——相对受压区高度。

$$\xi=1-\sqrt{1-2\alpha_s}$$

式中 α_s——截面抵抗矩系数。

$$\alpha_s=\frac{\gamma_d M}{f_c bh_0^2}=0.091$$
$$\xi=0.096$$
$$A_s=387\text{mm}^2$$

所以选用5Φ16（A_s=1005mm²）的钢筋。

11.2 喷混凝土防渗

库盆采用混凝土板结合喷混凝土结合的防渗方式。防渗喷混凝土采用C20W12F150混凝土。喷混凝土厚度0.15m，应采用“湿喷法”，自下而上，一次完成，施工时应及时将回弹物清除，不得包裹在喷层内。在一个湿喷混凝土工作面结束后对施工混凝土作业面周边1m范围用高压风彻底清理回弹料及其他杂物，形成冲毛麻面，在相邻新作业面开始施工时先搭接0.5m宽湿喷混凝土7.5cm，然后再搭接1m宽。喷混凝土钢筋网采用Φ6.5@125mm双向钢筋。钢筋网与锚杆焊接固定，用7.5cm混凝土垫块与基岩面隔离，锚杆距喷混凝土外表面按2cm控制。

在喷混凝土施工之前，在上水库库盆L37～L49间孤岛进行喷混凝土试验，试验的目的是研究混凝土配合比、防裂措施、施工工艺和受喷面地形地质条件的适应性，并确定各种参数，为实际施工积累经验。经过试验，所有试验项目均满足设计要求。添加的聚丙烯纤维可拌性好，在混凝土中分布均匀，增加了混凝土的抗裂能力。掺加防水剂提高了混凝土抗渗性。

11.3 库盆底部排水系统

11.3.1 排水体系

为减小因水位骤降产生的扬压力对防渗体的影响，并将库盆渗水汇至坝下重新抽回库内加以利用，在库盆混凝土防渗板下设置无砂混凝土排水层，无砂混凝土排水层浇筑采用525号普通硅酸盐水泥，水泥含量为200～300kg/m³，水泥、水、骨料参考重量比为1∶0.42∶6，28d龄期的抗压强度不小于10MPa，骨料采用10～20mm粒径颗粒均匀的碎石，用水泥浆均匀覆盖其表面，水泥无砂混凝土成型振动时间控制在30～60s之间。施工时模板必须在原位保持到混凝土达到足够强度，即材料都固结在一起时才能拆除，同时注意湿养保护。在浇筑排水管周边无砂混凝土垫层时应注意排水管不要堵塞、变形。无砂混凝土垫层平均厚度为20cm，最小厚度不小于10cm。库盆采用第三代软式透水管作为排水设施，软式透水管分为支管和主管两种形式。无砂混凝土中设置第三代软式透水管，主管布置在混凝土板区，范围为：L51设置一道主管，L48设置两道主管，进出水口前设置一道主管，L48与L51交汇处在主坝前区域设置三道主管连接库盆各部位主管，通过三根穿坝钢管将库盆渗水排到坝下泵房。整个库区混凝土板下的无砂混凝土排水层中和喷混凝土下均布置排水支管，网格状布置，间、排距不大于15m，喷混凝土区的排水支管周围采用无砂混凝土包裹，在浇筑排水管周边无砂混凝土层时注意排水管不要堵塞、变形。支管将防渗体渗水汇集至主管排至库下。

11.3.2 排水管水力学分析

根据概化的水文地质模型，用下列公式计算库区渗漏量。

$$Q=KJA$$

$$J=\Delta H/\Delta L$$

式中 Q——上水库库区渗流流量；

K——渗透系数混凝土面板和喷混凝土地抗渗标号为W12，相应渗透系数为4.3×10^{-10}m/s；

J——水力坡度；

ΔL——防渗层厚度，混凝土面板厚为0.2m，喷混凝土厚度0.15m，按平均厚度0.17m进行计算；

ΔH——渗漏位置的水深；

A——渗漏断面面积，此处为对应一定水深的库区防渗面积，包括混凝土板面积和喷混凝土面积。

$\Delta H\times A$为渗漏面积与相应水深的乘积，该数值根据竣工测量资料计算为107万m^3（水位899.00m）。

$$Q=4.3\times10^{-10}\times107\times10^4\times86400/0.17=234m^3/d$$

软式透水管流量参数见表11.3-1。

表11.3-1 软式透水管流量参数表

ϕ/mm	Q/(L/s)	水力梯度
100	6.78	1∶50
300	126.923	1∶50

根据软式透水管流量参数表，确定每日最大排水量为：

$$Q_{\phi300mm主管排水量}=126.923\times3600\times24/1000=1.1万m^3/d>Q_{总渗量}=234m^3/d$$

11.3.3 排水软管结构

库盆排水管采用第三代软式透水管，透水管内为PVC包裹钢绞线骨架外层包裹土工布，分为主管、支管两种形式，主管管径 ϕ300mm，支管管径 ϕ100mm，主管与主管、主管与支管、支管与支管之间接头有一字形接头、丁字形接头、十字形接头。排水主管接头处采用支撑钢筋笼进行主管的支撑与固定，连接时采用铅丝将主管环向钢筋与支撑钢筋笼绑扎连接。排水主管和穿坝钢管连接时，支撑钢筋笼和钢管焊接在一起。排水支管与主管、支管与支管连接时，采用支管本身土工布（去掉 PVC 包裹的钢绞线）缠绕在主管与支管，然后再用土工布将接头裹紧。排水主管接头支撑钢筋笼应焊接成型。凡排水管丁字、十字接头管口接头处均应将伸入管内的土工布剪除以便排水通畅。

11.4 防渗体细部结构

11.4.1 止水

库盆防渗体存在混凝土板与混凝土板接缝、混凝土板与喷混凝土接缝、混凝土防渗体与坝体的接缝，对于接缝采用止水带结合聚硫密封胶封堵的形式进行止水。库盆防渗体与主、副坝连接时，采用紫铜止水片止水，止水一半埋设在坝体内，一半埋设在库盆防渗体内，在接缝表面预留 7cm×6cm（宽×深）槽，槽内在防渗体底部和坝体表面设置厚 1.5cm 聚硫密封胶，聚硫密封胶表面铺设 4.5cm 厚 M5 砂浆将槽填平。库盆混凝土板之间接缝、混凝土板与喷混凝土接缝采用 651 型塑料止水带止水，塑料止水带铺设在混凝土板的中间，缝表面也预留 7cm×6cm（宽×深）槽，槽内在防渗体底部设置厚 1.5cm 聚硫密封胶，聚硫密封胶表面铺设 4.5cm 厚 M5 砂浆将槽填平。库盆止水接头型式有一字形接头、丁字形接头、十字形接头、多向接头。紫铜止水与塑料止水带连接时，应对塑料止水带进行热融，将其和紫铜止水片黏结在一起。塑料止水带连接时，应对塑料止水带进行热融，相互黏结在一起。在止水施工中，先将止水片（带）下层混凝土振捣密实后，马上浇筑振捣止水带上层混凝土。

11.4.2 锚杆

库盆混凝土板和喷混凝土结合的防渗措施，同时防渗体下布置排水管，为了抵抗因水位骤降而产生的防渗体内外水压差，在库盆防渗体（混凝土板和喷混凝土）下设置锚杆，锚杆布置参数：ϕ20，入岩深度 $L=2.50$m，间、排距不大于 1.5m。锚杆距混凝土板块边缘距离为 0.50m，并保证每块板至少有 3 根锚杆。连接筋与锚杆连接采用双面焊接，锚杆露出岩面部分全部焊接，同时焊接长度不得小于 0.10m。连接筋与防渗板钢筋焊接长度为 $10d$。连接筋与喷混凝土钢筋网点焊，搭在钢筋网上并保证跨两条钢筋。

11.4.3 连接细部

库盆防渗体与主、副坝连接时，采用紫铜止水片止水，止水一半埋设在坝体内，一半埋设在库盆防渗体内，埋设在坝体横缝内的水平止水其斜度及高程应保证与相应连接部位混凝土板或喷混凝土内止水一致。在接缝表面预留 7cm×6cm（宽×深）槽，槽内在防渗体底部和坝体表面设置厚 1.5cm 聚硫密封胶，聚硫密封胶表面铺设 4.5cm 厚 M5 砂浆将槽填平。

进出水口箱涵前部与库盆混凝土板连接，进出水口箱涵两侧和进出水口塔架后部采用混凝土回填一定高程预留出一定空间后与两侧及后部坡面喷混凝土连接。进出水口箱涵及塔架与库盆防渗体连接时采用紫铜止水片止水，止水一半埋设在进出水口箱涵和进出水口塔架混凝土体内，一半埋设在库盆防渗体内，埋设在进出水口箱涵和进出水口塔架混凝土体内的止水形成一个封闭统一的整体。

为满足环库公路设置的需要，在环库公路路面高程不满足设计要求的部位设置浆砌石挡墙，挡墙后回填石碴做路基。挡墙外表面做混凝土板的区域，挡墙混凝土板与库盆混凝土板在挡墙迎水面坡脚处分缝，缝内设置塑料止水带在接缝表面预留 7cm×6cm（宽×深）槽，槽内在防渗体底部和坝体表面设置厚 1.5cm 聚硫密封胶，聚硫密封胶表面铺设 4.5cm 厚 M5 砂浆将槽填平。挡墙外表面做喷混凝土的区域，喷混凝土做至挡墙顶部。

11.5 库盆基础开挖

（1）岩石开挖标准。

1）①区、③区底部为混凝土板开挖区，②区、④区和③区边坡为喷混凝土开挖区，混凝土板开挖区开挖坡面由两端高程及坐标表控制。

2）环库路库内侧边线与库内开挖边坡上开口线之间应保留不少于 1.0m 的保护宽度，需修挡墙处除外。

3）库内的开挖坡面应尽量平顺，最大坡比不陡于 1∶0.75，开挖坡面应有利于混凝土面板的结构布置，同时严格控制坡面的起伏差。

4）混凝土板开挖区坡面开挖应挖到完好岩石，局部风化槽过深受坡面影响无法挖除的，在保持沟两侧坡面平整的条件下，沟中可以考虑采用回填混凝土补齐。喷混凝土开挖区应控制在强风化顶线以下，以满足挂网喷混凝土的要求。

5）构造带沟底开挖坡面控制高程为根据目前掌握的岩面出露情况适当挖深后确定的。在开挖过程中，如岩面出露低于此控制高程，应会同监理、设计人员进行协商。

6）③区沟槽底部为混凝土板部位，坡面为喷混凝土部位，坡顶开挖应与④区开挖相结合，尽量平顺过渡。

7）变坡处应设过渡区，过渡区应尽量平顺过渡，严禁突变，过渡区长宽比控制在 1∶1.8。库盆与主、副坝连接处开挖时应注意保证库盆高于主、副坝基础，应平顺连接，便于后期止水布置。

8）若断层宽度发生变化，断层两侧开挖宽度可适当调整，最小宽度不小于 2.0m，沿断层带走向尽量平顺。

9）④区又分Ⓐ～Ⓚ区等，为主要喷混凝土清挖区，清挖以表层清挖为主，为满足挂网喷混凝土的要求，清挖尽量规整平顺，清除松散、松动、遇水松软的岩体。若清挖过程中地质情况发生变化，施工方应及时与监理、设计人员联系，确定处理措施。

10）Ⓕ～Ⓘ区、Ⓙ～Ⓚ区各区之间，应平顺连接，坡面规整，适于挂网喷锚。

11）④区中除Ⓐ～Ⓚ区以外部分由现场监理工程师会同设计人员共同商定处理标准。

（2）开挖形状。库盆边坡开挖要求采用控制爆破，相邻炮孔间岩面的不平整度应不大于 15cm。按设计控制点控制开挖面形状，尽量使开挖面平整。对于局部构造带交汇处岩石破碎，超挖较大的部位，根据现场情况，采用回填浆砌石、无砂混凝土和局部调整面板高程和形状的方法解决。

（3）开挖深度。

1）Ⓐ区范围内，坡顶处清理 0.5～1.0m，边坡开挖 1.0～2.0m。

2）Ⓑ区范围内高低不平，风化程度不一，开挖 2.0～3.0m。

3）Ⓒ区、Ⓓ区范围内开挖 0.5～1.0m 即可，以边坡修整为主。

4）Ⓐ区以东，L51 以西范围内，以边坡修整为主，应清除大的块石，将边坡整形。

5）Ⓕ区高于 900.50m 的部分予以挖除，靠近环库路部分开挖成平台，建议采用水平孔爆破，然后再向库内顺坡开挖，挖至强风化表层，具体标准由监理现场掌握。

6）Ⓕ区、Ⓖ区地表为强风化一弱风化，仅需局部清理、修整，满足挂网喷锚要求。

7）Ⓗ区内岩石风化厚度不一，山脊处开挖 2.0～3.0m，两侧开挖 1.0m 左右，保证坡形规则，便于挂网喷锚。

8）Ⓘ区地表以强风化为主，坡度平缓均一，表层局部开挖 0.5～1.0m。

9）Ⓙ区地表不平，全、强风化共存，视情况开挖 1.0～3.0m，挖至强风化顶面，并将边坡整形。

10）Ⓚ区地表以弱风化为主，存在卸荷、松动岩体及部分松散坡积物，应予以清除，满足挂网要求。

11）Ⓙ区以西、②区以东的边坡开挖，L49 沟底除外，视实际地质情况，开挖 1.0～2.0m 至强风化层表层。

11.6 抽、排水系统

抽排水系统为把库盆渗漏的水收集并排到坝后泵房蓄水池，通过抽水管返回上水库。抽排水系统包括抽、排水管和坝后泵房及蓄水池。

（1）排水管。库盆渗漏的水通过埋设在防渗面板下的集水管收集，经过在 3 号坝段内埋设的三根钢管排到主坝后的泵房。坝后库盆排水钢管为 $\phi 325\times 6.5$。排水钢管出坝后埋设在通至泵房的便道下 1.00m 深处，钢管壁之间的净间距为 0.10m。

坝体及坝基渗漏的水经高程 852.00m 的交通廊道排水沟排至坝外，然后接廊道排水钢管通至坝后泵房蓄水池。廊道排水钢管为 $\phi 219\times 6.5$，与坝后库盆排水钢管平行布置。

（2）抽水管。抽水管用于把蓄水池里所收集的水通过钢管抽至库内。抽水钢管布置在大坝桩号 0＋100.00 处。在钢管折坡处设镇墩，镇墩间距 5～7m。镇墩、支敦顶面上预埋 0.3m×0.3m，厚 0.01m 的钢板，以便焊接铁扣固定钢管；钢板的四角焊接 0.2m 长的 $\phi 12$ 钢筋，钢筋埋设在混凝土的镇墩、支敦中，以固定钢板。钢管在高程 899.30m 穿坝通至库内。抽水钢管为 $\phi 159\times 4.5$。

坝后泵房及蓄水池

坝后泵房位于坝后冲沟底，距 3 号、4 号坝段约 16m 处，与坝后高程 851.80m 平台以 2m 宽浆砌石台阶相连。由于冲沟左、右侧为较陡的山坡，为防止山坡雨水冲刷泵房，在泵房周围布置了排水沟，沟底高程 844.50m，沟底宽 0.5 m，在泵房左后角处设一主排水沟，底宽 1.0m，纵坡 0.05，泵房周围的排水均汇至此沟，以收集坝面、山坡的水排向下游。

泵房建筑面积 30.97m^2，上部为砖混结构，下部蓄水池为钢筋混凝土结构，房高 5.40m，蓄水池深 3.50 m，水池容积 100m^3，平屋顶。

12 碾压混凝土重力主坝坝体及防渗结构研究

12.1 主坝布置

上水库主坝为碾压混凝土重力坝，坝顶高程 900.00m，最大坝高 54.00m，坝长 208.00 m，共分 7 个坝段。从左至右 1～6 号各坝段长 30.00m，7 号坝段长 28.00m。上游坝面铅直，下游坝坡 1∶0.75，基本三角形顶点高程为 900.00m。坝顶宽 5.0m（含上游防浪、下游防护墙），上游设防浪墙，下游设防护墙，墙高均为 1.0m。

12.2 坝体结构分析

12.2.1 布置原则

主坝坝体断面结构布置主要原则为：①保证大坝安全运用，满足稳定及强度要求。②尽可能节省工程量，力求获得最小剖面尺寸。③坝体剖面简单，便于施工。

12.2.2 荷载及组合分析

（1）作用荷载。

①坝体自重。

②水压力：上、下游水压力。

③淤沙压力：淤沙高程 865.5m。

④扬压力：由于坝前防渗面板下面设有排水层，坝基不设帷幕。

排水孔处渗透压力系数 $\alpha_2=0.3$；坝体排水孔 $\alpha_3=0.2$。

⑤浪压力。

（2）荷载组合。基本组合：正常蓄水位情况，上游水位 899.00m，下游无水。

特殊组合：校核洪水位情况，上游水位 899.40m，下游无水。

施工完建期情况：上、下游无水。

12.2.3 坝体抗滑稳定分析

坝体抗滑稳定主要分析坝体沿坝基面的抗滑稳定和坝体层间抗滑稳定。

根据坝体断面设计情况，按《混凝土重力坝设计规范》（SDJ 21－78）及其补充规定，采用抗剪断强度公式计算的坝体沿坝基面的抗滑稳定安全系数见表 12.2－1。

表 12.2-1　坝体沿坝基面的抗滑稳定安全系数计算成果表

坝基高程/m	特殊组合（校核洪水位）	基本组合（正常蓄水位）	备　注
846.00	3.03	3.08	
856.00	3.67	3.74	
878.00	6.42	6.67	

抗滑稳定计算结果表明，基本荷载组合正常蓄水位情况下，坝体沿坝基面的抗滑稳定安全系数大于规范规定的允许安全系数 $[K]=3.0$ 的要求；特殊荷载组合校核洪水位情况下，坝体沿坝基面的抗滑稳定安全系数大于规范规定的允许安全系数 $[K]=2.5$ 的要求。因此，坝体抗滑稳定满足设计要求。

根据《混凝土重力坝设计规范》(DL 5108—1999)，采用承载能力极限状态对坝体沿坝基面的抗滑稳定进行了复核，选代表断面代表工况进行核算，成果见表 12.2-2。计算结果表明，特殊组合和基本组合情况下典型坝体剖面的抗滑稳定抗力函数 $R(\cdot)$ 均大于滑动作用效应函数 $S(\cdot)$，坝体沿坝基面的抗滑稳定满足设计要求。

表 12.2-2　坝体沿坝基面的抗滑稳定成果表

坝基高程/m	特殊组合（校核洪水）		基本组合（正常蓄水）	
	稳定抗力 R/kN	作用效应 S/kN	稳定抗力 R/kN	作用效应 S/kN
846.00	18825	15741	18855	15529
850.00	16631	13181	16659	12985
860.00	13338	7965	12030	7808

坝体混凝土层间抗滑对碾压混凝土重力坝是一个需要注意的问题，鉴于本工程坝体混凝土层间抗剪断指标与坝基面抗剪断指标相同，同时坝体渗透压力系数也小于坝基面渗透压力系数，因此坝体混凝土层间不是坝体稳定的控制断面。

12.2.4　坝体应力分析

作用在坝基面的坝体垂直正应力，按材料力学法偏心受压公式计算，典型坝段剖面的坝体上、下游垂直正应力计算结果见表 12.2-3。

表 12.2-3　坝基面的坝体上、下游垂直正应力成果表

坝基高程/m	校核洪水位/MPa		正常蓄水位/MPa		施工期/MPa	
	上游	下游	上游	下游	上游	下游
846.00	0.041	1.001	0.063	0.980	1.173	0.116
858.00	0.076	0.899	0.099	0.878	0.967	−0.03
876.00	0.021	0.413	0.044	0.392	0.912	−0.127

注　表中正值为压应力，负值为拉应力。

12.3　坝体构造

12.3.1　坝顶布置

(1) 坝顶高程。坝顶高于校核洪水位，坝顶设防浪墙，墙顶高程高于波浪顶高程，其

与正常蓄水位（设计洪水位）或校核洪水位的高差，按《混凝土重力坝设计规范》（DL 5108—1999）的有关公式计算，选择两者中防浪墙顶高程的高者作为选定高层。

根据计算，校核洪水位为控制工况，坝顶高程 900.00m，防浪墙顶高程 901.00m。

（2）坝顶宽度。坝顶行车较少，坝顶宽度主要受碾压混凝土施工要求，定为 5.0m。

（3）坝顶布置。回龙电站上水库大坝坝顶高程 900.00m，坝长 208.00m，由 7 个坝段组成。坝顶上游设防浪墙，下游设防护墙，沿整个坝顶上下游布置，墙高均为 1.0m。上游防浪墙厚 0.25m；下游防护墙下部高 0.2m 墙厚 0.25m，上部高 0.8m 墙厚 0.15m。防浪墙、防护墙均为混凝土结构，墙基础在坝体内。坝顶宽度 5.0m，扣除两侧防浪防护墙，净宽 4.6m。

坝顶下游侧布置电缆沟，电缆沟尺寸为 1.0m×0.8m（宽×高），电缆沟顶部设混凝土盖板，盖板厚 0.15m，单块板宽 1.0m。

坝顶从下游向上游侧设 1.54%坡，在上、下游墙设穿墙 ϕ100PVC 排水管，间距 5m，以排坝顶雨水。

坝顶对外交通，主要为环库公路，在主、副坝左坝肩均设有回车场，上坝公路与环库公路在主坝右坝肩形成三岔路，上水库管理房屋同时也布置在三岔路口。主坝右坝肩坝后设置便道通至坝内交通廊道口。

坝顶路面采用在坝顶上部铺设厚 1.0m 常态混凝土，顶面压光切纹。

考虑坝顶夜间工作和交通需要，坝顶布置有照明设施。在下游防护墙处每隔 30m 左右布置钢管灯柱，设照明灯。

防浪墙采用 C20 混凝土，根据计算：防浪墙按构造配筋，内外层配Φ 12@200 Ⅰ级钢筋，钢筋锚固在坝体内。下游防护墙主要承受风荷载，按构造配筋，同防浪墙配筋一样。

电缆沟盖板按汽—10 荷载，人群荷载按 3kN/m^2 计算，计算配筋采用市政标准图集选用。

12.3.2 坝内廊道及交通

坝内廊道设置根据坝基及坝体排水和坝体的观测、检查、维护、交通等要求确定，鉴于本工程大坝高度不大，对坝体内部的观测、检查和维护要求不高，同时为便于碾压混凝土坝体的施工，因此仅考虑在坝内设一条基础廊道，作坝内排水、检查和交通运用。

基础廊道布置在 2～5 号坝段的坝内上游，沿基础高程分三级设置。第一级布置在河床部位，高程 852.00m，桩号 0+083.00～0+092.00。第二级左岸桩号 0+065.70～0+068.70，高程 865.00m；右岸桩号 0+112.00～0+117.50，高程 865.00m。第三级左岸桩号 0+043.00～0+048.00，高程 881.00m；右岸桩号 0+135.50～0+145.50，高程 874.00m。各级廊道间采用斜坡廊道连接，斜坡坡度 1∶1.0～1∶2.0。

基础廊道尺寸 3.00m×3.50m（宽×高），城门洞型，廊道的上游侧壁距离上游坝面 3.50m。

在基础廊道最低级的 3 号坝段（桩号 0+084.50）和基础廊道最高级的左岸 2 号坝段（桩号 0+047.00）、右岸 5 号坝段（桩号 0+136.00）各设 1 条通向坝外的交通廊道，交通廊道尺寸 2.00m×2.50m（宽×高），城门洞形，交通廊道出口处设有坝后便道通向坝顶。

基础廊道上、下游侧各设一条0.25m×0.25m的排水沟，分别排除坝体和坝基渗水。通过基础廊道最低级高程852.00m的交通廊道，将收集的坝体、坝基渗水排往坝体下游。

廊道断面为城门洞型，为便于施工，除跨缝，转弯、交叉、出口等部位的廊道采用现浇外。其余部位廊道均采用廊道预制件模板结构，廊道预制件厚0.20m，单件长度1.00m，最大单件重4.42t。

廊道周边应力主要按照大坝廊道孔口三维有限元应力分析结果，配筋采用《水工混凝土结构设计规范》（SL/T 191—96）附录H"非杆件体系钢筋混凝土结构的配筋计算原则"按应力图形配筋。廊道配筋分高程865.00以上和以下两种情况见表12.3-1。

表12.3-1　　廊道各部位配筋情况表

项目	位　　置	预制廊道内配筋	预制廊道外配筋	现浇廊道配筋	备　注
基础廊道	高程865.00m以下	双层Φ16@100	侧壁Φ25@200 底板Φ28@200	顶拱及侧壁Φ25@200 底板Φ28@200	预制廊道外配钢筋指预制廊道底板和底板侧壁接合部竖向配筋
	高程865.00m以上	双层Φ16@125	侧壁Φ22@200 底板Φ25@200	顶拱及侧壁Φ22@200 底板Φ25@200	
交通廊道	高程865.00m以下	双层Φ16@100	侧壁Φ22@200 底板Φ25@200	顶拱及侧壁Φ22@200 底板Φ25@200	
	高程865.00m以上	双层Φ16@125	侧壁Φ20@200 底板Φ22@200	顶拱及侧壁Φ20@200 底板Φ22@200	

12.3.3　坝体分缝与止水

主坝为碾压混凝土坝，只设横缝不设纵缝，为适应碾压混凝土的快速施工，横缝间距在满足施工期、运行期温度应力的情况下适当放大。原常态混凝土坝的横缝间距为15.00m，碾压混凝土间距控制在30.00m左右。根据布置1～6号坝段长30.00m，7号坝段分缝长28.00m。横缝最初设计采用切缝机切缝形成，缝内充填粗沙。实际施工时，承包商现场设备条件限制，为加快施工进度，经与设计单位协商并征得同意后，改为设置诱导孔成缝，具体做法为：在每层混凝土碾压完成后，用手风钻钻孔形成诱导缝，缝内填粗砂，要求成缝面积不小于2/3缝面面积。

坝体止水布置是在坝体横缝上游侧布设两道垂直止水：第一道为紫铜止水片，距上游坝面1.00m；第二道为塑料止水片，距上游坝面1.50m，缝内填塞聚乙烯闭孔塑料板，止水底部埋入坝基基岩止水槽里，止水槽尺寸为0.50m×0.60m，止水槽采用微膨胀混凝土回填。

坝体廊道除作为运行期观测外，还兼作坝体渗水收集并通过集水廊道排除，为防止坝体渗水从廊道横缝处渗走，廊道周边设紫铜止水片止水，缝内填塞沥青木板。

12.3.4　坝体排水系统

坝体上游面采取C20W8F150二级配碾压混凝土防渗面层，高程490.00m以下防渗面层厚3.00m，以上厚2.00m。防渗层的下游侧设置垂直的排水管系，排水管直接通向廊道。

主坝坝体排水管顶部在高程899.00m，坝体排水管竖向通至基础灌浆廊道上游侧，距廊道上游侧0.5m。根据坝段宽度和基础廊道预制件情况，排水管间距一般为2.50～

3.50m。排水管管径为 ϕ110，在坝顶向基础廊道内施钻成孔。

12.3.5 坝后挡块布置

为便于坝体全断面碾压施工，坝体下游坝面采用模板式预制挡块，挡块根据下游坡面及边角布置情况，分别为 0.50m×0.75m×0.90m（长×宽×高）、1.00m×0.75m×0.90m、2.00m×0.75m×0.90m 三种。除孔洞、边角及高程 500.78m 以上直立坝面采用现场立模外，其余下游坝坡尽量采用预制挡块。

挡块采用 C20F100 混凝土预制，施工期主要承受内侧碾压混凝土及碾压施工机械的侧向荷载作用，挡块侧向稳定按挡墙计算，侧向抗滑稳定安全系数为 1.99，抗倾稳定安全系数为 4.71，满足设计要求。

12.3.6 坝外排水

坝外排水主要指坝下游坡、坝下游侧两岸山体排水。坝下游坡排水利用坝后坡角自然形成沟底排向下游河道。

12.4 主坝防渗结构

坝体上游防渗层采用二级配碾压混凝土（也称富胶凝混凝土），防渗层厚度按渗透坡降为 10～30 考虑，在高程 883.00m 以下防渗层厚度采用 3.0m，高程 883.00m 以上至坝顶防渗层厚度采用 2.0m。根据库内死水位为 876.40m，考虑防冻要求，高程 873.40m 以下采用二级配 C20W8 碾压混凝土，以上采用二级配 C20W8F150 碾压混凝土。

坝体内部采用三级配 C15W4 碾压混凝土，下游坝坡高程 893.33m 以下采用 C20F100 混凝土预制挡块，高程 892.43m 以上采用二级配 C20W4F100 碾压混凝土，坝顶 1.0m 范围内采用 C20F100 常态混凝土。

廊道周围 1.5m 范围内采用二级配 C20W8 变态混凝土，坝基基础垫层厚 1.5m 采用二级配 C20W8 碾压混凝土。在与坝基础结合部、边坡、靠近模板、廊道周边、止水片、布设钢筋的区域，以及碾压设备不能到位的地方均采用变态混凝土。

12.5 基础处理

12.5.1 坝址区工程地质及水文地质概况

（1）工程地质条件。上水库位于回龙沟左岸支沟石撞沟源头，主坝坝址处为 V 形谷，坝轴线走向 87.5°。

谷底宽 15m，谷底高程 852.00m 左右，坝址处基岩裸露，左坝肩岸坡较陡，平均坡度 35°，右坝肩坡度较缓，平均为 25°。坝基岩性主要为燕山晚期中细粒花岗岩，局部变相较大，左坝肩为似斑状花岗岩，斑晶为钾长石；右坝肩为中粒花岗岩。

坝基出露的岩性为燕山晚期中细粒花岗岩，致密坚硬，主要为灰白色，局部因暗色矿物富集或定向排列，呈灰黑色条带或团块，流动构造较为明显。

主坝坝基范围内发育的地质构造有断层、节理及节理密集带，分述如下：

断层：在左坝坡出露两条小规模断层，走向 15°～30°，倾向 NW，倾角 60°～80°，贯穿坝基上下游，因宽度小于 0.1m，断面挤压紧密，坝基范围内基本无影响带，对坝基的变形与稳定影响较小。

节理：坝基内主要发育3组节理：①走向20°～30°，倾向NW，倾角70°～80°，节理面平直光滑，擦痕明显，一般呈断续分布，节理多闭合，少数规模较大者面附泥膜或夹岩片。②走向270°～280°延伸较远，沿节理充填黑色泥膜或绿帘石薄膜。③走向60°～80°多发育成密集带。

节理密集带：L51节理带走向25°～30°，倾向NW，倾角65°～75°，在基坑内穿过坝基，宽度0.1～0.5m，以挤压紧密的糜棱岩、碎块岩为主，较硬。上盘有0.5～1m影响带，节理较密，下盘较完整。靠近基坑的下游，局部发育有羽状节理，节理间距20～30cm，需加强灌浆。在基坑内发育L51节理带的分支，宽度0.1～0.5m，以角砾、岩片为主，局部夹泥。总体来说，L51构造带及分支对坝基的变形与稳定影响不大，无需专门开挖处理。

L54构造挤压带：位于4号坝段和5号坝段的L54构造带斜穿坝基和东西向节理相复合，产生两个分支，主构造带走向30°～35°，倾向NW，倾角70°左右，宽度0.2～0.5m，以岩块、岩片为主，沿断面分布有2～10cm软泥，影响带宽1m左右，岩石呈弱风化或强风化。为满足坝基强度要求，对性质软弱的构造带及影响带已进行开挖处理。另外两分支，因宽度小于0.1m，以岩片为主，对坝基的变形与稳定无大的影响，不需开挖处理，加强了该部位的固结灌浆工作。

缓倾角结构面：位于5号和6号坝段的缓倾角结构面，在870.00m平台出露于坝基，产状变化为290°～340°∠20°～40°，面起伏不平，靠近上部以岩屑和风化砂为主，厚度2～10cm，下部以次生泥为主，厚度1～20mm。该缓倾面在坝轴线下游3～12m处消灭，且被东西向大节理错断0.3m以上，在垂直坝轴方向已不连续，夹泥分布区大部分被挖除。为提高坝基稳定性、降低扬压力，在缓倾面分布区加强了固结灌浆措施。

坝基范围内大部分区域节理不发育，岩体完整或较完整，岩石属微风化—新鲜状态。根据坝基开挖时的波速测试，6个声波孔有5个孔的纵波速度大于5000m/s，另一个也接近5000m/s。因此，坝基岩体类型属整体或整体块状结构，可直接作为坝基岩体。断层和节理带部位属碎裂结构或散体结构，但范围有限，通过刻槽开挖，回填混凝土，可以满足坝基要求。对于宽度较小的强风化带、软弱构造带，在混凝土浇筑前，进行了人工掏槽处理。为检查固结灌浆的效果，在有地质缺陷的部位布置了六个声波检查孔，进行灌浆前后的对比，经检查，在断层带、节理带及影响带上，灌后岩体的波速有一定提高，坝基表面波速较低，提高6%，下部相对完整的岩体仅提高2%左右。灌后岩体波速只有个别测点低于4000m/s，其余均大于4000m/s，可以达到Ⅱ类岩体的波速值，满足对坝基的要求。

坝基范围内，除缓倾角结构面外，不存在控制坝基稳定的不利结构面，坝基的抗滑稳定满足规范要求。

综合上述，本坝基为良好的天然坝基，不良地质条件较少，开挖揭露的地质条件和可研阶段的勘察结论基本一致，局部地质缺陷进行了加固处理，经灌浆后的超声波检查，坝基岩体质量已满足工程要求，经钻孔压水试验检查，透水率小于2Lu，符合设计要求。

（2）水文地质条件。本区地下水按含水介质特征、赋存条件和水力性质可分为松散岩类孔隙水和基岩裂隙水两种类型。

1）松散岩类孔隙水。松散岩类孔隙水主要受大气降水及部分基岩裂隙水补给，主要赋存于松散堆积层之孔隙中，形成潜水含水层。上水库建设时，将要对库盆内的松散岩类进行清除，该类地下水也将不复存在。

2）基岩裂隙水。基岩裂隙水受大气降水、松散岩类孔隙水补给，主要赋存于表层风化卸荷岩体、节理密集带等裂隙发育岩体内，形成壳状、带状、脉状含水层。含水层因受地形、地质构造条件的控制，分布在不同的高程和地质单元内，基本不存在统一的地下水面，在地形低凹处和构造部位，多以泉水排泄。

(3) 新鲜完整的花岗岩是不透水的岩体，因风化卸荷、构造裂隙和断层破碎带的存在，而导致岩体透水性增大。

1）风化卸荷作用对岩体透水性的影响。表层的风化卸荷作用对岩体的透水性有直接的影响。各风化带内岩体的透水率见表12.5-1。总体来看，微风化及新鲜岩体透水率明显低于弱风化岩体，上水库岩体透水性又明显高于下库。

表 12.5-1　钻孔压水试验成果统计表

位置	岩体风化类型	压水试验段数	透水率 q/Lu			透水性分级					
			最大值	最小值	平均值	中等透水 $10\leqslant q<100$		弱透水 $1\leqslant q<10$		微透水 $0.1\leqslant q<1$	
						段数	占比例/%	段数	占比例/%	段数	占比例/%
上水库	弱风化	45	392	0.6	19.56	17	37.8	28	62.2		
	微风化—新鲜	80	90	0.5	8.07	14	17.5	57	71.3	9	11.2

地形地貌是控制风化卸荷作用程度的主要条件之一，不同地形条件下岩体透水性存在差异，山坡地形因岩体风化卸荷的影响岩体透水性明显高于沟底岩体透水性。

2）地质构造对岩体透水性的影响。岩体的透水性与岩体的破碎程度和密实性是紧密相关的，而断层和节理是影响岩体破碎的重要因素。断层和节理带是地下水渗透的良好途径，其渗透系数也远高于一般裂隙岩体。构造带的性质不同，其渗透特性也显著不同。

12.5.2 基础开挖

12.5.2.1 开挖标准

(1) 开挖深度必须满足大坝压缩变形、抗滑稳定要求。

(2) 主坝应清除全、强风化层，并挖到弱风化顶线以下1～1.5m，锤击无哑声；副坝应清除全风化层达强风化层中部。

(3) 清除卸荷带，基本挖至裂隙闭合无夹泥，岩体紧密。

(4) 根据主坝坝基岩体特性，纵波波速低于3500m/s的岩体应全部挖除。

12.5.2.2 开挖形状

(1) 为便于碾压混凝土施工，在满足侧向稳定要求下，右岸岸坡坝段在平行坝轴线方向尽量平顺开挖。

(2) 垂直于坝轴线方向的基岩面，要求开挖平整，一般不得有向下游的斜面。

(3) 坝基实际开挖应符合设计开挖线，超挖和欠挖的开挖偏差不超过±20cm。岩石起伏悬殊的棱角、尖峰、反坡、倒悬等进行挖出或处理；对断层、破碎带及风化囊部位，应根据实际情况开挖槽塞处理。

(4) 基础开挖时，建基面要留保护层，保护层厚度不得小于1.5m，保护层开挖时应严格控制装药量。

12.5.2.3 开挖坡比

坝基基础沿坝轴线方向随地形布置，除0+047.00～0+078.00、0+092.5～0+101.00坝段坡比为1∶1左右以外，其余都缓于1∶1.6。基础外侧开挖坡比1∶0.3，坝肩回车场以上边坡1∶0.3或1∶0.5。

12.5.3 固结灌浆及基础排水

主坝坝下基础固结灌浆布设3排，第一排中心线位于坝轴线下游0+000.5；第二排位于坝下0+002.5；第三排位于坝下0+006.5，每排均分为1序孔和2序孔，孔距3.0m，孔深基岩以下8.0m。

根据施工期开挖情况，对F51断层进行了加强，其中F34断层从坝下0+009.0开始沿断层带增加6排固结灌浆，排距3.0m，孔距1.5m，每排根据断层带宽度布置2～3孔。

固结灌浆压力0.4～0.7MPa，以不抬动基岩为原则，灌浆材料采用水泥灌浆，固结灌浆应在坝基有3.0m以上混凝土覆盖厚度，且混凝土强度达到设计强度50%以上时进行，施工时按分序加密的原则进行。

坝前防渗面板下面设有排水层，坝基不设帷幕；为进一步减少主坝坝基扬压力，在主坝坝基下设有排水孔，排水孔排距3.0m，设在廊道下游壁，孔径110mm，孔深为入基岩8～10m，倾向下游12°。

对主坝L51、L54断层加强了固结灌浆处理。固结灌浆沿着断层带布置，在断层风化囊的位置也进行了加强。L54断层进行局部开挖，开挖一侧的坡比按1∶0.5控制，开挖的深度按宽度的一倍掌握，约1m左右，在开挖槽内回填混凝土断层塞。

对主坝右岸存在的缓倾角结构面进行了主坝深层滑动计算。采用刚体极限平衡法、被动楔体抗力法计算。计算结果如下：

在0+151.37断面：摩擦公式：$K=0.71$（尾部压重1060kN/m，$K=1.20$）

剪摩公式：$K'=9.40>3.00$（满足要求）

在0+158.10断面：摩擦公式：$K=1.86>1.05$（满足要求）

剪摩公式：$K'=14.87>3.00$（满足要求）

根据计算结果对缓倾角结构面进行了处理。首先，根据地形对5号、6号、7号坝段后进行了堆石分层碾压，按高程分了三个平台，分别是886.00m、881.80m、874.00m平台；其次，在5号坝段870.00m平台宽度由5m加宽为8m；另外，在6号坝段固结灌浆增加了一排，且在一定范围内，固结灌浆深度由8m增加到11m。

13 碾压混凝土副坝坝体及防渗结构研究

13.1 副坝布置

上水库副坝为常态混凝土重力坝，坝顶高程 900.00m，最大坝高 14.00m，坝长 120.00m，共分 8 个坝段，每个坝段均长 15.00m。上游坝面铅直，下游坝坡 1∶0.7，基本三角形顶点高程为 900.00m。坝顶宽 5.0m（含上游防浪、下游防护墙），上游设防浪墙，下游设防护墙，墙高均为 1.0m。

13.2 坝体结构分析

13.2.1 荷载及组合分析

（1）作用荷载。

1）坝体自重。

2）水压力：上、下游水压力。

3）浪压力。

（2）荷载组合。

1）基本组合：正常蓄水位情况，上游水位 899.00m，下游无水。

2）特殊组合：校核洪水位情况，上游水位 899.4m，下游无水。

13.2.2 抗滑稳定分析

坝体抗滑稳定主要分析坝体沿坝基面的抗滑稳定。根据坝体断面设计情况，按《混凝土重力坝设计规范》（SDJ 21—78）及其补充规定，采用抗剪断强度公式计算的坝体沿坝基面的抗滑稳定安全系数见表 13.2-1。

表 13.2-1　坝体沿坝基面的抗滑稳定安全系数计算成果表　单位：m

坝基高程	特殊组合（校核洪水位）	基本组合（正常高水位）	备注
886.00	4.23	4.50	

抗滑稳定计算结果表明，基本荷载组合正常蓄水位和设计洪水位情况下，坝体沿坝基面的抗滑稳定安全系数大于规范规定的允许安全系数 $[K]=3.0$ 的要求；特殊荷载组合校核洪水位情况下，坝体沿坝基面的抗滑稳定安全系数大于规范规定的允许安全系数 $[K]=2.5$ 的要求。因此，坝体抗滑稳定满足设计要求。

13.2.3 应力分析

作用在坝基面的坝体垂直正应力，按材料力学法偏心受压公式计算，典型坝段剖面的坝体上下游垂直正应力计算结果见表 13.2-2。

表 13.2-2　坝基面的坝体上下游垂直正应力结果表

坝基高程/m	校核洪水位/MPa		正常蓄水位/MPa		备注
	上游	下游	上游	下游	
886.00	0.036	0.31	0.064	0.28	

注　表中正值为压应力，负值为拉应力。

13.3 防渗结构

坝体上游防渗层采用二级配碾压混凝土（也称富胶凝混凝土），防渗层厚度按渗透坡降为 10～30 考虑，在高程 883.00m 以下防渗层厚度采用 3.0m，高程 883.00m 以上至坝顶防渗层厚度采用 2.0m。根据库内死水位为 876.40m，考虑防冻要求，高程 873.40m 以下采用二级配 C20W8 碾压混凝土，以上采用二级配 C20W8F150 碾压混凝土。

13.4 基础处理

坝基出露的岩性为燕山晚期中细粒花岗岩，致密坚硬，主要为灰白色，局部因暗色矿物富集或定向排列，呈灰黑色条带或团块，流动构造较为明显。

副坝基础由于受 F2 断层 和 L51 构造带及其分支的影响，形成两个风化深槽，据钻孔资料，强风化的深度达到 16m。由于坝高较小，建基面可放在强风化下部，开挖后根据岩石风化程度进行了适当调整，两个深槽处坝基岩体属于强风化下部，其他部位属于弱风化岩体，根据坝基开挖时所做的声波测试，建基面以下的纵波速基本在 3500m/s 以上，属于弱风化岩体的波速范围，1 号孔的平均波速大于 4100m/s，已属于微风化岩体。为提高岩体的完整性，布置了两排固结灌浆孔，检查表明，岩体的透水率都小于 2Lu，平均值为 0.66Lu，符合工程要求。

副坝处理原则同主坝，坝基布置两排固结灌浆。

14 上水库进/出水口结构分析

14.1 结构布置

上水库进/出水口结合上水库大坝布置，设计发电流量为 $2\times18.36m^3$，抽水流量为 $2\times15.80m^3$，其建筑物包括：进/出水口箱涵、闸门井、闸后渐变段、电站引水洞。引水洞出库区后在平面上弯转与高压洞段连接。

根据《水利水电枢纽工程等级划分及设计标准（山区、丘陵区部分）》（SDL 12—78），确定本工程为Ⅲ等工程，上水库进/出水口为主要建筑物，按 3 级建筑物设计。

14.2 水力设计及模型实验

抽水蓄能电站进/出水口与其他引水建筑物不同，其进、出水口合一，水流是双向水流，水力设计必须兼顾进流与出流两种情况：进流，逐渐收缩；出流，逐渐扩散。要求断面流速分布均匀，无回流、脱离现象发生，减少水头损失。在拦污栅断面流速分布更应均匀，流速不过分集中，不应有反向流速产生，以免引起拦污栅振动破坏。

由于电站的上、下水库库容一般不太大，为避免出流时有可能引发水体产生环流，使库内水流流态好，水面波动小，库底不冲刷。委托黄河水利委员会水利科学研究院对上水库进/出水口进行水工模型试验。试验采用正态模型，几何比尺 $L_r=30$，按弗汝德相似准则设计。试验考虑抽水、发电两种工况下，上水库库水位在正常蓄水位 899.00m 和正常低水位 885.00m 运行时，对进/出水口的流态、压力分布、流速分布和水头损失系数四项指标等进行测试。

箱涵采用扁平钢筋混凝土箱形结构，底板高程由 866.914m 渐变到 865.336m，总长 20.80m，平面扩散角 32°，顶板扩散角 3.81°，闸门井长 7.0m、闸后渐变段长 5.50m，渐变段后引水洞为圆形断面，引水洞在引桩号 0+068.30 处平面转弯。

试验结果表明：抽水工况和发电工况下，上水库进/出水口均未出现吸气旋涡，流速分布基本均匀，出流基本对称，上水库进/出水口 3 孔流量分配比见表 14.2-1。

表 14.2-1　　上水库进/出水口 3 孔流量分配比表

工　况	1　号	2　号	3　号
抽水	0.334	0.358	0.308
发电	0.326	0.308	0.366

两种工况下的水头损失系数，从拦污栅算起，包括收缩段（扩散段）、闸室段、渐变段，计 33.30m。计算结果表明两者差别不大。水头损失系数见表 14.2-2。

表 14.2-2　水头损失系数表

工况	抽水	发电
水头损失系数	0.482	0.262

由以上表中数值显示，设计满足要求。

14.3 闸门井结构

上水库进出水口闸门井为矩形井筒结构，位于主坝左岸，井宽7.00m，侧壁厚1.8m，胸墙厚0.98m，闸门井通到坝顶，与坝顶同高，闸门井高38.5m，内设事故检修门，检修门孔口尺寸为3.5m×3.5m。闸门井顶部布置启闭机房排架。

闸门井闸槽尺寸为0.60m×0.85m，在闸门后设有ϕ820×10通气钢管一直到坝顶，在胸墙内设有2道ϕ326×6水位测压管，闸门后设有一道ϕ326×6测压管。

闸门井为C25W8常态混凝土。闸门井平时在发电抽水时都处在水下，抽水和发电两种工况时，库水位分别为正常蓄水位（899.00m）和正常低水位（885.00m），据闸门布置，事故检修门是后止水，胸墙和侧墙墙内外水压差比较小，平面上一般可不用计算，仅在水位降到最低时，承受风荷载，此时可简化为固结于最低水位以下基础的筒体结构，根部截面承受的弯矩值最大。

经计算井壁四周均按最小构造配筋控制，配水平筋Φ20@200，竖向筋为Φ16@200，闸门槽应力计算参照水闸侧墙闸门槽应力计算方法，侧墙上部为压应力，下部拉应力，拉应力很小，按构造配筋，但考虑闸门槽处侧墙壁变薄，而承受剪力较大，因此加大配筋，竖向筋为Φ25@200，水平筋为Φ25@200。

胸墙底梁引水洞引水时可简化为倒置的牛腿考虑，据计算梁底所受力不大，可按构造配筋，最后胸墙底梁受力配筋为ϕ20。

14.4 进/出水口箱涵结构

进出水口箱涵采用扁平3孔钢筋混凝土箱涵结构，为C20W8常态混凝土，箱涵进口高程由866.914m渐变到865.336m，箱涵长20.8m，箱涵进口尺寸为3孔3.4m×5.096m，经过两个分流墩逐渐渐变至末端为3.5m×3.5m的单洞。拦污栅段水平长度5.80m，箱涵顶板压坡角为3.81°，底板坡度8%，平面扩散角32°，扩散段内设两条分流墩，分流墩由开始的0.8m渐变至墩尾为0，墩尾设计成流线型，并采用钢板防护。

箱涵坐落于库区内，与库区防渗面板相连，箱涵底部设有库区排水管。由于不考虑拦污栅检修，拦污栅起吊以后直接锁定在槽顶。

箱涵顶板可简化为固结于边墩、中墩的连续板，底板可按倒置梁计算，边墩和中墩则承受顶、底板传来的弯矩和轴力。

箱涵在死水位以下，无外荷载，运行期顶、底板受力主要为浮托力，边墩和中墩均不受力。施工检修期主要为自重荷载及施工荷载，并以后者为控制。

顶、底板、侧墙均切取单位宽度计算。由于受力较小，均按最小配筋率控制配筋。

箱涵各部位配筋情况见表14.4-1。

表 14.4-1　　　　　　　　　　　　　箱涵各部位配筋情况表

位　　置	杆　件　号	受　力　筋	箍筋（或分布筋）	备　　注
横向	侧墙	Φ20@200	Φ16@200	
	中墩	Φ20@200	Φ16@200	
	底板	Φ20@200	Φ16@200	
	顶板	Φ20@200	Φ16@200	

14.5　闸门井交通桥

闸门井交通桥主要为闸门井顶平台和坝顶的连接，主要承受人群荷载和施工期运输荷载。桥面高程 900.60m，桥长 10.0m，桥面宽 3.2m，原采用两片预制 T 形梁结构，T 形梁高 1.0m，翼缘板厚度由 0.6m 渐变到 0.8m。梁横向设有 3 道横隔板，隔板间距 3.0m，隔板厚 0.3m。梁一端支撑在闸门井顶平台上；另一端支撑在桥台上。实际施工时，由于现场无预制条件，采用外购预应力箱形预制梁板，荷载标准为汽—20。

桥台为重力浆砌石结构，桥台高 5.0m，背坡 1∶0.5，基础采用厚 0.5m 素混凝土垫层，坐落于高程 895.60m 基岩上。桥梁混凝土为 C40，桥台为 M7.5 水泥砂浆砌 50 号块石。

桥台主要荷载有，桥梁上部荷载、桥台自重、桥台后土压力、水压力等，荷载组合主要考虑完建期、运用期，和水位骤降的情况，其中以水位骤降为控制条件。

桥台后土压力采用库仑公式，分别计算不同工况下的桥台稳定应力计算，计算结果桥台抗滑稳定安全系数 $k=2.63$，抗倾安全系数 $k_q=3.74$，基础最大应力 0.3MPa，均满足要求。

14.6　启闭机房

启闭机房由基础框架、启闭机工作平台、启闭机房及连接楼梯组成。基础框架柱共 4 个，柱高 9m，基础插入闸门井顶部混凝土，柱截面尺寸为 0.6m×0.6m，中间设有 1 层联系梁，联系梁截面尺寸 0.3m×0.6m。框架顶部启闭机工作平台为肋型板梁结构，和框架柱连在一起，形成空间框架结构，平台板厚 0.2m，主梁 2 道，截面尺寸为 0.35m×1.0m，次梁 4 道，截面尺寸 0.2m×0.4m，四周边梁，截面尺寸 0.35m×1.1m。启闭机平台板设有事故检修门基座，基座高 0.2m，宽 0.4m。

启闭机房为砖混结构，建筑面积 44.3m^2，房高 4.5m，平屋顶，屋面板采用预应力板，24 墙，铝合金窗，设 8 个构造柱。墙四周设有 2 道圈梁，第一道设在窗顶，第二道设在屋顶。顺水流方向屋顶中间设一道吊车轨道梁，轨道梁两端支撑与外墙上，基础设有梁垫。房内布置有 1 台卷扬式启闭机和电控柜一个，事故检修门槽下游设有吊物孔，内楼梯，连接楼梯采用钢爬梯，房外四周设有行走阳台及安全栏杆。屋顶采用改性沥青防水屋面。

启闭机房的基础框架及房内的板梁柱为 C25 混凝土。基础框架及平台板主要承受上部启闭机闸门重量、设备重及启闭机房、启闭平台、框架自重等。计算工况：①引水洞检修时下闸挡水。②引水洞事故检修完毕，闸门起吊瞬间，其中以第二种情况控制。

计算时顺水流及垂直水流方向，分别切取平面框架进行计算，方法采用 PKPM 计算通用程序计算，计算配筋结果见表 14.6－1。

表 14.6－1　　计算配筋结果

位置	杆件号	截面尺寸（宽×高）/(m×m)	受力筋	箍筋	备注
框架柱	KJZ	0.6×0.6	12Φ25	2Φ8@200	
平台板	板	0.2	Φ10@150		双向，上下层
	LL1	0.35×1.0	4Φ25、5Φ25+5Φ22	2Φ10@100	上层、下层
	LL2	0.35×1.0	4Φ25、5Φ25+5Φ28	2Φ10@100	上层、下层
	LL3	0.25×0.5	2Φ16、3Φ20	Φ8@200	上层、下层
	框架梁 *A*	0.35×1.1	8Φ25	2Φ10@100	上层
	框架梁 *B*	0.35×1.0	8Φ22、4Φ20+4Φ25	2Φ10@100	上层、下层
	CL1	0.2×0.4	2Φ14、2Φ20	Φ8@150	上层、下层
	CL2	0.2×0.4	2Φ14、2Φ20	Φ8@150	上层、下层
	CL3	0.2×0.4	2Φ14、2Φ20	Φ8@150	上层、下层
	CL4	0.2×0.4	2Φ14、2Φ20	Φ8@150	上层、下层
	CL5	0.3×0.3	2Φ14、2Φ20	Φ8@100	上层、下层
	基座	0.2×0.375	8Φ22	Φ8@200	

启闭机房屋为普通砖混结构，构造柱、圈梁、梁垫以及屋顶预应力圆孔板等配筋可按标准图集选用，启闭机房内吊车轨道梁两端支撑在外墙上，按简支梁计算，主要荷载为检修启闭机时起吊配件荷载（最大检修荷载重 2t）以及起吊梁自重，按受弯构件计算，配筋见表 14.6－2。

表 14.6－2　　启闭机房各部位配筋情况表

位置	杆件号	截面尺寸（宽×高）/(m×m)	受力筋	箍筋	备注
起吊梁		0.25×0.60	2Φ20、6Φ25	Φ8@200	上层、下层
圈梁		0.24×0.24	4Φ12	Φ6@200	圈代过梁时，增配
构造柱		0.24×0.24	4Φ14	Φ8@200	

连接启闭机房上下楼梯采用钢爬梯，钢爬梯宽 0.62m，按标准图集选用。启闭机房内部墙面和顶棚刷 888，地面采用水泥地面，外墙采用陶瓷砖，颜色米黄色，启闭机房框架柱刷米黄色涂料，启闭机房走廊栏杆刷天蓝色油漆。

15 环库公路及大坝管理区布置

15.1 环库公路

上库环库公路起点为上库主坝左坝肩回车场，终点在右坝肩停车场，环绕库盆边缘布置，长度916.89m。路线共有平曲线转点18个，最小转弯半径15m；竖曲线转点4个，最大纵坡2.2%。

环库路岩石开挖边坡1∶1.5，采用控制爆破。环库路内侧根据地形情况设有仰斜式浆砌石挡墙。其中L37构造带与环库路相交处的挡墙较大，高度为7m，顶宽0.7m，底宽2.3m，外坡1∶0.75，内坡1∶0.6。墙后回填厚0.3m碎石排水垫层。墙后排水与库盆防渗面板下的无砂混凝土连通。挡墙上设防渗面板，并与库盆防渗面板连接。

环库路路面宽4m，厚15cm，路面混凝土强度为C20；路面基层厚度15cm，采用填隙碎石基层。路面内侧与库盆混凝土护墙相接，外侧为路肩，路肩采用8cm厚C20混凝土硬化。

排水边沟顶宽1m，底宽0.5m，深0.5m，采用厚30cm浆砌石硬化。排水沟排水方向：0+108以前排向主坝左坝肩，0+108～0+195段排向副坝右坝肩，0+315～0+738段排向副坝左坝肩，0+738以后排向主坝右坝肩。

15.2 大坝管理区

（1）管理区布置。上库管理区在右坝肩，面积约460.00m²，场平高程900.00m。厂区内布置有管理房、大坝观测室、10kV变压器，围墙、大门、室外照明灯以及管理区护墙和护栏，在管理房与上坝公路之间设停车场。其中管理房布置在停车场右下角和大门紧挨。在施工过程中，结合开挖、回填和边坡防护，右坝肩停车场扩大，包括了右坝肩坝后的一部分场地。

（2）管理区开挖及路面硬化。管理区高程900.00m，开挖回填后管理区采用0.15m碎石岩面找平，然后采用C20路面混凝土进行路面硬化，路面混凝土厚0.15m。

（3）室外排水。管理区主要为山坡雨水，靠护坡侧设有排水沟，沟的断面尺寸为0.3m×0.3m。管理区场平面一般向左侧设坡，以利将水排向排水沟和顺上坝公路排走。

（4）管理房。管理房建筑面积54.04m²，为砖混结构，房高4.2m，平屋顶，内设值班室、休息室、储藏室和卫生间，其中卫生间在储藏室内设成套间。值班室门口设门廊，门廊高3.82m，为三角形屋架结构，基础为两个排架柱。

屋面板采用预应力板，24墙，铝合金窗，设8个构造柱。墙四周设有1道圈梁，1道地梁。采用铝合金窗，屋顶采用改性沥青防水屋面。构造柱、圈梁、地梁及门窗过梁配筋均可套用标准图集。

门廊为三角屋架结构，一端支撑在排架柱尚；另一端支撑在屋面墙上。三角屋架及支撑柱为混凝土结构，荷载主要为屋面荷载，采用 PKPM 计算程序计算，为构造配筋。其中屋面板上下层配Φ8@200×200，屋架底梁、屋架横梁及屋架立柱各配主筋2Φ14，箍筋Φ6@200。

管理房屋面板为C30，梁柱为C25混凝土。

房屋内部墙面和顶棚刷888，地面采用陶瓷地砖地面，外墙采用陶瓷砖，颜色米黄色，门廊门面刷白色涂料，门柱和门廊台阶贴深红色花岗岩，门廊屋顶采用红色波纹装饰瓦，顶棚采用轻钢龙骨石膏装饰板吊顶。

（5）围墙、大门及护墙。管理区围墙为24墙，大门立柱为空心砖柱，大门采用带小开门的钢大门，高2.1m，宽3.9m。围墙采用白色涂料，大门柱采用深红色花岗岩。

护墙高0.5m，宽0.3m，为混凝土结构，护墙上设钢护栏。管理区照明灯，采用城市标准照明灯，基础为混凝土。

16 监测布置

16.1 大坝监测

大坝监测项目主要有变形监测和渗流监测，其中变形仅对坝顶水平变形进行监测，渗流监测包括坝基扬压力、坝体渗流监测（碾压层面渗透压力）、绕坝渗流和渗流量监测。另外还对气温和库水位进行监测。

大坝设有三个监测断面，分别位于桩号 0+071.00、0+088.00、0+118.00，其中 0+088.00 为最大坝高处。

在左右岸坝肩各建砖混结构观测室一座，以便就近将上水库大坝以及库盆内的仪器电缆引入。

16.1.1 外部变形监测

（1）水平位移。水平变形监测采用引张线法，只对水平变形进行监测，引张线位于坝下 0+002.65 桩号，在每个坝段中部设一测点，测点桩号分别为 0+015.00、0+045.00、0+075.00、0+105.00、0+135.00、0+165.00、0+194.00，引张线的固定端和悬挂端分别设在两岸观测室内，并分别布置有倒垂对其进行校测。相应的坝顶监测仪器共有引张线仪 7 台，双向垂线坐标仪 2 台。

（2）坝体沉降。在坝顶设 14 个水准标点，标点中心位于坝下 0+003.00 处。在上水库公路旁边岩体稳定的位置设置一组水准基点（三点）。

16.1.2 渗流监测

（1）基础扬压力监测。基础扬压力的变化直接反应坝基排水效果和运行情况，作为重点监测，0+071.00 监测剖面沿坝基布置 2 支渗压计，0+088.00 监测剖面沿坝基布置 4 支渗压计，0+118.00 监测剖面沿坝基布置 3 支渗压计。另外在 2 号、5 号、6 号坝段排水孔后各布置 1 支渗压计。共 12 支渗压计。

（2）绕坝渗流监测。绕坝渗流监测主要监测左右岸山体的地下水位变化情况，在右岸山体沿流线方向布置有 4 支渗压计，在左岸山体沿流线方向布置有 4 支渗压计。

（3）渗水量观测。在坝体廊道内设两座量水堰，对大坝廊道的渗流量进行监测。

16.1.3 环境量监测

（1）水位监测。在坝体上游面安装 2 支渗压计，对库水位进行监测。

（2）气温监测。在大坝适当位置安装 1 支温度计，对库区气温进行监测。

16.2 上水库库盆监测

上水库库盆防渗采用库区节理密集带及 L48 节理密集带至坝前主要渗漏区用混凝土

板覆盖，其他区用喷混凝土的组合方案，上水库库盆的防渗处理效果应作为监测重点，因此在库盆基础布置了31支渗压计，以监测库盆不同位置的运行情况。

渗压计、温度计的选型：目前监测设备的类型很多，如振弦式、差动电阻式、电容式、压阻式等。除振弦式仪器外，其他仪器均存在长期稳定性差、对仪器电缆要求苛刻、传感器本身信号弱、受外界干扰大的缺点，而振弦式仪器是测量频率信号，所以具有信号传输距离长（可以达到2～3km），长期稳定性好，对电缆的绝缘度要求低，便于实现自动化等特点，并且每支仪器都可以自带温度传感器，可以同时测量温度，同时，每支传感器均带有雷击保护装置，以防止雷击对仪器造成损坏。鉴于上述原因，本工程的观测仪器推荐采用振弦式。

引张线仪及垂线坐标仪的选型，目前国内使用的主要有四种不同原理制造的仪器：①步进马达光电扫描式仪器；②电容式仪器；③电磁差动式仪器；④光电式仪器。综合比较以上已经在国内得到大量应用的四种仪器，并考虑到光电式仪器没有机械传动设备，并具有防潮、稳定性好等优点，因此本工程采用光电式遥测垂线坐标仪和引张线仪。

设备性能指标选择如下：

（1）渗压计（基础扬压力、坝体渗流、绕坝渗流）。渗压计采用振弦式，量程为100PSI，精度为0.1%F.S。

（2）微压计。量水堰所配微压计采用振弦式，量程为1PSI，精度为0.1%F.S。

（3）引张线仪。精度为±0.1mm，测量范围0～50mm。

（4）垂线坐标仪。精度为±0.1mm，测量范围（双向）0～35mm。

16.3 观测频次

16.3.1 正常观测频次

观测仪器安装后测取初始读数，每15分钟测读1次，至少5次，以后每2小时读1次。观测仪器安装后第2天至第7天，每6小时测读1次。从第8天到第14天，每12小时测读1次。从第15天到第28天，每天测读1次。以后，在施工期初蓄期以前，每3天测读1次。气温为每天测读1次，库水位为每日测读两次。

初蓄期，在水位爬高较快时，每日测读1次，其他阶段为每3天测读1次。气温为每天测读1次，库水位为每日测读4次。

运行期，每周测读1次。气温为每天测读1次，库水位为每日测读两次。

16.3.2 特殊观测频次

在地震、大洪水时，监测人员应即时测定各个监测项目的监测数据，与正常时期的数据比较，判断大坝处于险情或异常状态，立即报告，采取紧急措施，并在采取紧急措施后，加密测次，判断处理措施的效果。

在大坝出现异常，需要进行加固处理时，处理期间应加强监测。

17 其他

17.1 消防

回龙电站是河南省第一座抽水蓄能电站，主要任务担任南阳地区电网调峰填谷，工程设计中对消防任务设计给予高度重视。整个设计施工中贯彻："预防为主，防消结合"的工作方针，坚持"全面防范、加强重点、确保安全"的原则。以自防自救为主，外援为辅进行设计，采取积极可靠的措施预防火灾的发生，一旦发生火灾则尽量限制火灾的范围，尽快扑灭，减少人员伤亡和财产损失。

上水库有进/出水口启闭机房、上库管理房等，其中闸门井均为混凝土结构可不考虑消防设计。

（1）启闭机房。上水库启闭机房建筑面积为44.4m^2，为砖混结构，房内布设有卷扬式启闭机，启闭机减速箱、电控柜等。

启闭机房上部为砖混结构，下部为混凝土支撑排架。根据《水利水电工程设计防火规范》（SDJ 278—90）的规定，火灾危险性为戊类，要求耐火等级为三级，建筑物各部件应该达到的耐火等级（小时）见表17.1-1。

表17.1-1　建筑物各部位耐火等级表

构件名称	要求耐火极限	设计耐火极限	满足情况	备　注
启闭机承重墙	2.5	5.5	满足	
启闭机非承重墙	0.5	5.5	满足	
启闭机排架柱	2.0	5.0	满足	
现浇楼板	0.5	2.65	满足	
屋面板	0.5	1.2	满足	
梁	1.0	2.9	满足	
疏散楼梯	1.0			

启闭机房的启闭机一般很少使用，发电尾水洞启闭机只在电站运行出事故时下闸启用，泄洪排沙底孔启闭机房也只在需要泄洪排沙时启用，因进行启闭机操作时的人数很少，根据规范要求安全门只设一个。

启闭机房内的减速箱和电控柜为油类和电气设备，由于启闭机房室内未设给排水设施，同时室内启闭机不是长期运行，不再考虑消火栓和固定式灭火器等消防设施，仅考虑每个启闭机设 2 台磷酸氨盐干粉式手提灭火器。

（2）管理房。为便于上库管理，上库设有生产管理房，为单层砖混结构，建筑面积 $54m^2$。管理房设休息室、值班室、卫生间，另设配电房一个。耐火等级要求可按二级设计，其房屋结构均满足耐火等级要求。

（3）电缆设施。上库建筑物布置分散，电缆敷设范围大，电缆数量少，其敷设方式有电缆沟、电缆孔洞、电缆桥架、电缆穿孔管等，对电缆较为集中的场所，采取如下消防措施：

1）所有进出建筑物的电缆沟、电缆孔洞均采用防火材料封堵。

2）在电缆沟与电缆沟交叉处及长距离的电缆沟内每隔 120m 左右设置一道防火隔墙。

3）启闭机室动力盘和控制盘下的电缆孔洞均采用防火材料封堵。

4）引入或引出下库组合变电站的电缆孔洞均采用防火材料封堵。

17.2 上水库进/出水口闸门及启闭机

为防止抽水工况时污物进入流道及机组，在上库进/出水口设置一道拦污栅，由于上库污物较少，采用固定式拦污栅，需要清污时可选用临时设备起吊，不再设置永久启闭设备。事故检修门设在拦污栅后的流道汇合处，采用固定卷扬式启闭机操作。

17.2.1 拦污栅

上水库进/出水口为 3 孔，拦污栅设置在进/出水口最前端，每孔 1 扇，共 3 扇。按照拦污栅前流速小于 1m/s 的条件，拦污栅孔口尺寸（宽×高）为 3.4m×4.5m，底坎高程 866.82m，设计水位差 5m。

拦污栅由栅叶焊接件、主滑块装配件、反滑块装配件和侧向连接件等主要部件组成。栅叶焊接件包括栅条、主横梁、纵梁和边梁等。栅条间距 0.12m、栅条截面尺寸为 0.02m×0.10m。为减小水头损失，栅条双向过流断面均为圆形。由于受到抽水和发电两种工况的双向水流作用，栅条采用嵌入式布置，直接焊在主横梁的腹板上。在横梁之间的栅条上设有定位板梁，以提高栅条的刚度。主横梁采用板梁和箱形梁相间布置，支撑在边梁上，支承跨度为 3.60m。栅体共设 4 根板梁、5 根箱形梁，梁高 0.30m。板梁及箱形梁双向过流断面均为圆形。栅体材料设计采用 Q235－C，后由于厂家材料采购困难，经业主同意材料改为 Q345－B。栅体总重为 17.479t。

拦污栅采用单侧楔形滑动支承，以保证栅体与埋件的间隙小于 0.5mm。为减小拦污栅振动幅度，在栅体上部设有侧向连接件，下部设有侧向支撑。侧向支承为固定在门槽内的楔形块，与边梁腹板下端顶紧。上部侧向连接件一端固定在门槽内；另一端通过不锈钢螺栓与边梁腹板旋紧，需要检修时拧出螺栓即可提栅。

栅条设计按支承在主梁上的简支梁，主梁按支承在边梁上的简支梁考虑，进行了强度、刚度、稳定性计算，此外还按《抽水蓄能电站》（陆佑楣、潘家铮主编，水利电力出版社，1992）推荐的公式对栅条和主梁进行了振动计算和共振分析。板梁最大挠度为 6.4mm，箱形梁最大挠度为 4.2mm，均小于允许挠度（7.2mm）。栅体设计由栅条的稳定和栅体的整体稳定控制，其弯应力和剪应力较小。拦污栅的强度、刚度及稳定性均满足规范要求。主要部件强度验算成果见表 17.2－1。

表 17.2-1 拦污栅主要部件强度验算成果表

部件名称	材　质	应力名称	允许应力/MPa	计算应力/MPa
栅条	Q235-C	弯应力	150	7.32
主梁（板梁）	Q235-C	弯应力	145	135
		剪应力	85	10
主梁（箱形梁）	Q235-C	弯应力	150	102
		剪应力	85	2
边梁	Q235-C	弯应力	150	73
		剪应力	90	12

门槽尺寸宽为0.50m，深为0.25m，宽深比2.0。其埋件包括主轨、副轨、反轨焊接件、底坎焊接件、一期预埋件和二期连接件等。主轨、反轨均为焊接工字钢加护角型式，主轨轨头沿高度方向楔形布置，主、反轨轨头顶面贴焊不锈钢板。孔口以上的付轨及反轨直接埋入一期混凝土内，孔口以下一期埋件为预埋钢筋，不锈钢材料采用1Cr18Ni9Ti，其他埋件材料采用Q235-A。埋件总重4.215t。

17.2.2 事故检修门

事故检修闸门孔口尺寸为3.5m×3.5m，1孔1扇，底坎高程为865.08m，设计水头27.9m，总水压力为4220.3kN。采用固定卷扬式启闭机操作，启闭容量为630 kN，扬程38m。当上库引水隧洞需要检修时下闸挡水，平时锁定在检修平台。闸门运行方式为动水闭门，静水提门。采用门顶充水阀充水，启门水头差为3.0m。

事故检修门为平面定轮门，闸门由门叶焊接件、止水装配件、主轮装配件、充水阀和反滑块装配件等主要部件组成。根据闸门结构运输单元要求，原设计门叶分为2节，闸门在工地现场组装后焊为整体。经业主批准，设备制造厂按整节制造，整扇闸门超限运输到工地。闸门总重10.108t。

门叶结构由面板、主横梁、水平次梁、纵隔板和边梁组成。门叶材料为Q345-C，面板厚度为14mm。门叶设有3个主横梁，顶梁为焊接双腹板箱形梁，其他为焊接工字梁断面。梁高0.678m，支撑跨度为4.04m。位于两主梁之间的水平次梁为焊接工字钢，底水平次梁为槽钢。为便于布置简支式定轮，边梁为双腹板箱形梁。充水阀设在门顶，充水阀直径为ϕ320mm，行程为0.20m。

止水装置布置在门体背水面，为常规预压式止水。顶、侧止水为P60—A橡皮，底止水为条形橡皮。在水压作用下P形橡皮压缩4mm，底止水依靠门重压缩5mm。

事故检修闸门共设4个定轮，主轮为单曲踏面简支轮，最大荷载1301kN，轮径为650mm，材料选用铸钢ZG35CrMo。轮轴材料为40Cr，轴套与轴之间设有O形密封圈及不锈钢挡圈。

闸门设计按照《水利水电工程钢闸门设计规范》（SL 74—95）的规定进行，采用平面体系假定和容许应力方法进行结构计算与设计。由于面板兼作主次梁上翼缘，在验算面板强度时，面板的局部弯曲应力与主梁上翼缘整体弯曲应力叠加，其叠加后的折算应力满足规范要求。边柱承受主梁传来的集中荷载，按支承在主轮上的简支梁计算。主梁按简支梁计算，顶主梁和边梁腹板按四边固定的弹性薄板受均布荷载的工况验算强度。主梁最大挠度为 4.6mm，均小于允许挠度（5.4mm）。门叶结构分别进行了强度、稳定、刚度计算，计算结果均满足规范要求。主要部件强度验算成果见表 17.2-2。

表 17.2-2　　主要部件强度验算成果表

部件名称	材　质	应力名称	允许应力/MPa	计算应力/MPa
面板	Q345-C	弯应力	230	188
水平次梁	Q345-C	弯应力	230	75
		剪应力	135	64
主梁	Q345-C	弯应力	220	180
		剪应力	130	95
边梁	Q345-C	弯应力	220	114
		剪应力	130	86

闸门启闭力按照 SL 74—95 推荐的公式计算，闸门利用部分水柱闭门，闭门力为 136.8kN，最大持住力 608.6kN，启门力 213.6kN，故启闭机容量选用 630kN。

门槽的尺寸为宽 0.85m，深 0.60m，宽深比 1.42。其埋件包括门楣、主轨、副轨、反轨焊接件、底坎焊接件、一期预埋件和二期连接件等。主轨长 6m，分两节铸造，为铸钢 ZG35CrMo。门楣和主轨焊接件上的止水座板为不锈钢加工面，不锈钢材料采用 1Cr18Ni9Ti，其他埋件材料采用 Q235-A。埋件总重 14.148t。

17.2.3　事故检修门启闭机

上库进/出水口事故检修门启闭设备为 630kN-38m 固定卷扬机。为便于启闭机的安装与检修，启闭机房内安装 1 台手动检修吊。

启闭机主要由电动机、减速器、一级开式齿轮、卷筒、机架、高度指示装置和荷载限制器等组成。该机自重为 10.1t，主要技术特性见表 17.2-3。

表 17.2-3　　事故检修门固定卷扬机主要技术参数表

启　闭　力/kN	630	传动比	总传动比	$i=265.8$
扬程/m	38		开式齿轮	$i=5.316$
起升速度/(m/min)	1.6		减速器 QJRS-D400	$i=50$
滑轮组倍率	6	电动机 40%	型号	YZ225M-8
卷筒直径/m	1.12		功率/kW	22
机构工作制度	Q_2		转速/rpm	712
制动器型号	YWZ3-250/45-12.5	荷载限制器型号		HLF-3
钢绳缠绕层数	2	主令控制器型号		LK4-048/1
钢丝绳型号	24 ZAA 6x19W+IWR1670			

闸门运行方式为动闭静启，提门前必须先用门顶充水阀充水平压。闸门开启时，按提门按钮，启闭机动滑轮吊轴上升 0.20m 后自动停机，在这个行程内，吊轴在闸门吊耳的长圆孔内上行，并通过吊阀挂板开启充水阀向门后充水。闸门前后水位差由水位仪测量，

并将信号传至控制柜。当闸门前后水位差达到规定值时（允许启门水头差为3.0m），控制柜信号灯亮。通过PLC可编程模块，自动控制启闭机继续提升，同时带动门体开启闸门，提升闸门至所需位置后停机。也可采用人工操作，启动启闭机运行。闸门关闭时，当门体落到底坎后，启闭机动滑轮吊轴继续下行，充水阀在自重的作用下关闭。

17.3 供电配置

为满足上库闸门、检修及照明等负荷的用电需要，上库设箱式变电站1台，电源取自35kV施工变电站（架空10kV线路），箱式变电站内设SC9-160/10，10±2×2.5%/0.4kV干式变压器1台，高压侧装有负荷开关与熔断器组合保护装置，低压侧为单母线接线，出线配有S系列ABB断路器，该断路器配有短路及过流保护，以保证在线路发生短路及过流故障时可靠分断故障点，以保护变压器及用电设备安全。上库启闭机和照明等负荷直接由箱式变电站低压侧供电。

为满足下库闸门、检修及照明等负荷的用电需要，下库设箱式变电站一台，采用双回10kV电源供电，电源分别取自35kV施工变电站（架空10kV线路）和1号机端（直埋电缆），箱式变电站内设SC9-250/10，10±2×2.5%/0.4kV干式变压器两台，高压侧装有负荷开关与熔断器组合保护装置，低压侧为单母线接线，出线配有S系列ABB断路器，该断路器配有短路及过流保护，以保证在线路发生短路及过流故障时可靠分断故障点，以保护变压器及用电设备安全。两台变压器互为备用，低压侧进线断路器装有机械闭锁装置，即两条进线只能有一回合闸，以避免发生两个不同步的电力系统误合环。下库启闭机和照明等负荷直接由箱式变电站低压侧供电。

为保护电气设备免受雷电入侵波危害，上下库箱式变电站10kV进线侧均装有避雷器。上下库均设一个的接地网，该接地网与主厂房接地网及220kV出线场接地网连接，形成整个电站的接地系统，接地电阻小于0.5Ω。接地网至启闭机房均设两条接地扁钢，启闭机房内设环行接地带，所有机电设备、电缆支架、金属爬梯、金属构件及闸门门槽等就近连接至最近的接地导体上。

电缆沟主要采用阻火墙的防火方式，电缆沟分岔处和直线段每隔120m左右设一阻火墙，用来缩小事故范围、减少损失，电缆沟内阻火墙采用了成型的电缆沟阻火墙和有机堵料相结合的方式封堵。根据电缆孔洞的大小选择不同的防火材料，比较大的孔洞选用耐火隔板、阻火包和有机防火堵料封堵，小孔洞选用有机防火堵料封堵。